U0367629

现代科学技术概论

（第二版）

主　编　林德宏

编　写　林德宏　鲁品越

　　　　萧　玲　张相轮

南京大学出版社

本书作者分工如下：

第一章　林德宏　南京大学教授
第二章　鲁品越　上海财经大学教授
第三章　第1-7节
　　　　萧　玲　南京大学教授
第四章、第三章第8节
　　　　张相轮　中国人民解放军理工大学教授

目　录

1

第一章　科学技术观

　　邓小平同志说,科学技术是第一生产力,21世纪是高科技发展的世纪。现代科学技术对经济的发展、社会的进步起着越来越广泛、越来越重要的作用。"科教兴国"是我国的基本战略方针。在这种背景下,提高全民的科学文化素质是一项十分重要的任务。因此,师范学校的学生,无论是文科生还是理科生,都应当认真学习现代科学技术知识,树立正确的科学技术观。

　　本教材由两大块构成:现代科学技术的基本知识和科学技术观的基本观点。我们不仅要学习现代科学技术的基本概念、原理、理论,还应当在宏观上认识科学技术的性质、功能和价值,科学技术发展的历史、趋势和特点,人、自然与社会的关系。科学技术知识与科学技术观念既有联系,又有区别,二者不可相互取代。学会了大量的科学技术知识,不等于树立了正确的科学技术观。从某种程度上说,树立正确的科学技术观比掌握科学技术具体知识更为重要。要掌握科学方法、科学思维、科学思想,弘扬科学精神,必须努力做到科学技术知识与科学技术观念的结合。

第一节　科学技术的性质与价值

一、科学技术的性质

　　我们通常所说的科学技术是一个整体,由自然科学与工程技术两大类构成。一般说来,自然科学的任务是认识天然自然物,工程技术的任务是研究如何制造人造物(人工自然物、技术物)。二者的研究对象都是物。

　　1. 自然科学的性质

　　自然科学是研究自然界的物质形态、结构、性质和运动规律的科学。它是人类关于自然界的本质和发展规律的正确反映,是人类生产实践和科学实验的概括,是人类利用、改造和保护自然的强大武器。

　　自然科学是一种系统的理论知识,是一个庞大的学科群。一般认为它包括力学、物理学、天文学、地学、化学和生物学等基础学科,这就是人们通常所说的"理科"。长期以来人们习惯于把数学看作是自然科学的一个大学科,但有人认为数学是关于数和形的科学,不能把它简单地看作是一种自然科学。现在有大量的综合学科、横断学科和交叉学科,有些并不是传统意义的自然科学,如系统科学、信息科学等,我们常常在介绍自然科学的发展时,也会讲到这些学科。

自然科学作为一种理论知识,属于意识形态的范畴,但它不是上层建筑。自然科学不是由经济基础决定的,我们不能说有什么样的经济基础,便有什么样的自然科学。自然科学本身没有阶级性,历史上曾出现过诸如"资产阶级的遗传学"等说法是荒唐的。近代以来,自然科学已不具有地域性与民族性。但在现实的社会中,自然科学的研究和应用、对自然科学成果的理解与解释以及对科学的一般看法(科学观),却受着社会制度、国家政策以及人们的阶级地位、阶级利益的影响。科学没有祖国,但科学家有祖国。

自然科学具有如下特征:

(1) 客观性。自然科学的研究对象是客观的自然界,它不以人的主观意愿、意志、感情、观点和认识为转移。先有自然界,才会有人类,然后才会有自然科学。自然科学是对客观自然界的正确反映,因而它的内容也具有客观性。自然科学的真理是客观真理。

(2) 实践性。从根本上说,自然科学知识来源于生产实践和科学实验。逻辑推理与数学演算也会使我们得到新知识,但作为逻辑推理和数学演算前提的最基本的知识归根到底仍然是来自实践。自然科学理论是否是真理,不是看提出者主观的评价,不是看相信的人有多少,也不是看权威的态度,而只能由实践来检验。在这方面,实践是最高的权威,甚至是唯一的权威。自然科学实验具有可重复性,所以自然科学理论可以而且需要反复检验。

(3) 理论性。自然科学是科学家运用科学思维对大量观察和实验材料进行抽象、概括所形成的,以科学概念、判断、推理、假说、理论等逻辑思维形式构成的知识体系。自然科学理论反映的是自然界运动变化的本质、规律,所以它能解释相关的大量自然现象。自然科学越发展,其抽象的程度就越高。

(4) 发展性。由于自然界的不断变化发展,人类实践活动和认识能力的不断发展,人类关于自然科学有各种不同观点的争论与相互补充,所以自然科学永远处于不断发展的过程之中。每解决一个问题,必然会遇到和提出更多的新问题。科学探索永无止境,所谓科学终结的说法是没有根据的。

科学发展过程中有批判,也有继承。

要正确区分科学与非科学、科学与伪科学。非科学通俗地说就是"不科学"。这里主要有两种情况。其一,有人对自然界提出一种假想,甚至这种假想很新,很引人入胜,但提不出任何根据,这就不能看作科学假说,不能算作是科学研究。科学假说还未发展为科学理论,论据还不充分,但一定要有部分的根据。其二,有些假说虽有相当根据,但后来被科学实践(观察、实验)所否定,这就不再被看作是科学假说。

所谓伪科学,是以科学作伪装的欺骗。伪科学活动的目的不是探索奥秘、追求真理,而是出于同科学研究无关的各种不正当的需要,如盗名窃誉、骗取财物或出于某些不可告人的政治目的。伪科学具有很大的欺骗性,它打着科学的旗号,把自己打扮成科学的样子,而且常常标新立异,吹嘘自己是同传统科学完全不同的最新的科学。它利用一些新名词,利用人们的好奇心和对科学的信任,甚至利用一些科学家的声誉四处招摇撞骗。我们对伪科学一定要坚决揭露。判定伪科学要慎重,不要把"不科学"当作伪科学,不要把科学家在科学研究中的失误、错误说成是伪科学。

长期以来,人们普遍认为自然科学是典型的科学,甚至是科学的唯一形态。这是由于:自然科学的知识来源于科学观察和科学实验,具有高度的可信性;自然科学可以对自然现象作出十分精确的量化;自然科学可以对自然界未来的变化作出十分具体和准确的预见;自然科学的预见可以被科学实验反复验证,这种验证可以重复多次,并能得出相同的结果。同样是自然科学,可以有不同的形态。现在人们越来越认识到,自然科学是科学,但不能由此断定唯有自然科学才是科学。社会科学也是科学,只是它具有不同于自然科学的一些特点。因为重视自然科学,而否定社会科学的科学性或轻视社会科学,是不正确的。自然科学与社会科学的相互影响、相互渗透日益显著。

2. 技术的性质

技术是人类对物质、能量、信息进行转换或加工的各种工艺操作方法和技能的总和。或者说,技术是人们依据对改造对象的认识而应用的各种手段和方法。

自然界的现有状态不能满足人类不断发展的需要,所以人类就要不断改造自然,运用自然界发展的规律和物质资料,改变自然原有的物质形态和运动形态,制造自然界没有也不可能有的各种人造物。技术就是人类制造人造物的方法和手段。自然科学主要追求的是知识的创造,技术则主要追

3

求物的创造。

技术具有两种基本要素：主体要素与客体要素。技术中的主体要素包括经验、技能、技巧、知识、组织管理等要素。这些实际上是人的要素，组成了技术的软件系统。技术中的客体要素包括自然物（或称天然自然物）和人造物（或称人工自然物），人造物主要指各种生产工具。这些实际上是物的要素，组成了技术的硬件系统。只有当这些主体因素和客体因素（即人的因素和物的因素）结合成技术系统，才能成为人类利用自然、改造自然、创造自然和保护自然的物质手段或物质力量。

技术具有自然属性和社会属性这两重属性。技术的自然属性是指人们在应用技术进行物的创造的过程中，必须遵守自然发展规律。制造人造物所需要的原料是天然自然物质或经过人加工、改造以后的天然自然物质，它们都要根据自然规律发生各种变化。即使是人造物，也必然会要发生这种变化。遵从自然规律，这是人类进行技术创造的前提。所有技术本质上都是对自然规律的应用。

技术的社会属性是指人们在应用技术改造自然的过程中，又必须遵守社会发展规律。人类是在社会中制造人造物的，以满足人类的社会需要，这必然要受到各种社会因素的影响和制约。经济、政治、军事、科学、教育、文化、民族传统等各方面的社会因素，都会在不同程度上影响和决定技术发展的方向、规模、速度、模式以及它的各方面效果。任何技术都是社会的技术，它的价值只有在一定社会条件下才能实现。

3. 科学与技术的关系

科学与技术是一个整体，二者相互依存，相互促进，相互转化，相互渗透。

自然科学的主要任务是认识自然，技术的主要任务是改造自然。认识自然与改造自然是一致的。人类认识自然的目的，是为了改造自然。如果为认识自然而认识自然，为科学而科学，那认识自然的活动和科学知识便失去了它的实际意义。改造自然必须应用认识自然的成果，在正确认识自然规律的基础上进行，否则技术创造的目的便不能实现。所以，自然科学是技术的理论基础，技术是科学用于实践的手段。

科学与技术相互促进，相互推动。技术的发展经常为自然科学的理论研究提供重要课题。如热机技术的发展，导致热力学基本定律的提出。技术又为科学研究提供物质手段，知识创新又常成为技术创新的先导。如奥斯特电转化为磁的研究和法拉第的电磁感应定律为电动机与发电机提供理论基础。

关于现代科学技术日趋一体化这个问题,我们会在本章第三节中谈到。

科学与技术又有很大的区别,这种区别表现在多方面。

(1) 科学研究的对象是天然自然物,技术研究的对象是人工自然物。天然自然物与人工自然物虽然都是物,但二者又有本质的不同。譬如,先有天然自然物(如石头),然后才会有关于天然自然物(石头)的认识;先有人工自然物(如电脑)的设计,然后才会有人工自然物(电脑)。科学创新是发现;技术创新是发明。

(2) 科学活动与技术活动的性质不同。科学活动是认识活动,是通过知识的生产与交流进行的;技术活动是经济活动,是通过商品的生产与交换进行的。科学发展的动力往往是内在的逻辑需要;技术发展的动力主要是市场的需要。

(3) 二者的追求目标不同。科学求真,告诉我们"自然界是怎样的";技术求利,告诉人们"我们应当怎样做"。科学要求尽可能逼近真理;技术追求利益的最大化。科学的思维方式是分辨是非;技术的思维方式是权衡利弊。

(4) 二者成果的扩散形式不同。科学知识扩散的形式是普及或传播,公众可以无偿共享。技术成果扩散的形式是有偿转让、占领市场,是有偿共享。科学的知识产权是优先权;技术的知识产权是专利权。科学知识不是商品,技术成果是商品。所以,技术活动是按照市场规律进行的;科学事业当然会受市场因素的一些影响,但它的运作不完全按照市场的规律进行。

(5) 二者更新速度与生效时间不同。科学知识更新的速度较慢;技术成果更新的速度很快。科学是长效事业,科学研究的成效显现往往要滞后一段时期,不可能"立竿见影";技术研究是短效事业,要求尽快获得回报。科学理论一旦有效,发挥作用的时间就会很长。新的科学理论出现以后,原有的科学理论仍然有效。如相对论力学、量子力学问世以后,牛顿力学对于宏观物体的较慢运动并未失效。技术成果、产品在市场上的优势则很短,很快就会被新成果、产品所取代。一旦新技术产品占领市场,原有的产品就会被逐步淘汰出市场。技术越先进,它的价值实现的滞后期与持续期就越短。

(6) 自然科学研究无禁区,各种学术观点都可以发表。技术研究与应用会直接影响到人的生存和生命,对一些有害的技术研究应加以约束甚至禁止。

正确认识科学与技术的联系与区别,不仅具有理论意义,还直接关系到科学技术政策的制定与管理。

二、科学技术的价值

科学与技术具有不同的性质,因而也具有不同的功能与价值。

1. 自然科学的价值

自然科学具有多方面的功能与价值。

首先是认识功能与价值。人类对自然界的物质形态、运动形态及其规律的认识,主要是通过自然科学研究获得的。自然科学能对自然现象作出解释,并能对尚未出现或尚未被发现的自然现象、事物作出预言。自然科学使人类对自然界的认识领域不断拓展,从宏观深入到微观(10^{-13} 厘米以下);推广到宇观(150 亿光年以上)。自然科学对自然界的系统认识,有助于我们树立科学世界观。自然科学的研究方法、科学家的研究艺术,有助于我们思维方式的训练和科学方法的掌握。

自然科学的成功预言,能激发我们对自然界的好奇心与探索奥秘的欲望。如在很长的历史时期里,彗星一直被人看作是灾星、扫帚星,充满神秘感。1705 年,英国的哈雷根据牛顿力学预言在 1682 年出现的那颗彗星,将于 1758 年再次出现。这一预言后被证实,于是人们把这颗彗星命名为哈雷彗星,由此认识到彗星也是普通的天体。

科学研究是创新的事业,要求人们实事求是,从实际出发,尊重客观事实和客观规律,严谨认真、一丝不苟。粗枝大叶、主观武断、胡编乱造、弄虚作假,都是科学的大敌。科学要求人们不断解放思想,不让传统观念束缚自己的思想,不断超越已有的认识,勇于创新、善于创新。在关键时刻、关键问题上,敢于另辟蹊径,标新立异。善于在容易被忽视的地方发现问题,善于以崭新的视角来观察大家非常熟悉的事物。迷信权威、盲目从众、因循守旧、僵化保守都同科学格格不入。

新的科学理论可以引起相关的新技术的诞生,所以人们常说技术是科学的应用,科学具有间接的经济价值。许多科学家进行科学研究,并不是出于经济的功利目的,而常常出于好奇与探索的欲望。科学研究具有一定的游戏功能,并给人以美的享受、心理上的满足和愉悦。自然科学又是知识形态的生产力,通过技术可以转化为现实的、物质的生产力。对于基础性研究,不可急功近利。爱因斯坦研究相对论的动机同经济生活毫无关系,可是质能关系式 $E = mc^2$ 的发现,却打开了原子能时代的序幕,完全出乎人们(包括爱因斯坦本人)的意料。

2. 技术的价值

技术最主要的功能、最突出的优点是"物化",即能把人们对已有物的认识和未有物的设计,转化为现实的物即物质产品。这种物质产品是以自然物为原料制成的,故可称为人工自然物;是通过技术活动制造出来的,故又可称为技术物。

人们制造的技术物是在天然条件下不可能出现的物体。大自然再怎么演化,不可能使石头变成电脑。大自然可以演化出一座喜马拉雅山,但演化不出一枚大头针。人们制造技术物,是为了完成两个取代。第一个取代是用技术物取代自然物,用人工变化取代自然变化。例如,用灯光取代阳光,用人工降雨取代自然降雨。通过这种取代,使自然界能更好地满足我们的需要。第二个取代是用技术物取代人自身,包括取代双手、体力、大脑,超越人自身生理条件的局限性。在很长的历史时期内,体力是人的主要劳动能力,可是体力十分有限,于是人发明了各种机械(如杠杆)和各种动力机(如蒸汽机、发电机)。双手的动作很难标准化,于是人发明了各种工作机器。人的大脑并非完美无缺,如容易遗忘,计算、思考的速度不够快,于是人发明了电脑。一部人类的文明史就是人不断用技术物取代自己的历史,从用石器取代双手,到用电脑取代人脑,用智能机器人取代人。

历史证明,人类通过技术所实现的这两种取代是极其成功的。技术还因为有这两种取代,才使它成为生产力。相对于自然科学而言,技术是直接的生产力、物质的生产力、现实的生产力。

生产力是一个系统,由若干因素构成。生产力包含三项实体性要素,即劳动者、劳动资料和劳动对象。科学技术则是知识性生产力要素。单独的科学技术不可能成为物质生产力。可是当科学技术渗透在劳动者、劳动资料和劳动对象因素之中,与这些因素相结合时,就会使这些因素的作用提高到新的水平。

劳动者的劳动能力包括体力和智力两种。劳动者的技能、经验、知识都是劳动者的智力因素。人在劳动中不仅要发挥体力,还要发挥智力。没有任何智力因素参与的生产劳动,是不可能发生的。自从有了近代的科学技术以后,劳动者在劳动中的智力因素,就集中表现为科学技术。劳动者在生产发展中的作用,主要取决于他所应用的科学技术水平。

劳动资料主要是指劳动工具。在许多情况下,生产力的水平取决于劳动工具的水平。人之所以脱离了动物界,人之所以能成为劳动者,是因为人类能够制造和使用工具。制造工具和使用工具,都需要科学技术知识。生产工具实际上是科学技术的物质形态,是科学技术物化的结果。劳动工具对生产发展究竟起多大作用,取决于它的功能;而劳动工具的功能来自人们应用一定科学理论知识对工具所进行的设计,劳动工具的功能取决于凝聚在其中的科学技术水平。

劳动对象包括未加工的自然物质和经过一定加工的原材料。没有劳动对象,也就没有实际的劳动过程。人们对劳动对象利用的程度,从一个方面反映了生产力的发展水平。人们在劳动中利用什么样的劳动对象、利用到什么程度,取决于我们应用的是什么水平的科学技术以及应用到什么程度。

总之,科学技术已日益渗透到生产力系统的各种要素中,成为生产力系统中的一种综合性要素。

3. 科学技术是推动社会进步的革命力量

科学技术的飞跃发展和广泛应用,可以引起新的生产力革命;生产力的发展要求变革与它不适应的生产关系。生产力与生产关系构成社会的经济基础,经济基础的变化又会导致上层建筑的变化。所以,科学技术不仅直接推动经济的发展,而且还会对社会的进步、文化的繁荣、政治的演变和人的自我完善,对人类的劳动方式、工作方式、管理方式、交往方式、生活方式、思维方式、教育方式,都会产生广泛而深刻的影响。

人类文明包括物质文明、精神文明与政治文明,科学技术对人类这些文明建设都有很大的作用。科学技术是物质文明建设的强大动力。科学技术作为知识和文化,本身也是精神文明的重要组成部分,是精神文明发展水平的重要标志。所以,科学技术具有物质文明和精神文明的双重属性。科学技术的应用对政治的演变、政治文明建设的影响也越来越大。

科学技术可以导致生产关系的变革,因而在一定条件下也会导致社会革命的发生。马克思说:"机器的发展则是使生产方式和生产关系革命化的因素之一。"①"随着一旦已经发生的、表现为工艺革命的生产力革命,还实现着生产关系的革命。"②机器是科学技术的物化,生产力革命是科学技术革命在生产中的实现。

恩格斯曾以蒸汽机为例,生动地说明了科学技术是推动社会进步的重要杠杆。19世纪中叶,当西欧沿海各国资本主义有很大发展时,梅特涅统治下的奥地利仍然是封建专制的君主国。可是,蒸汽机一旦进入奥地利,就

_____

① 马克思:《机器、自然力和科学的应用》,人民出版社,1978年,第51页。

② 同上,第111页。

摧毁了封建王国的根基。"欧美的公众现在可以高兴地看到梅特涅和整个哈布斯堡王朝怎样为蒸汽机轮撕碎,奥地利君主国又怎样为自己的机车辗裂。这是非常有趣的场面。"①马克思说:"蒸汽、电力和自动纺机甚至是比巴尔贝斯、拉斯拜尔和布朗基诸位公民更危险万分的革命家。"②

科学技术的发展还会影响到人们的价值观念、伦理观念、文化观念和哲学观念。科学技术的发展是加速过程,因而它的各方面功能也会不断强化。

4. 科学技术的双刃剑效应

科学技术的功能具有双面效应,既有正面的、积极的效应,也会有负面的、消极的效应。控制论创始人维纳把这种双面效应比喻为"双刃剑"。维纳在《人有人的用处》一书中说:"新工业革命是一把双刃刀(有的译者译为双刃剑——引者),它可以用来为人类造福,但是,仅当人类生存的时间足够长时,我们才有可能进入这个为人类造福的时期。新工业革命也可以毁灭人类,如果我们不去理智地利用它,它就有可能很快地发展到这个地步的。"新工业革命是通过新技术实现的,所以维纳接着说:"自从本书初版发行以来,我曾经参加过两次大型的实业家代表会议,我很高兴地看到,绝大部分的与会者已经意识到新技术给社会带来的威胁,已经意识到自己在经营管理上应尽的社会义务,那就是要关心利用新技术来为人类造福……"③

科学技术的双刃剑效应,主要是指技术的应用。技术应用不能违背自然规律,但是由技术所引起的变化都是在自然状态下很难出现的变化,大多是自然界不会自发出现的变化。如抽水机能将水从低处输送至高处,空调能使室内温度降低。从这个意义上说技术所引起的人工自然变化,本质上都是"不自然"的变化,这必将改变原有的自然状态的平衡。技术要引起这种种不自然的变化,就必须要消耗能量。能量的消耗必然会产生副产品,如烧煤必然要产生 CO_2、SO_2 等气体,造成包括环境污染在内的一系列后果。

同样一种技术功能,不同的人可以用于不同的目的,有人可以用技术行善,也可以用技术作恶。正如爱因斯坦所说,菜刀可以用来切菜,也可以用来行凶。

技术应用会发生事故,有的事故会造成灾难,如前苏联切尔诺贝利核电站泄漏事故。在大规模的技术应用中,人们必须要最大限度地减少事故的

①　《马克思恩格斯全集》第 4 卷,人民出版社,1972 年,第 521 页。
②　《马克思恩格斯全集》第 12 卷,人民出版社,1972 年,第 3 页。
③　维纳:《人有人的用处》,商务印书馆,1978 年,第 132 页。

发生。

有的国家或单位、企业出于某种政治目的或牟取暴利,进行有害的技术研究,如为了对付敌对国进行毒气、基因武器、人造地震、人造飓风、海啸等的研究。

有些技术成果的应用在短时期内是正面的效果,但经过较长时期后,其负面作用才会显现。恩格斯说:"迄今存在的一切生产方式,都是只从取得劳动的最近的、最直接的有益效果出发的。那些只是在比较晚的时候才显现出来的、通过逐渐的重复和积累才变成有效的进一步的结果,是一直全被忽视的。"①

技术越先进,建设性作用越强,破坏性作用常常也越大。高技术既是伟大的建设性力量,弄不好也会是可怕的灾难性力量,这正反两方面的影响都会是空前的。技术装置自动化程度越高,就越容易产生技术的滥用。所以我们在研究与应用技术时,务必要强化以人为本的意识,倡导技术人道主义,充分发挥科学技术积极作用,把它的消极作用减少到最低程度。

爱因斯坦1931年对美国加利福尼亚理工学院的大学生说:"如果你们想使你们一生的工作有益于人类,那么,你们只懂得应用科学本身是不够的。关心人的本身,应当始终成为一切技术上奋斗的主要目标。""在你们埋头于图表和方程时,千万不要忘记这一点!"②

关于科学技术的功能与价值,国外有两种极端的观点。

一种是唯科技主义,认为科学技术是推动社会全面进步的唯一决定因素。按照这种观点,科技进步完全等同于社会的全面进步。要推动社会发展,只要发展和应用科学技术就行了,别的一切(如政治制度、文化传统、人的素质等)都微不足道,毫无意义。科学技术的水平决定社会的一切,包括决定社会制度的性质。科学技术万能,只要发展科学技术,一切社会问题都迎刃而解;只要应用科学技术,什么愿望都可以实现。

这种观点的合理因素在于高度评价了科学技术的作用,但从总体来看,是一种错误思潮。科学技术并非万能,并不能决定一切。科学技术本身不能直接决定社会制度的性质,也不能直接决定其他各方面文化的内容和发展水平。科学技术的发展并不意味着人的思想境界会自然而然提高,科学技术知识本身和人的美德并不是一回事。科学技术发展的水平和应用的情

① 恩格斯:《自然辩证法》,人民出版社,1984年,第307页。
② 《爱因斯坦文集》第3卷,商务印书馆,1979年,第72页。

况,受到各种社会因素的影响和制约。所以,孤立地片面地夸大科学技术的社会功能是错误的。

另一种是反科技主义,认为科学技术是人类的灾难,最后甚至会毁灭人类。按照这种观点,科学技术的负面作用占主导地位,而且科学技术越发展,其破坏性就越大。人类不可能对科学技术的应用实行有效的控制,无法减弱科学技术的负面作用,所以人类发展和应用科学技术的最后结局是被科学技术所毁灭。因此,人类应当反对、禁止、抛弃科学技术。

这种观点的合理因素在于向人们强调指出了科学技术的负面作用,有助于我们对这一问题保持清醒的头脑。但从总体上来看,这也是一种错误的观点。一部人类的文明发展史表明,科学技术的积极作用占主导地位。如果由于科学技术的应用给人类带来了灾难,那责任不在科学技术,而在于应用科学技术的人。人类有能力把科学技术置于自己的有效控制之下,把它的负面影响降低在最低限度,尽量避免和减少由于人的失误而带来的灾难。所以,用科学技术的负面作用来否定整个科学技术的社会功能,是错误的。

这两种错误观点都从反面告诉我们,科学技术功能的发挥与社会制度、政策、法制、管理,与人们的价值观念、伦理观念、人的素质有密切的关系。

第二节　科学技术的历史

科学技术是个不断发展的历史过程,大体上可分为三个历史时期:古代科学技术、近代科学技术和现代科学技术。

一、古代科学技术

从人类社会出现一直到 16 世纪中叶,是古代科学技术时期。古代科学技术本质上是生产经验和生活经验的记述和概括,并以一些思辨的猜测作为补充。

1. 古代科学技术的萌芽

在原始社会时期,由于生产力水平极其低下,只有一些生产技术和生活技术,还没有独立的科学技术。

原始社会实现了从采集、捕猎到原始农业、原始畜牧业的发展。人类与动物的本质区别在于人类能够制造和使用工具。人类最早制造和使用的工具主要是石器,出现了旧石器时代和新石器时代。火的使用是人类的第一个伟大的发明。恩格斯说:"就世界性的解放作用而言,摩擦生火还是超过了蒸汽机,因为摩擦生火第一次使人支配了一种自然力,从而最终把人同动物分开。"[①]火的使用导致制陶和金属冶炼技术的出现,石器时代便转化为青铜时代。弓箭的发明使人类有效地捕猎,有了剩余的猎物,又导致了畜牧业的出现。

古代大量的科学知识包含在自然哲学之中,但同人们生存有密切关系的一些科学技术知识率先以相对独立的知识形态出现,如天文学、数学。埃及、古巴比伦、古印度与中国这四大文明古国作出了重要贡献。古希腊与古代中国分别在不同时期达到了古代科学技术的高峰。

2. 古希腊的科学技术

古希腊天文学提出了各种猜测与宇宙模型,它较早地肯定了大地呈球形,但在地球与太阳的关系上,占统治地位的是地心说。毕达哥拉学派已有地球的观念,认为宇宙的中心是一团火,称"中心火",太阳、地球等天体都围绕"中心火"转动。柏拉图、亚里士多德认为地球是宇宙的中心,静止不动,所有天体围绕地球旋转。阿利斯塔克曾提出太阳中心说,但后来流行了十几个世纪的是托勒密地心说。

亚里士多德不仅是位哲学家,还是一位生物学家,他对 50 多种动物进行了解剖,对 540 种动物进行分类。他认为生命的本质是神秘的"生命力"。在生物来源的问题上,他提出了自然发生说,即认为生物可以由无生命物质迅速变成,高等生物也可以由低等生物迅速变成,不需要亲本的遗传,例如泥、沙、泡沫都可以变成鱼。各种生物组成一个统一的阶梯,各阶梯之间有中间的过渡内型。生物的演化是"积微渐进"的过程。

欧几米德撰写了著名的《几何原本》,从五条公式和五条公理出发,演绎出一系列定律,组成一个严谨的逻辑体系。这种公理化方法对后来的科学影响很大。

阿基米得在数学、力学方面均有重大成果。他提出了杠杆原理、浮力原理。他发明了一些技术装置,如能够吸水的"阿基米得螺旋机"。

大约公元 1 世纪的赫仑在他的《力学》一书中记载了他对重心、杠杆、楔、螺旋、滑车、轮轴研究的成果。他还发明了蒸汽机、虹吸器、空气抽压机、抽气机、水泵等。

在地学方面,埃拉托色尼计算出地球圆周长约 40000 公里。实际上,地

---

　　① 《马克思恩格斯选集》第 3 卷,人民出版社,1972 年版,第 154 页。

球赤道的长度是 40076 公里。斯特莱波撰写了 17 卷《地理学》,指出大陆具有上下的垂直运动。

古希腊名医希波格拉底,人称"医学之父"。他提出了体液病理学说,认为人体内有血液、黏液、黄胆汁、黑胆汁四种体液。这四种体液比例适当,人体就健康;比例失调,疾病发生。他强调人体自身有恢复健康的能力,生命的本质是生物体内的热力。

3. 古代中国的科学技术

中世纪的欧洲(476—1453 年)是科学技术基本停滞的时期,发展的速度十分缓慢。封建教会实行精神统治,一些有志于探索自然界奥秘的学者被关进宗教监狱,甚至遭到杀害。

这个时期是中国古代科学技术的发展繁荣时期,在宋元时期更处于世界领先地位。

我国很早就进行了天文观察,留下了大量的观测资料。在此基础上,盖天说、浑天说、宣夜说等各种古代宇宙理论都曾十分流行。元代郭守敬测量恒星 1000 多个。此外,修订历法也是中国古代天文学的基本任务。

《墨经》一书叙述了许多古代数学知识,对点、线、平面、体、圆、方、无限等概念作了定义。汉代《九章算术》分九章,含 246 个数学问题。刘徽的《九章算术注》,把极限概念用于数学计算,提出了"割圆术"。祖冲之对圆周率的计算已经到了相当精确的程度。宋元时期出现了秦九韶、李冶、杨辉、朱世杰四大数学家。

在物理学领域,《墨经》叙述了丰富的力学、光学知识,例如提出"力,形之所以奋也"的说法,表明力是使物体运动的原因。明代方以智的《物理小识》叙述了有关力、热、声、光、磁等方面的知识。

我国古代的科学技术是农业文化的一部分。我国古代的农书有五六百种之多,居世界第一。西汉时氾胜之撰写的农书,是我国现在能看到的最早的农书,一般称作《氾胜之书》。北魏贾思勰的《齐民要术》全面叙述了种植业、畜牧业、加工业等方面的知识。元代王桢的《农书》可看作是我国古代的一本农业百科全书。明末徐光启的《农政全书》包括农本、田制、农事、水利、农器、树艺、蚕桑、种植、牧养等内容。

《山海经》、《禹贡》、《管子·地员》是我国现存最早的地理学著作。《汉书·地理志》是我国第一部用"地理"命名的地学著作。北魏的郦道元的《水经注》在叙述水道时,旁及水道周围的各种地理因素。明末徐霞客的 60 万字《徐霞客游记》,涉及地貌、地质、水文、气候、生物诸方面。

中国古代的医学著作比较多。《黄帝内经》探讨了人体生理、病理的规律,用阴阳五行学说来说明人体各种器官的相互关系。汉代《神农本草经》是我国现存最早的本草学专著。汉代张仲景的《伤寒病杂论》是我国第一部集理、法、方、药各方面知识的综合性医著。唐代名医孙思邈的《千金方》是我国古代的重要方书。明代李时珍的《本草纲目》对我国古代本草学作了比较全面的总结。

春秋末年的《考工记》是我国现存最早的一部综合性的手工业生产规范的典籍。西汉时我国已开始用麻造纸,蔡伦把造纸技术提高到新的水平。许多学者认为雕版印刷术早在唐代已出现。宋代李诫的《营造法式》系统叙述了历代工匠的经验和建筑技术。战国时就开始修筑长城,到秦汉时长城已绵延万里。

在我国古代也有一些重要的综合性的科学技术著作。宋代沈括的《梦溪笔谈》叙述制订历法问题,用水的作用解释山岳的成因,在世界上第一次叙述地磁偏角现象。明代宋应星的《天工开物》是我国古代农业、手工业方面的百科全书,内容涉及作物栽培、养蚕、纺织、染色、粮食加工、熬盐、制糖、酿酒、烧瓷、冶铸、锤煅、舟车制造、烧制石灰、榨油、造纸、采矿、兵器等。

可是由于长期的封建社会与小农经济等原因,近代科学技术未能诞生在中国。

二、16—18 世纪的科学技术

近代科学技术大体上分为两个历史阶段:16—18 世纪的科学技术和 19 世纪的科学技术。

1. 近代科学技术的诞生

近代科学技术诞生于 15—16 世纪的西欧,它是与西欧的手工业向工场手工业的转化、早期工业生产基本上同步发展的。

在封建的小农经济中,不可能出现近代的科学技术。从 13 世纪开始,欧洲地中海沿岸的一些城市中出现了资本主义的最初萌芽。14—15 世纪欧洲已开始使用脚踏纺车、脚踏织布机、水力或风力发动机和磨粉机等机器。资本主义生产采用了新的生产工具、新的能源、新的劳动对象,这就需要系统而具体地研究自然界的物质形态与运动形态。例如,机器的采用需要研究各种金属的性能和金属的冶炼,并进一步需要研究找矿的规律,这就需要有物理学、化学、冶金学、地质学等方面的知识。

农产品是在自然条件下也可能出现的生物体,工业生产的基本任务是制造自然没有也不可能出现的人造物。工业生产技术的实质是制造人造物的手段和方法。要制造各种工业产品,就需要改造原料的物质形态和物质结构,这就需要新的工具和能源,需要改造原料的方法,这就导致了一系列近代技术的诞生。

生产的需要和发展是近代科学技术诞生的经济根源。恩格斯说:"资产阶级为了发展它的工业生产,需要有探察自然物体的物理特性和自然力的活动方式的科学。"①他又说:"如果说,在中世纪的黑夜之后,科学以意想不到的力量一下子重新兴起,并且以神奇的速度发展起来,那么,我们要再次把这个奇迹归功于生产。"②

欧洲新兴的资产阶级在政治、思想上进行了反封建的斗争,就需要有自己的思想理论武器。欧洲资产阶级反对封建思想意识的斗争,主要有以下两方面内容。

其一是宗教改革。中世纪的欧洲封建宗教势力强大,神权超过世俗政权,所以欧洲的农民、手工业者、新兴资产阶级进行反封建斗争时都把矛头指向封建教会。自然科学要独立,要生存,就要摧毁封建教会的精神枷锁。资产阶级需要自己的宗教,便实行宗教改革,把封建宗教改造成为资本主义服务的宗教。在这种特殊历史条件下,宗教改革与近代科学革命相互促进。

其二是文艺复兴运动。1453年土耳其打败了拜占庭帝国,发现了一批古罗马时代的手抄本,并带到了意大利。同中世纪的封建宗教文化相比,古希腊罗马文化显得光彩照人。新兴资产阶级提出了恢复古希腊罗马文化的口号,掀起了历史上的第一次大规模的思想解放运动——文艺复兴运动。资产阶级利用古典文化中的现实主义、古希腊罗马哲学中的唯物主义和古代科学中的科学精神,作为反封建的思想武器。这就为近代科学技术的诞生提供了良好的社会条件和文化氛围。

2. 16—18世纪的自然科学

这一时期是近代自然科学发展的第一阶段。这一阶段自然科学的主要任务是分门别类地研究自然界的基本物质形态和运动形态,搜集材料,积累经验。

近代自然科学诞生的标志是波兰天文学家哥白尼1543年出版《天体运行论》。地球中心说在西方流行了一千多年,封建教会积极支持这个学说。

---

①　恩格斯:《反杜林论》,人民出版社,1970年,第333页。

②　恩格斯:《自然辩证法》,人民出版社,1984年,第163页。

哥白尼提出近代太阳中心说，认为宇宙的中心是太阳，地球只是围绕太阳旋转的一个普通行星。人类只有正确认识地球在太阳系中的位置，才可能把天文学建立在科学基础之上。哥白尼学说不仅是天文学发展的里程碑，而且向神学发出了挑战。

德国天文学家开普勒提出行星运动三定律，进一步完善了太阳中心说。开普勒认为行星沿椭圆形轨道围绕太阳旋转，旋转的速度不是匀速度，并发现行星公转周期平方和行星轨道半长径的立方成正比。

意大利的伽利略坚决捍卫哥白尼学说，并用望远镜观察天体，获得了许多重要发现。他又是近代力学的奠基人，采用逻辑分析、观察、实验、抽象和数学运算等方法，提出了自由落体定律、惯性定律、力学运动的相对性原理。由于伽利略提出了新思想、新方法，所以他遭到了教会的迫害。

牛顿完成了近代力学的综合，是这一历史时期自然科学发展的代表人物。他把伽利略等人的研究成果和他自己的发现概括为动力学三定律，并在开普勒等人研究的基础上，建立了万有引力理论，实现了自然科学的第一次综合。牛顿力学经过了地球形状的测定、哈雷彗星回归周期的证实和海王星的发现，在近代科学史上享有盛誉。根据牛顿力学，我们既可以准确计算出地面物体受力作用后所产生的加速度，也可以精确预言天体在什么时间会出现在什么位置上，把地面物体的力学与天体力学统一为完整的力学。从此，自然科学的许多学科（甚至社会科学的一些学科）都用牛顿力学方法进行研究，使近代科学和哲学带有浓厚的机械论色彩。由于牛顿仅用引力不能解释行星围绕太阳的旋转，所以他提出了"上帝的第一次推动"的假设。

这个时期的物理学主要是关于热、光、电这些基本物理现象的研究。

关于热的本质，历史上曾流行过热素说，即把热看作是一种物质形态，一种极其细小的物质微粒，称为"热素"。1798年美国的伦福德、1799年英国的戴维通过摩擦生热等实验研究，确认热是一种物质的运动，热动说逐步取代了热素说。

牛顿在光学研究中，把太阳光分解为七种单色光，认为光是一种物质微粒。光的直线传播和折射实验等支持牛顿的光的微粒说。

长期以来，人们认为某些物体摩擦产生的电和天上的雷电是两种完全不同的电。富兰克林通过风筝实验捕捉雷电，证明其性质同物体摩擦产生的电相同。

这个时期的化学主要是实现了从燃素说到氧化学说的发展。燃素说认为燃素是构成火的物质微粒，燃烧过程是物体释放燃素的过程。英国化学家普里斯特列在对氧化汞加热时,发现了能助燃的气体,称其为"无燃素气体"。法国化学家拉瓦锡认为这是氧,物体燃烧是氧化过程。

在生理学与生物学方面,英国的哈维提出了血液循环理论。瑞典的林奈提出了一个完整的分类系统,把生物分为纲、目、科、属、种五个层次,用双名法为物种命名,并提出物种不变论和物种神创论。

3. 16—18世纪的技术

这一时期发生了人类近代第一次技术革命和产业革命,导致了机器工业的出现和生产力的飞跃发展。

英国是第一次技术革命的发源地。英国工业革命发生的主要标志是:1733年,凯伊发明用于织布的飞梭,1764年,哈格里夫斯发明珍妮纺纱机。新的工作机要求新的动力机,导致蒸汽机的发明和推广。蒸汽机为近代工业提供了新动力,使人类进入了蒸汽机时代。

1690年,法国的巴本提出了这样的设想:制造出真空,然后把由真空而产生的大气压转换成机械力,并用它来带动机械装置。他由此提出活塞式蒸汽机的设计。

当时英国由于经济发展,用煤量大幅度增加,煤井越挖越深,渗水问题日益严重。1698年,英国的塞维利制造出用于抽水的蒸汽水泵,它靠人工操作,只能用来抽水。

1705年,英国铁匠纽可门应用巴本蒸汽机的活塞结构和塞维利蒸汽机靠冷凝蒸汽形成真空由大气压力做功的原理,发明了大气活塞式蒸汽机,很快就用于矿井排水和农业灌溉,推广到8个国家。但纽可门蒸汽机耗煤量高,其热效率仅为1%,只能作往返的直线运动,所以只能用来抽水。

对蒸汽机进行全面改革的是英国的瓦特。1764年,瓦特在修理纽可门蒸汽机时发现,大约有3/4的蒸汽被浪费了。他认为这是由于纽可门蒸汽机损失了蒸汽的潜热造成的,因为汽缸每完成一次冲程,都要冷却一次,使蒸汽凝结为水,下一次冲程时,又使汽缸重新加热。于是他提出在蒸汽机外面安装冷凝器的设想,这种分离冷凝器大大降低了蒸汽的消耗。1769年,他获得了这种"降低蒸汽机的蒸汽和燃料消耗量的新方法"的专利。1776年,瓦特改进的蒸汽机开始在英国厂矿应用。1781年,瓦特发明了行星式齿轮,并把曲柄装置安装在蒸汽机上,把蒸汽机的直线往返运动变为圆周运动。1784年,他使活塞沿两个方向的运动都产生动力,把单动式蒸汽机改革为双动式蒸汽机。此后,他又陆续对多个蒸汽机配件作了改进。通过这多方面改进,瓦特把蒸汽抽水机发展为蒸汽动力机。1784年,他在专利说明书中,把他的蒸汽机说成是大工业普遍应用的发动机。马克思说,瓦特正确地指出了蒸汽机对大工业的重要作用。瓦特不仅因此致富,还于1785年被选为英国皇家学会会员,1814年被选为巴黎科学院外国院士。

1785年,英国第一座蒸汽机纺织工厂建立,18世纪末英国已有大约1500台蒸汽机。1790—1830年,英国整个纺织业完成了从工场手工业到以蒸汽机为动力的机器大工业的发展过程。

1800年,美国的伊万斯发明高压蒸汽机。1803年,英国伍尔夫发明多级膨胀式蒸汽机。

后来蒸汽机还被应用于交通。1803年美国的富尔顿制造第一艘蒸汽轮船。1814年英国的斯蒂芬逊制造的"旅行号"蒸汽火车于1825年9月试车。起初火车还不完善,在同马车的比赛中失败,但火车的运用很快就根本改变了英国的交通状况。

三、19 世纪的科学技术

1. 19 世纪的自然科学

19世纪的自然科学是近代自然科学的第二阶段。这一阶段的主要任务是对经验材料进行整理、综合和概括。从整体上说,自然科学开始从经验科学转向理论科学。

在16—18世纪,力学是自然科学的带头学科、基础学科和主导学科。在19世纪,物理学逐步取代了力学的这种地位。

19世纪物理学的主要成果,是关于能量的学说、热力学三定律和电磁学理论。

19世纪,许多科学发现都揭示了自然界各种能量的联系与转化。伏特电池与电解实验实现了电能与化学能的转化,热电偶和电流通过导线生热实现了电能与热能的转化,法拉第的电磁感应实验和电动发动机的发明实现了电能与机械能的转化。1840年,瑞士的黑尔斯指出化学反应中所释放的能量是一个同中间过程无关的恒量,揭示了化学变化过程中的能量守恒关系。于是,在19世纪中叶,几个国家的十几位科学家几乎在同时分别从不同角度独立地提出了能量守恒与转化思想。其中最著名的是德国迈尔1842年发表的论文和英国焦耳热功当量的测定。能量守恒和转化定律的主要内容是自然界各种能量可以相互转化,但其总量守恒。这条定律揭示了自然界各种能量和各种运动形态的相互联系,冲击了把自然界各种运动归结为机械运动的机械论。从此,"能"成为自然科学的一个基本概念。

提高蒸汽机效率的研究,导致了热力学的诞生。热力学第一定律是能量守恒与转化定律的一种表述形式。法国工程师卡诺在蒸汽机的研究中得到了能量守恒与转化的认识。他发现热机必须工作在高温热源与低温热源之间,两热源的温差越大,热机的效率就越高。除非低温热源是绝对零度,则热机的效率总小于 1,即不可能将热量完全变为有用的功而不产生其他影响。1850 年,德国的克劳西斯把卡诺提出的这个思想表述为热力学第二定律:不可能把热从低温物体传到高温物体而不产生其他影响。1851 年,英国的克尔文又提出了另一种表述:不可能借助于无生命物质,使一个物体的任何一部分冷至比周围物体更冷,而得到机械功。克劳西斯还指出,热力学第二定律是指在孤立系统内实际发生的过程,总使整个系统的熵的数值增大,所以这条定律也可称为熵增原理。在热力学中,熵是表明热学过程不可逆性的物理量。许多人都认为,熵的概念的提出对后来科学的发展具有重要的意义。热力学第三定律指出绝对零度不可能达到,即机械能可以全部转化为热能,而热能不可能全部转化为机械能。热力学研究的重大成就是把不可逆的概念引进了物理学。

长期以来,人们认为电与磁是两种独立的不相干的物理现象。1820年,丹麦的奥斯特发现,当导线通过电流时,旁边的磁针就会转动,表明电可以转化为磁。于是英国的法拉第猜想磁能否转化为电呢? 1831 年,他发现磁铁与线圈作相对运动时,线圈里便有电流通过,他以此提出了电磁感应定律,表明磁也可以转化为电。此外,法拉第还提出了电解定律和电场、磁场的概念。1864 年,英国的麦克斯韦在奥斯特、法拉第等人研究的基础上,提出了一组解释各种电磁现象的方程。他指出,奥斯特的实验表明一个变化的电场可以引起一个变化的磁场,法拉第的实验表明一个变化的磁场可以引起一个变化的电场。交替变化的电场与磁场以波的形式在空间传播,称电磁波。电磁波传递的速度刚好等于光速,于是他认为光就是电磁波。这样电、磁和光这三种长期被认为是互相独立的自然现象就被统一起来了。1888 年,德国的赫兹用实验证实了电磁波的存在。电磁学理论的建立是物理学史上的又一次大综合。"场"的概念后来被科学家广泛采用,用来表示相对于实物粒子的又一种基本的物质形态,"场"也成为现代科学的一个基本概念。

19 世纪化学的主要成就是化学原子论、化学元素周期律和尿素的人工合成。

英国的道尔顿 1801 年在解释气体的扩散与混合现象时,提出了物质由原子组成的看法。他把古希腊罗马的原子论哲学引入化学，形成化学原子论。他认为一切物质皆由微小的、不可分割的原子构成。同一元素具有相同的原子，不同元素具有不同的原子。元素由简单原子组成，化合物由复杂原子组成。原子既不可创造，也不可消灭。物体可以发生多种化学变化，但原子的属性不变。化学的分解与化合只是原子的组合方式不同。原子的质量是原子量，物质在化学反应前后总质量不变。原子量概念的提出是化学原子论诞生的主要标志，从此原子论成为近代自然科学的基本理论。1811年意大利的阿佛加德罗提出分子学说，认为分子是具有一定特性的物质的最小组成单位。分子由原子组成，单质的分子由相同元素的原子组成，化合物的分子由不同元素的原子组成。分子是物质结构的一个层次。

　　1869年，俄国的门捷列夫提出了化学元素周期律。他曾在彼得堡大学讲授化学。当时大学里讲授化学课没有一定的理论体系，有的从最轻的氢讲起，有的从最贵重的金讲起，有的则从同人们生活关系最密切的氧讲起，好像各种化学元素之间毫无联系，它们的排列顺序是由人随意决定的。门捷列夫发现，化学元素的性质随原子量的增加作周期的变化，从而揭示了化学元素之间的本质联系。在他的元素周期表上还有一些空位，他认为这些空位都是未知新元素，并对它们的物理属性与化学属性作了具体的预言。他所预言的11种未知元素，后来都陆续被证实。后来科学家发现，真正能反映化学元素性质的并不是原子量，而是核电荷数或电子数，即元素的原子序数。

　　19世纪初，有机化合物的种类众多，当时人们认为有机化合物不能从矿物质中直接获得，而只能从动植物中提取，所以科学家认为无机物与有机物是两类完全不同的物质，彼此之间也不可能互相转化。瑞典的贝齐里乌斯提出"活力论"，认为有机物包含神秘的"活力"，而无机物没有这种活力，所以不可能转化为有机物。他的学生德国的味勒1824年在研究氰与氨水这两种无机物的作用时，却得到了两种有机物，一种是当时只能从植物中提取的草酸，另一种是哺乳动物排出的尿素。他特别强调，用无机物人工制造的尿素同从动物排泄尿中所得到的尿素，性质完全相同。后来他又研究出几种用无机物制造尿素的方法。味勒用他的实验成果填平了无机物与有机物之间的鸿沟，冲击了"活力论"，驱散了有机物研究中的神秘主义与不可知论的气氛。在他的启发下，大批有机物被人工合成出来。仅法国柏尔特罗一人就在1850—1860年间，人工合成了乙炔、乙烷、乙醇、丙烯、苯、脂肪等十几种有机物。

19 世纪生物学的主要成就是达尔文生物进化论、细胞学说和孟德尔的遗传学说。

从 18 世纪开始,生物进化论已经成为一种思潮。1809 年,法国的拉马克提出了用进退废和获得性遗传两条进化法则,认为生物的器官越用就越进化,越不用就越退化,最后会导致这个器官的消失。由于环境的变化,由于器官的用或不用,生物器官在后来可以发生变化,只要这种所获得的变异是两性所共有的,或者是产生新个体的两性亲体所共有的,那这些变异就能通过繁殖遗传给后代。

1859 年,英国的达尔文出版《物种起源》,系统地提出了自然选择学说。英国的产业革命带动了英国的农业变革,当时人工选择的活动在英国已相当普遍。达尔文从人工选择想到了自然选择,把选择的概念引进了自然界,指出人的无意识选择同自然界的活动有许多相似之处。生物在不断发生变异,可分为有利变异与不利变异,这些变异是自然选择的原料。繁殖过剩是生物界普遍的现象,生物繁殖的个体数目远远大于自然界能容许生存生物的数目,所以每个个体从一诞生起,就必须为获得生存权利而斗争,这就是生存斗争。生存斗争分为种内斗争、种间斗争和与环境的斗争三种形式。由于繁殖过剩,所以自然界就必须选择一部分生物个体使其生存。繁殖过剩为自然选择提供了必要性与可能性,而生存斗争是实现自然选择的手段。自然界选择在生存斗争中获胜的个体,淘汰在生存斗争中失败的个体。优胜劣汰,适者生存便是自然选择的标准。这样生物的有利变异就通过生存斗争、自然选择不断积累,所以物种进化、旧种消灭和新种产生是自然选择的结果。达尔文的进化论有力冲击了物种不变论和神创论,是生物学史上的里程碑。

最早提出细胞概念的是英国人胡克。1665 年,他用自制的显微镜观察软木薄片时发现了植物的空的细胞壁。1809 年,德国的奥肯猜测所有的有机物都是由"小泡"构成的,他所说的小泡实际上就是细胞。1838 年,德国植物学家施莱顿认为,细胞是一切植物结构的基本单位和赖以发展的实体,并把这个想法告诉了德国动物学家许旺。许旺在动物学研究中也发现了细胞构造与细胞核。他们两人都认为细胞是动植物的最基本单位。动植物的外部形态千差万别,但其内部构造却是统一的。细胞是自己能独立的生存、生长的单位,细胞核是细胞生活的中心。许旺还对动物细胞进行了分类。细胞学说揭示了动物与植物、高等生物与低等生物的联系;指出生物体都要经历发育过程,这个过程是通过细胞的形成、生长来实现的。

21

　　"种瓜得瓜、种豆得豆"，这是人类早已认识到的生物遗传现象，但到了19世纪科学家才开始系统探讨遗传的本质和规律问题。奥地利的孟德尔对七对相对性状的豌豆进行了8年的杂交实验，开创了近代遗传学的先河。他发现杂种第一代只有一种性状得到表现。然后，他使子一代自花传粉，发现子二代中有两种性状分离出来，它们的比例大约为3∶1。他提出遗传因子是决定生物遗传的颗粒状的物质，每一个遗传因子决定一种性状，它们在细胞中成对存在，分别来自雄性亲本和雌性亲本。在纯种中成对因子是相同的，在形成配子(精子和卵子)时，成对因子互相分离，使每一个配子只含成对因子中的一个，彼此独立，不会互相中和或抵消。当不同因子相结合时，其中一个因子占绝对优势，这就是显性因子，它所决定的性状就是能够表现出来的性状——显性性状；另一个因子就是隐性因子。只有当两个隐性因子相结合时，隐性性状才能得到表现。他用这种假说对子二代两种性状3∶1的统计规律性作出了解释。他由此还提出了遗传因子的分离定律和自由组合定律。

　　这个时期的生物学家对生命的起源问题进行了研究。在这个问题上长期流行的是自然发生说，认为各种生物体是从无生命物质直接、迅速变成的，既不需要通过亲代的遗传，也不需要个体的发育过程。中国古代就有"枯草化萤，腐肉生蛆"的说法，欧洲有人做过所谓垃圾变老鼠的表演。法国的巴斯德通过大量实验，否定了这种说法，并提出了生命胚种论。他认为空气中含有生命的胚种，如果这些胚种同肉汤接触，肉汤很快就会变质；如果不让胚种同肉汤接触，肉汤就不会变质。巴斯德的研究工作为食物的防腐与医科手术的消毒提供了理论依据。但由于巴斯德主张生命只能来自生命的胚种，所以他并未解决生命的起源问题。有人认为地球上的生命是从别的天体上迁移来的。还有人认为生命同物质一样都是永恒的，这实际上就取消了生命的起源问题。

　　法国的居维叶在生物学中提出了器官相关律，认为同一个生物体的各种器官是相互联系的，一个器官的变化会引起有关器官的相应变化。在地质学中他提出了灾变论，认为地球曾经发生过剧烈的灾难性的变化，称为"灾变"，可以使地层倾斜、直立、倒转。灾变具有突发性、短暂性、周期性和破坏性。每一次灾变都造成了大批生物的死亡，灾变后别的地区的生物又会迁进。

　　19世纪地质学主要有两次大争论：水成论与火成论的争论、灾变论与渐变论的争论。水成论认为唯有水的作用是地层变化的原因，火成论认为唯有火山是地层变化的原因。英国的赖尔认为水成作用和火成作用都是地层变化的原因。赖尔反对居维叶的灾变论,提出了地质缓慢进化论即渐变论。他认为地球的变化是一个缓慢的过程,微小变化经过长时间的积累,可以形成巨大的变化。

在天文学领域,人们的视野已超出了太阳系。英国的威廉·赫歇尔在发现了天王星以后,开始关于银河系的研究。他认为银河和所有散布在全天的恒星构成了银河系,银河系像个扁平的圆盘,他猜想银河系的直径大约是其厚度的 5 倍。他的儿子约翰·赫歇尔在 1834—1837 年间,在非洲好望角用望远镜统计了南半球天空的约 7 万颗星,宣布证实了银河系的存在。后来天文学家又开始研究河外星云的问题。

2. 19 世纪的技术

19 世纪发生了以发电机、电动机为标志的第二次技术革命与产业革命,电力技术是这一时期的主导技术。在蒸汽机时代,生产发展需要新的能源,一些技工、工程师研制出蒸汽机,然后才有热力学的物理学理论概况。这遵循的是生产→技术→科学的模式。而在电力时代,先是在电磁学理论上有新的突破,然后在新的电磁学理论基础上进行各种发电机、电动机的技术研究,最后把这些机器用于实际的生产过程,遵循的是科学→技术→生产的模式。

1831 年,法拉第发现电磁感应定律,为发电机的发明提供了理论基础。他的电磁感应实验的装置,实际上可以看作是发电机的最早的模型。

直流电机的发展大体上经历了四个阶段:以永久磁铁作为磁场、以电磁铁作为磁场、励磁方式的改变和电枢转子的改进。

1832 年,法国的皮克西制成了世界上的第一台发电机,他使线圈固定,用手轮转动马蹄形永久磁铁。次年他又把交流电转变成直流电。1834 年,英国的克拉克制造直流发电机,用永久磁铁固定,用手轮转动线圈。

1845 年,英国的惠斯通用电磁铁代替永久磁铁,制成第一台电磁铁发电机。这种发电机需要用外加电源来励磁,所以称为他激式发电机。

1864 年,英国的威尔德设想用发电机本身旋转电枢产生的电流为电磁铁励磁。1866 年,德国的西门子制成第一台自激式发电机,是增大发电机输出功率的关键一步。

1870 年,法国的格拉姆制成具有环形电枢的直流发电机。1872 年,德国的阿尔特涅克发明了一种鼓形转子,进一步提高了发电机的效率。1880 年,美国的爱迪生制造出当时最大的直流发电机。

由于直流发电机在变压传输等方面的缺陷,人们的兴趣又转向交流发电机。1878 年,俄国的雅布洛奇科夫制成一台交流发电机,是后来同步发电机的雏形。

1884 年,美国的帕森斯制成容量为 7.5 千瓦的汽轮发电机。1891 年,他又制成带有凝汽器的汽轮发电机,容量为 100 千瓦。

电动机的历史发展基本上和发电机同步。

1820 年,奥斯特发现电流可以使磁针偏转,这为电动机的发明提供了理论依据。1821 年,法拉第制作了一台带电导线直立在装有水银容器中的磁铁旋转的实验模型,是电动机的雏形。后来,科学家制成了多种形式的电动机模型。

1834 年,俄国的雅可比制成了一台回转运动的直流电动机,它以化学电池为能源。1838 年,雅可比把这种电动机安装在船上,成为世界上第一艘电动轮船。1835 年,美国的达尔波特制成以电池为能源的具有实用价值的电动机,用它来带动木工旋床、报纸印刷机。

1860 年,意大利的巴奇诺梯发明环形电枢,确立了现代电动机的基本结构。

电机的发展带动了发电厂和输电技术的发展。

1875 年,法国巴黎北火车站发电厂建成,这是世界上第一座直流发电厂。1879 年,美国旧金山发电厂是世界上第一座出售电力的发电厂。1882 年,美国纽约爱迪生珍珠街中心发电厂投产发电,同年爱迪生创建世界上第一座水力发电站。1885 年,英国的菲尔安基设计的单相交流发电站建成。1892 年,法国建成三相交流电站。

供电范围的扩大,需要解决远距离的输电问题。焦耳-楞次定律表明,输送相同容量的电路,电压愈高损耗愈小。远距离输电必须是高压输电,输电时升压,使用时再降压。1831 年,法拉第提出最早的变压器模型。1878 年,雅布洛奇科夫制成了变压器。1883 年,英国的吉布斯和高拉德制成有实用价值的变压器。

1882 年,法国的德普勒架起了 57 公里长的直流输电线路。恩格斯说:"德普勒的最新发现,在于能够把高压电流在能量损失较小的情况下通过普通电线输送到迄今连想也不敢想的远距离,并在那一端加以利用——这件事还只是处于萌芽状态。这一发现使工业几乎彻底摆脱地方条件所规定的一切界限,并且使极遥远的水力的利用成为可能,如果在最初它只是对城市有利,那么到最后它终将成为消除城乡对立的最强有力的杠杆。"①

线路的电压越高,交流输电线路的优点就越加突出。1885 年,英国的菲朗梯设计的高压交流输电线路建成。

电被应用于社会生活的许多方面,首先发展起来的是电信技术。动力革命引起了信息传输技术的革命。

奥斯特发现了电流的磁效应,带动了电磁电报的研制。1835 年,美国的莫尔斯制成世界上第一部具有实用价值的电报机,他还发明了莫尔斯电码。后来在华盛顿与巴尔的摩两市之间架起电报线,莫尔斯于 1844 年拍发出电文。1846 年,英国成立了电报公司。1865 年,大西洋海底电缆问世。

1876 年,美国的贝尔申请他所发明的电话专利。1877 年,爱迪生发明碳精话筒。1877 年,贝尔电话公司成立。1878 年,美国建立第一座电话交换台。

1895 年,意大利的马可尼和俄国的波波夫分别发明了无线电报。无线电报的发明又带动了无线电话的发明。

1879 年,爱迪生发明碳丝灯泡,标志着电照明事业的开端。

由于电的广泛应用,有力推动了生产的发展和文明的进步,所以人们称 19 世纪是电力时代。

19 世纪技术发展的另一个方面,是内燃机逐步取代了蒸汽机。

蒸汽机是外燃机。内燃机是使燃料直接在工作容器内部燃烧,放出热量并转化为机械能的动力机。1673—1680 年,荷兰的惠根斯提出真空活塞式火药内燃机的构想,试图利用火药燃烧的高温燃气在气缸内冷却后形成真空,从而使大气压力推动活塞运动。但由于火药燃烧难以控制,所以内燃机的研究工作停滞了很长时间。

1794 年,英国的斯垂特提出松节油与柏油内燃机的设想。1799 年,法国的兰蓬提出煤气内燃机设想。1824 年,英国的布朗发明了可用于提水的煤气内燃机。

1833 年,英国的莱特提出直接利用燃气压力推动活塞做功的构想,这是不同于真空机的新设计。但早期的煤气内燃机的热效率只有 4%。

1862 年,法国的德罗沙斯提出一种制造高效内燃机的操作循环理论,即等容燃烧的四冲程循环原理。1876 年,法国的奥托根据这一原理,研制成第一台四冲程活塞式内燃机,其转速可达 150～180 转/分。奥托常被人

---

① 《马克思恩格斯选集》第 4 卷,人民出版社,1972 年,第 436 页。

们认为是内燃机的发明者。

1833 年,德国的戴维勒制成四冲程汽油内燃机,转速可达 800~1000 转/分,而且汽油内燃机体积小重量轻,可以作为汽车的动力机。1892 年,德国的狄塞尔制成柴油机,使已弃之不用的柴油得以利用,其热效率为 24%~26%。后来内燃机又从往复式发展为转动式,出现了燃气轮机。内燃机逐步取代了蒸汽机。

内燃机还促进了汽车与飞机的发明,内燃机车也可代替蒸汽机车。1912 年,世界上第一艘由柴油机驱动的远洋轮船问世。当工业广泛使用蒸汽机时,农业劳动仍主要利用畜力。1892 年,美国的佛罗利克制成第一台以汽油内燃机为动力的拖拉机。

但内燃机排出的废气中含有大量有毒气体,噪声也很大,严重地污染了环境。

第三节　现代科学技术发展的特点

从 20 世纪中叶以来,现代科学技术革命逐步在全世界展开,科学技术发展到高科技的新阶段,出现了一些新的特征。认识这些特点,有助于我们进一步认识现代科学技术的本质、发展趋势和价值。

一、现代科学技术的加速化

现代科学技术不仅持续高速发展,而且发展速度越来越快,这主要表现在科学技术知识量的加速增长、知识与技术更新的速度加快、科学技术向现实生产力转化的周期缩短三个方面。

1. 科学技术知识量的加速增长

早在一百多年前恩格斯就预言:"科学发展的速度至少也是和人口增长的速度一样的,人口的增长同前一代的人数成比例,而科学的发展则同前一代人遗留下的知识量成比例,因此在普通的情况下,科学也是按几何级数发展的。"[1]恩格斯在谈论近代科学诞生时说:"科学的发展从此便大踏步地前进,而且得到了一种力量,这种力量可以说是与其出发点的(时间的)距离的平方成正比的。仿佛要向世界证明:从此以后,对有机物质的最高产物,即对人的精神

_____

　　① 《马克思恩格斯全集》第 1 卷,人民出版社,1972 年,第 621 页。

起作用的是一种和无机物的运动规律正好相反的运动规律。"①万有引力同空间距离的平方成反比,科学技术发展的动力同时间的平方成正比。科学技术的发展逐步证实了恩格斯的这些预见。

科技人员的数量加速增长。据统计,全世界科研人员的人数 1800 年不超过 1000 名,1850 年为 10000 名,1900 年为 10 万名,1950 年为 100 万名。此后科研人员不到 50 年就翻一番。1930—1968 年间,美国就业人口增长 60%,而技术人员增长 450%,科研人员增长 900%。

科技图书的数量加速增长。20 世纪 40 年代,美国的赖德对美国十几所有代表性的大学图书馆藏书的增长率进行统计,发现每隔 16 年增加一倍。例如,耶鲁大学图书馆 18 世纪藏书约 1 万册,按 16 年翻一番计算,到 1938 年应藏书 260 万册,该馆 1938 年实际藏书 274.8 万册。

学术论文数量的加速增长。美国的普赖斯运用赖德的研究方法对学术论文与学术刊物增长的情况进行统计研究,认为学术论文大约每隔 10～15 年增加一倍。18 世纪中期全世界的科学技术杂志大约仅 10 种,19 世纪初已达 100 多种,19 世纪中期约 1000 种,1900 年已达 10000 种,20 世纪 80 年代已达十几万种,这表明每半个世纪增加十倍。

科学知识量的加速增长。有人认为 19 世纪每 50 年增加一倍,20 世纪每 10 年增加一倍,70 年代每 5 年增加一倍,现在每 3 年左右就增加一倍。

重要科技成果数量加速增长。据有的学者统计,17 世纪重要的科技成果有 106 项,18 世纪有 156 项,19 世纪有 546 项,20 世纪前 50 年有 961 项,20 世纪 60 年代以来科学新发现和技术新发明的数量比过去的两千年还要多。

2. 知识更新和技术更新的速度加快

科学技术不仅发展的速度越来越快,而且新旧更新的速度也越来越快。

技术的更新周期缩短。有人认为,19 世纪 90 年代技术更新周期为 40 年,20 世纪 30 年代为 25 年,50 年代为 15 年,70 年代为 8～9 年,到 80 年代为 3～5 年。

3. 科学技术向现实生产力转化的速度加快

科学技术对经济发展的作用,不仅取决于科学技术成果的数量,还取决于科学技术成果产业化的速度。有人估计,从最初蒸汽机的发明到广泛应用经历 100 多年,内燃机从发明到推广经历 80 多年,原子能从发现到广泛

---

① 　恩格斯:《自然辩证法》,人民出版社,1984 年,第 8 页。

应用只经历了 40 年,而集成电路从发明到产业化只用了 3 年。

美国学者伊莱·金兹伯格在《技术与社会变革》一书中,对若干项重要技术成果从发明到生产所经历的时间,做出了以下统计:

摄影机	1727—1839 年	112 年
电动机	1821—1886 年	65 年
电话	1820—1876 年	56 年
无线电	1867—1902 年	35 年
真空管	1884—1915 年	31 年
X 光管	1895—1913 年	18 年
雷达	1925—1940 年	15 年
电视	1922—1934 年	12 年
核反应	1932—1942 年	10 年
原子弹	1939—1945 年	6 年
晶体管	1912—1915 年	3 年
太阳能电池	1953—1955 年	2 年

电脑更新的速度更是令人目不暇接。根据摩尔定律,电脑的功能平均每 18 个月就会翻一番。

二、现代科学技术的综合化

在古代,人类的大部分知识都浑为一体,没有明确的专业分工,这是因为农业生产是一种非专业化生产,农民都是多面手。近代工业生产是机器生产,这就要求把产品的制造过程分为许多道工序,每个工人都有明确的专业分工,只完成一两道工序,只负责产品生产的某一个部分。因此,工业劳动是高度专业化劳动,工人不再是多面手,而只是某个专业的能手。劳动的专业化带来了科学技术的专业化,学科越分越多,越分越细,越分越窄,越分专业性越强。正如工业劳动的专业化带来了高效益一样,科学技术的专业化也是科学技术进步的表现。

科学技术的专业化,使我们对自然界的各种物质形态和运动形态有了大量的具体认识。专业化到了一定程度,我们就需要从整体上认识自然界,而且在实际的改造自然过程中,往往需要多种专业知识的综合应用,这种专业化的缺陷就日益严重。恩格斯说,近代自然科学首先必须对自然界进行分门别类的研究,既推动了科学的发展,又具有很大的局限性。"把自然界分解为各个部分,把自然界的各种过程和事物分成一定的门类,对有机体的内部按其多种多样的解剖形态进行研究,这是最近 400 年来在认识自然界方面获得巨大进展的基本条件。但是,这种做法也给我们留下了一种习惯:把自然界的事物和过程孤立起来,撇开广泛的总的联系去进行考察……"①

现代科学技术在高度专业分化的基础上,正朝着高度综合化的方向发展。

1. 边缘学科、横断学科、综合学科的大量出现

自然界的各种物质形态、运动形态,既有个性,又有共性;既有差别性,又有统一性。它们各自具有质的规定性,又相互联系、相互作用、相互渗透、相互包含,在一定条件下相互转化。因此,各门科学技术的研究对象、研究范围既有差别,又有联系。当自然科学不再用孤立的方法而是用联系的观点来研究自然界,对自然界内在联系的认识越来越全面、深刻、具体时,学科的相互渗透也就越广泛和充分。大量边缘学科、横断学科、综合学科的出现,就鲜明体现了现代科学技术发展的这个特点。

边缘学科又称交叉学科,大多以原有学科的相邻点作为生长点,用一个学科的知识、思想、方法、手段来研究另一个学科的结合物。比如,与化学相关的边缘学科就很多:物理化学、生物化学、量子化学、地球化学、天体化学、计算化学、生物物理化学、生物地质化学等。过去认为化学同力学没有什么关系,现在这两个学科也开始渗透,出现了爆炸力学等新学科。

横断学科又称横向学科,主要是研究自然界各个领域、各种运动形态所共有的某些性质,从而把过去看来似乎互不相关的领域与运动形态联系起来。如信息论研究的是各个领域都具有的信息这个层面,可以看作是一个横断学科。又如控制论就是在对自动控制、电子技术、无线电通讯、神经生理学、数理逻辑、统计力学等多种科学和技术综合利用的基础上,把动物和机器的某些机制进行类比,抓住各种通讯和控制系统中所共有的特征,概括出一套各种通讯和控制系统都可以应用的知识和技术。

综合学科是以特定的客体或问题作为研究对象,应用多学科的理论与方法进行研究所形成的学科。例如,材料科学就是应用多学科知识对材料进行综合性研究的综合学科。

不仅科学技术的各个学科相互渗透,而且科学技术与社会科学也相互结合。例如,环境科学是门综合学科,不仅应用气象学、地理学、物理学、化

---

① 恩格斯:《反杜林论》,人民出版社,1970 年,第 18 页。

学、生物学、医学、工程学,还涉及经济学、法学、社会学、伦理学、人口学等社会科学。

2. 科学与技术一体化

现代科学技术综合化的另一个重要表现是科学与技术的一体化,即科学日趋技术化,技术日趋科学化。

认识自然与改造自然是人类在生存和发展过程中处理人与自然关系的两项基本活动,这两项活动是统一的。认识自然是为了改造自然,人们只有正确地认识自然,才会合理地改造自然;人们在改造自然的过程中,又会不断加深对自然界的认识。这就从根本上决定了作为人类认识自然手段的自然科学,与作为人类改造自然手段的工程技术的统一。用马克思主义哲学关于认识与实践关系的基本原理来分析科学与技术的关系,我们就会发现:由于认识与实践是相互渗透、相互包含的,所以自然科学与工程技术也是相互渗透、相互包含的。自然科学与工程技术的划分是相对的,二者本来是应当联系在一起的。

在现代科学技术中,自然科学与工程技术的相互渗透、相互包含更加充分,使二者的联系发展到新的阶段。现代科学技术是第一生产力,这就要求自然科学知识大规模地从知识形态生产力转化为现实的、物质的生产力。过去的自然科学以增长知识为主要目的,现代自然科学必须重视向物质生产力的转化,这不仅要越来越依赖技术手段,而且还使自己具有越来越多的技术的品格。同时,由于现代自然科学认识的广度、深度、难度都非近代自然科学所比,就更加需要各种新的实验工具、观察工具甚至思维工具(电脑),而这些工具无非是一定技术知识的物化。这就会导致自然科学认识手段的技术化。一种新的技术手段应用于基础理论研究,也会产生新的理论学科。例如,红外技术应用于天文学,就产生了红外天文学。

另一方面,技术的发展也越来越依赖科学。近代科学所研究的课题常常是对技术所作的理论概括。例如,瓦特的蒸汽机在 1765 年便已获得专利,而卡诺循环原理是 1824 年提出来的,而克劳西斯则是 1850 年明确表述热力学第二定律。从热机到热力学第二定律,前后竟相隔 85 年。而在现代科学技术中,科学创新常常是技术创新的先导,例如先有关于原子能的理论,然后才有原子能技术。现代技术越来越是现代科学的应用与物化,也越来越具有科学的品格。

总之,现代科学与现代技术的界限已日趋模糊,科学与技术已越来越是一个整体。

3. 科学技术与社会科学的相互渗透、相互作用不断加强

前已说过,科学技术本身虽然没有阶级性,但科学技术活动是人类的社会活动,科学技术事业是人类的社会事业。人是科学技术的研究者、应用者、控制者和管理者。科学技术是推动经济发展、政治演变、文化繁荣和社会进步的强大力量,科学技术应用的社会后果必然会涉及到许多社会科学所研究的领域。因此,科学技术与社会科学之间存在着千丝万缕的联系。

列宁在 1914 年曾指出:"从自然科学奔向社会科学的强大潮流,不仅在配第时代存在,在马克思时代也是存在的。在 20 世纪,这个潮流是同样强大,甚至可说更强大了。"[①]大科学、高技术是现代科学技术发展的新特征。自然科学与社会科学无论是知识还是方法都相互移植,在这二者之间又出现了一系列的交叉学科,如技术经济学、工程经济学、工程心理学、工程美学等,对这些新学科我们很难把它们简单地归属于哪一类。

三、现代科学技术的社会化

现代科学技术不仅是在一定的社会中发生的,而且已逐步成为社会化的事业,是社会科技化与科技社会化的统一。社会科技化是指现代科学技术的作用与影响已渗透到社会生活的各个领域和许多环节,全面而深刻地影响着人们的社会生活。科技社会化是指科学技术活动的各个方面与许多环节,社会化的程度越来越高。

1. 科学劳动社会化

1962 年,美国的普赖斯提出了"小科学、大科学"的概念。他所说的"小科学",主要是指近代科学,特别是早期的近代科学,它的一个特点是科学家的个人自由研究。研究课题由他自己选择,实验手段与所用经费均由自己解决,有人甚至都没有把科学研究当作自己的职业。科学家各自单干,学术交流活动也很少。恩格斯在叙述近代电学的早期状况时说:"在电学中,是一堆陈旧的、不可靠的、既没有最后证实也没有最后推翻的实验所凑成的杂乱的东西,是许多孤立的学者在黑暗中无目的地摸索,从事毫无联系的研究和实验,像一群游牧的骑者一样,分散地向未知的领域进攻。"[②]实际上,早期的近代自然科学研究基本上都处于这种"毫无联系"、"分散"的状态,孤立的科学家就像"一群游牧的骑者"。

---

① 《列宁全集》第 80 卷,人民出版社,1972 年,第 189 页。
② 恩格斯:《自然辩证法》,人民出版社,1984 年,第 199 页。

后来,科学家的人数迅速增长,学术团体、学术研究机构大批出现。到了第二次世界大战以后,科学研究活动逐步由个人的单干变为整个国家的事业,逐步社会建制化。如德国 V2 火箭的研制、美国原子弹的研制、前苏联人造卫星的发射、美国阿波罗登月计划以及人类基因组计划的实施都是由政府组织,包括许多研究机构、高等学校和企业参加的大规模的集体活动。像这样的重大研究课题是科学家个人的自由研究根本无法胜任的,这些重大课题是"大科学"的典型表现。

2. 科学技术与产业的一体化

科学技术的高度产业化,是科学技术社会化的一个重要标志。

同大科学相结合的是高技术。高技术是高度产业化了的现代新技术。高技术的"高"有丰富的内涵,其最本质的特征是高产业化和高效益。所以高技术既是新兴的学科群,又是新兴的产业群,鲜明地体现了知识与生产的结合。

以技术作为中介,科学、技术、生产日趋一体化,这既是现代科学技术综合化的表现,也是科学技术社会化的特点。科学与生产通过技术所实现的互动是双向的,即科学推动了生产力的提高,生产又推动了科学的发展,但这种互动作用的主导方向发生了变化。在近代,互动作用的主导方向是:生产→技术→科学,即先是发展生产的需要刺激技术的发展,技术的发展又需要理论的概括。物质创造是知识创造的先导,即生产是科学的先导。而在现代,互动作用的主导方向是:科学→技术→生产,先是基础理论的重大突破,然后由新理论派生出新技术,最后是新技术用于生产,导致生产力的发展。知识创造是物质创造的先导,即科学是生产的先导。

3. 科学技术与经济、社会的协调发展

高科技具有高度的渗透性,它对人们的生产方式、工作方式、管理方式、经营方式、交往方式、生活方式、思维方式,对人们的价值观念、伦理观念、科学观念、文化观念、哲学观念,对社会的文化、教育、军事各方面,对经济的发展、文化的繁荣、教育的改革、政治的演变、社会的进步、人的自我完善等方面发生着越来越广泛、越来越深刻的影响。高科技对物质文明建设和精神文明建设都发生着越来越重要的作用。高科技的广泛应用会导致科学技术、经济、社会的协调发展,推动社会的全面进步,这也是科学技术社会化的一个重要表现。

第四节　科学技术是第一生产力

1988年,邓小平同志提出"科学技术是第一生产力"的科学论断,这是对马克思关于科学技术是生产力思想的发展,进一步丰富了马克思主义关于生产力和科学技术的学说,具有重要的理论意义与现实意义。从马克思的科学技术是生产力,到邓小平的科学技术是第一生产力,鲜明表现了科学技术的日新月异和马克思主义的不断发展。

一、马克思：科学技术是生产力

"科学技术是生产力"是马克思主义的一个基本观点。马克思、恩格斯当年提出这一论断,主要是概括了以蒸汽机的应用为标志的第一次技术革命所带来的经济效益。

在英国,1785年蒸汽机用于棉纺工业,并于1789年用于棉织工业,大大提高了纺织业的生产力。1830年,一个女工操作用蒸汽机推动的纺纱机,纺出的棉纱数量等于过去300名女工用手工纺出的棉纱。1780年棉花的消费量是550万磅,第二年就翻了一番。1800年增为5200万磅,1835年为31800万磅,1845年为59200万磅,65年间增长了100倍以上。棉织品产量1785年是4000万码,1850年增至20亿码。1834年英国输出55600万码棉布、7650万磅棉纱和价值120万英镑的棉针织品。1835年,英国棉纺织业产量占世界总产量的63%。

纺织业的发展带动了其他工业部门的发展,引起了英国产业结构的变革。应用蒸汽动力后,原来的木制机器震动厉害,磨损严重,就导致铁制机器的出现,促进了采矿和冶金工业的发展。英国铁产量1740年为17350吨,1788年为6.1万多吨,1796年为12.5万吨,1806年为25.8万吨,1825年为70.3万吨,1835年为102万吨,1839年为134.7万吨。英国在100年时间内,铁的产量大约增加了100倍。

铁的重量和硬度常常超出人手的负荷能力,铁制机器的精密程度也非人工操作所能达到,这就要求用机器来制造机器,于是机器制造工业诞生了。切削机、刨平机、钻孔机、造形机、蒸汽锤……各种制造机器的机器相继问世。1846—1848年间,英国从事机器制造的工人就有4万多人。当时曾有人这样描述用机器制造机器的动人情景："到曼彻斯特的一个大型机械车间去,看一看这些奇妙机器的工作,听到金属上接连不断地穿孔时的声响,看到切割金属就像裁切纸页一样,使它具有规定的形状,感觉到这些大型工具操作时坚实的地面如何在颤动——所有一切都蔚为奇观。"

原料、燃料的需要量与产品数量的急剧上升,又引起了交通运输的技术革命。1825 年世界上第一条铁路在英国建成通车,揭开了铁路时代的序幕。1842 年英国有铁路 1857 英里,1850 年为 6635 英里,1855 年为 8053 英里,1860 年超过了 1 万英里。

蒸汽机带动了英国经济的全面腾飞。从 1770 年到 1840 年这 70 年中,一个工人工作日的生产率增长 27 倍。从 1791 年到 1841 年这 50 年中,英国的工业增长了 4.25 倍。1830 年英国的工业产品已占全世界的一半。英国很快成为当时世界上的唯一超级大国。

所以恩格斯说:"仅仅詹姆斯·瓦特的蒸汽机这样一个科学成果,它在存在的头 50 年中给世界带来的东西就比世界从一开始为发展科学所付出的代价还要多。"[1]

以蒸汽为动力的机器普遍取代了人的体力,并且大大增加和放大了人的体力。1839 年英国的纳斯密兹发明了蒸汽锤。它有各种不同的尺寸,小的 100 多公斤,大的有 6 吨重。它的锤击力可以调节,它可以轻轻地敲碎蛋壳,也可以产生 500 吨重的力量,把大块花岗石砸成粉末。它一分钟可以锤击 70 次,这只"铁拳"似乎永不知劳累。有了蒸汽机,人类进一步超越了体力的局限。

蒸汽机是人类历史上第一个转化为强大生产力的科学技术成果,它使我们对科学技术的生产力属性有了崭新的认识。

发电机的应用又使人类得到了新的能源。同蒸汽能相比,电能具有很多的优点,比如能量大,可以远距离传送等。发电机与电动机的应用又把生产力提高到一个新的水平。恩格斯谈到电工技术革命时说:"……这实际上是一次巨大的革命。蒸汽机教我们把热变成机械运动,而电的利用将为我们开辟一条道路,使一切形式的能——热、机械运动、电、磁、光——互相转化,并在工业中加以利用……生产力将因此得到极大的发展。"[2]

马克思对近代科学技术与近代大工业生产的关系,做了系统的研究。他用了几个"第一次"来描述这种关系的本质特征。他指出,近代工业生产第一次在相当大的程度上为科学技术创造了进行研究、观察和实验的物质

① 《马克思恩格斯全集》第 1 卷,人民出版社,1972 年,第 607 页。
② 《马克思恩格斯全集》第 35 卷,人民出版社,1972 年,第 445～446 页。

手段。只有在近代工业生产中,才第一次产生了只有用科学方法才能解决的实际问题。由于近代工业生产的迫切需要,科学技术的研究才第一次达到了这样的规模,使它在生产中的应用成为可能和必要。以应用机器和大规模协作为特征的近代工业大生产第一次使自然力,即风、水、蒸汽、电,大规模地从属于直接的生产过程,使自然力变成社会劳动的因素。只有在近代大工业生产中,科学技术才第一次直接为生产过程服务,进入了直接的生产过程。只有近代大工业才第一次把物质生产过程变成科学在生产中的应用。随着近代工业生产的发展,科学因素才第一次被有意识地广泛加以发展、应用,并体现在生活中。

马克思还指出,近代科学技术是在近代工业基础上产生和发展起来的。生产的发展为改造自然提供了物质手段。这些物质手段本身就是工业生产的产物。近代工业生产也只有用科学的方法,采用近代的科学技术才能进行。近代工业生产赋予科学技术的使命是成为生产财富的手段,成为致富的手段。

所以,马克思把近代工业生产的本质规定为科学的应用。他说:"生产过程成了生产的应用,而科学反过来成了生产过程的因素即所谓职能。"①

马克思还指出,机器生产既不是凭个人的体力进行的,也不是凭个人的技能和经验进行的,而是凭科学技术进行的。机器生产的原则就是贯彻科学技术的原则,这个原则对近代工业的生产起着决定性的作用。他说:"机器生产的原则是把生产过程分解为各个组成阶段,并且应用力学、化学等,总之就是应用自然科学来解决由此产生的问题。这个原则到处都起着决定性的作用。"②

所以,马克思说:"生产力中也包括科学。"③这就是说,科学技术是生产力系统中的一个因素,科学技术是生产力。

马克思实际上把生产力分为两种形态:物质形态的生产力和知识形态的生产力。科学技术在尚未应用于生产过程之前是知识形态的生产力,在应用于生产过程之后就是物质形态的生产力。马克思高度评价知识的生产力属性。他说:"自然界没有制造出任何机器,没有制造出机车、铁路、电报、走锭精纺机等。它们是人类劳动的产物,是变成了人类意志驾驭自然的器

---

①　马克思:《机器自然力和科学的应用》,人民出版社,1972年,第206页。

②　《马克思恩格斯全集》第23卷,人民出版社,1972年,第505页。

③　《马克思恩格斯全集》第46卷(下),人民出版社,1972年,第211页。

官或人类在自然界活动的器官的自然物质。它们是人类创造出来的人类头脑的器官,是物化的知识力量。固定资本的发展表明,一般社会知识已经在很大程度上变成了直接的生产力,从而社会生活过程的条件本身在很大程度上受到一般智力的控制并按照这种智力得到改造。它表明,社会生产力已经在多么大的程度上,不仅以知识的形式,而且作为社会实践的直接器官,作为实际生活过程的直接器官被生产出来。"①

二、邓小平:科学技术是第一生产力

1978 年,邓小平同志在全国科学大会上重申"科学技术是生产力"这一马克思主义的重要观点。他还说:"科学技术正在成为越来越重要的生产力。"②

1988 年邓小平指出:"马克思说过,科学技术是生产力,事实证明这话讲得很对。依我看,科学技术是第一生产力。"③

"科学技术是第一生产力"这一论断主要的意思是:在生产力系统中,科学技术已不是一般的要素,而是起决定作用的、首要的要素。其他的生产力要素如劳动者、劳动资料、劳动对象,究竟对生产的发展起多大的作用,取决于渗透在其中的、同它们相结合的科学技术的水平。科学技术决定着劳动者知识素质的高低和劳动能力的强弱,决定着劳动资料的形式和结构,决定着劳动对象的来源和种类,决定着这三种要素结合的形式和性质。因此,生产力的水平取决于应用于生产过程之中的科学技术的水平。

在生产力系统中,科学技术不是同劳动者、劳动资料、劳动对象并列的一个生产要素,而是另一个层次的综合性要素。科学技术不能脱离生产力的其他要素,否则它就不是现实的生产力。科学技术渗透在劳动者、劳动资料、劳动对象之中,影响甚至决定着这些要素作用的发挥。掌握一定科学技术的劳动者,使用作为科学技术物化成果的劳动资料,作用于被科学技术不断开拓和改造的劳动对象,这是生产劳动的本质。当然,生产力的各个要素的作用都是通过人的能动作用实现的。

1977—1978 年间,邓小平指出,四个现代化的关键是科学技术现代化,只有依靠科学技术的现代化,才能实现其他三个现代化。要发展科学技术,

---

① 《马克思恩格斯全集》第 46 卷(下),人民出版社,1972 年,第 219 页。
② 《邓小平文选》第 2 卷,人民出版社,1993 年,第 88 页。
③ 《邓小平文选》第 3 卷,人民出版社,1993 年,第 274 页。

就必须同时抓好教育。为此就要提倡两个尊重：尊重知识，尊重人才。他说："我们要实现现代化，关键是科学要能上去。发展科学技术，不抓教育不行。靠空讲不能实现现代化，必须有知识，有人才。""一定要在党内造成一种空气：尊重知识，尊重人才。要反对不尊重知识分子的错误思想。"①

在全国科学大会上，他又提出发展经济和科学技术事业的两个前提，或者说两个正确的认识：正确认识科学技术是生产力，正确认识脑力劳动者是劳动人民的一部分。他说："社会生产力有这样巨大的发展，劳动生产率有这样大幅度的提高，靠的是什么？最主要的是靠科学的力量，技术的力量。"②他郑重宣布，知识分子、广大的科技人员是劳动者。针对唯有体力劳动才是劳动以及轻视脑力劳动的偏见，邓小平科学地阐述了劳动的内涵与发展趋势。他指出："科学实践也是劳动。一定要用锄头才算劳动？一定要开车床才算劳动？自动化的生产，就是整天站在那里看仪表，这也是劳动。"③"随着现代科学技术的发展，随着四个现代化的进展，大量繁重的体力劳动将逐步被机器所代替，直接从事生产劳动者的体力劳动会不断减少，脑力劳动会不断增加，并且，越来越要求有更多的人从事科学研究工作，造就更宏大的科学技术队伍。"④邓小平高瞻远瞩，已看到随着科学技术的发展和应用，脑力劳动在劳动中的比例越来越大，脑力劳动者的人数越来越多。即体力劳动将逐渐被脑力劳动所取代，体力劳动者将逐步转化为脑力劳动者，劳动力与劳动者队伍的结构将发生根本的变化，这正是他提出"科学技术是第一生产力"的根据。

邓小平还十分重视高科技的问题。他说："下一个世纪是高科技发展的世纪。"⑤1991 年他又发出了"发展高科技，实现产业化"的号召。

邓小平的"科学技术是第一生产力"的科学论断，是对马克思主义关于生产力与科学技术学说的发展，是对 20 世纪中叶以来世界经济与科学技术发展的科学概括，是对高科技经济价值的科学评价。

同过去的科技革命相比，现代科技革命有新的特征。以往的科技革命本质上是能量（动力）革命，其基本任务是解放人的体力，超越人的躯体的局限性。现代科技革命本质上是信息革命。智力是创造、处理和应用信息资

---

① 《邓小平文选》第 2 卷，人民出版社，1993 年，第 40、41 页。
② 《邓小平文选》第 2 卷，人民出版社，1993 年，第 87 页。
③ 《邓小平文选》第 2 卷，人民出版社，1993 年，第 50 页。
④ 《邓小平文选》第 2 卷，人民出版社，1993 年，第 89 页。
⑤ 《邓小平文选》第 3 卷，人民出版社，1993 年，第 279 页。

源的能力,所以信息革命就是智力革命。其基本任务是解放人的智力,超越人的大脑的局限性。

现代科技革命与高科技基本上是同时出现的。高科技是科学技术发展的新阶段,它把人类智力的作用和信息的作用提高到崭新的水平,它使人类的生产劳动日趋智能化和信息化。

现代生产劳动的日趋智能化和信息化,主要表现在以下几方面。

(1)发达国家劳动者的结构逐步从体力劳动者为主体转向以智力劳动者为主体。1956年,美国从事科学技术、信息、管理等智力劳动的白领工人人数,超过了直接从事体力劳动的蓝领工人的人数。1975年,前联邦德国智力劳动者首次超过全部就业人口的一半。

(2)在体力劳动中,体力劳动者智力因素不断增加,逐步趋向体力劳动与脑力劳动的结合。在自动化产业中,工人从应用工作机的第一线,转向应用控制机的第二线,工人甚至可以参与产品的设计。这样,他们既是产品的设计者,又是产品的制造者。他们不再是用双手直接操纵工作机生产产品的直接制造者,而是产品生产自动过程的控制者。他们从事的既是体力劳动,又是智力劳动。

(3)劳动者的素质从体力素质为主逐步转向智力素质与思想品德素质为主。

(4)机器的功能从取代、强化人的体力为主逐步转向取代、优化人的智力为主。从最早的简单机械(杠杆、滑轮、斜面、劈等)到各种动力机(蒸汽机、发电机、核电站等)主要是取代人的体力,这种取代的效果在客观上可以看作是体力的放大或强化。用电脑来取代人脑的时代已经到来,智能化的控制机实际上是用电脑来取代人脑,用电脑的运作来取代人的部分智力。电脑的某些功能大大超过了人脑的某些工作能力,所以这种取代的效果客观上可以看作是智力的放大或优化。

(5)人类在生产劳动中劳动力的支付从体力支付为主逐步转向智力为主。前苏联学者对不同时期生产劳动中体力支付和智力支付的比例做了估计:机械化初期是9比1,机械化中期是6比4,自动化时期是1比9。

(6)物质资源的消耗从天然资源为主逐步转向以人工资源为主。人工资源是经过人类加工、改造的天然资源。这种加工、改造是通过科学技术的应用实现的,可以使有限的天然资源的潜在价值得到最大限度的实现。

(7)物质产品的发展趋势是尽量降低物质资源的消耗,尽量通过对物质资源的物质结构的改变,来提高产品的性能。

（8）产业结构发生了深刻的变化,从劳动密集型、资源密集型、资金密集型产业为主,逐步转向知识密集型、技术密集型、信息密集型产业为主。从第二产业(工业)为主,逐步转向第三产业(服务性产业)和第四产业(信息产业)为主。

现代生产劳动之所以朝着智能化与信息化的方向发展,主要是因为高科技在生产劳动中的应用。现代生产劳动的智能化和信息化,就是高科技化。所以,邓小平同志的"科学技术是第一生产力"的论断是对高科技经济价值的科学概括。

三、高科技与新经济

高科技的飞速发展与广泛应用,必然会引起新的生产力革命,改变产业结构、转变经济增长模式,使人类社会的经济形态发展到崭新的阶段。

1. 对新经济的探讨

近代工业只有两百多年的历史,却创造了空前辉煌的物质文明,充分显示了它相对以往经济形态的优越性。但工业文明发展到今天,已开始逐渐暴露出它的局限性。从经济的角度来讲,主要表现为物质资源的高消耗和生态环境的高污染。而且,如果还按照传统的经济模式运行,还会出现效益递减的趋势,一些传统的产业已被称为"夕阳工业"。铁的事实表明,发达国家不可能再按原来的模式发展,发展中国家也不可能再走发达国家的老路,人类正处于大变革、大调整时期。

在这种形势下,许多学者开始对工业经济和现代化进行反思,对工业经济与现代化以后的经济与社会的发展进行了探讨,提出了新经济的种种设想。

1962年,美国的马克卢普在《美国的知识生产和分配》一书中第一次提出了"知识产业"的概念,他认为我们在进行经济结构分析和经济发展预测时,必须把知识产业计算在内。

1973年,美国的贝尔在《后工业社会的来临》一书中认为,在后工业社会中"理论知识处于中心地位",科学家和工程师是后工业社会的"关键集团",大学是"主要机构",因而后工业社会又可称为"知识社会"。

1977年,美国的波拉特在《信息经济》一书中指出:经济包括两个领域,其一是"物质或能源置换的领域",即物质经济;其二是"信息转换的领域",即信息经济。

1980年,美国的托夫勒提出"后工业经济"和"超工业社会"的概念。

1982 年,美国的奈斯比特在《大趋势》一书中指出:"在信息社会中,知识生产力已成为生产力、竞争力和经济成就的关键因素。知识已成为最主要的工业,这个工业向经济提供生产所需要的重要中心资源。"[1]

1984 年,英国的霍肯在《下一代经济》中指出,同信息经济相对应的是物质经济。

1986 年,英国的福莱斯特提出了"高技术经济"的概念。

正是在这样的基础上,联合国研究机构 1990 年首次提出了"知识经济"的概念,指出:"知识经济是指以知识(智力)资源的占有、配置、生产和使用(消费)为最重要因素的经济。"1996 年,亚太经济合作组织指出:"知识经济是以知识为基础的经济。"这两种提法是一致的,都认为知识经济是以知识资源为基础的经济。与此同时,一些美国经济学家提出了"新经济"的概念。

以上种种不同的概念本质都是共通的,都是强调在新经济中,信息、知识、智力起决定性作用。前面已经说到,现代科技革命本质上是信息革命、智力革命,所以新经济与高科技可以说是一对孪生兄弟,互相促进,互为因果。新经济需要高科技,高科技导致新经济。

2. 高科技是建立新经济的手段

在我国,高科技指高技术及相应的自然科学理论研究。欧美国家流行的是"高技术"一词。我国强调技术与科学的联系,所以,一般采用"高科技"这个概念。高科技既是新兴的学科群,又是新兴的产业群。高科技是高度产业化了的新科技,能带来很高经济效益的新科技,并从根本上改变了人类的劳动方式,使人类劳动日趋信息化与智能化。

人类劳动一定要有劳动资源,它包括物质资源与信息资源(知识资源)两类。人类在变革劳动资源时,一定要支付自己的劳动能力。人类的劳动能力包括体力与智力两类。人类劳动发展的基本规律是物质资源与体力的贡献越来越少,信息资源与智力的贡献越来越多。判定一个社会生产劳动发展的程度,主要有两个标准:其一,智力的贡献在劳动力总贡献中的比例;其二,信息资源的贡献在劳动资源总贡献中的比例。这两个比例越高,社会经济与文明发展的程度也就越高。为什么?这是因为相对体力与物质资源而言,智力与信息资源具有很大的优越性。

人类的劳动永远都需要物质资源与信息资源这两类资源,但在很长的历史时期内,信息资源所起的作用很小,以致常常被人忽视,认为劳动只需

---

　　① 奈斯比特:《大趋势》,中国社会科学出版社,1984 年,第 10 页。

物质资源即可。但物质资源具有同信息资源不可等量齐观的局限性,这主要表现在以下几个方面。

(1) 绝大部分物质资源不可再生,而信息、知识可以不断创新与创造。人类不可能创造物质,但可以创造信息、知识。只要人类存在,知识的创造是永无止境的过程。

(2) 物质资源在使用中必然有消耗。即使我们废物利用、多次利用,发展循环经济,总有一部分物质资源不可逆转地被消耗掉了。物质消耗不是物质消灭,那些物质元素依然存在,但我们根本无法利用。所以,人类经济发展所面临的一个基本事实是人类所拥有的物质资源一代比一代少。而知识在使用中不会有消耗,不仅如此,知识在使用中还会导致知识的不断增殖。所以,人类所面临的另一个基本事实是:人类的知识一代超过一代。

(3) 物质资源的使用受时间与空间的限制,我们使用的物质资源在时间与空间的距离上都不可能离我们很远,这就大大降低了物质资源的使用效益。而知识资源可以随时随地使用,信息网络使知识的使用已不再受时间与空间的限制。

(4) 物质资源不可"共享",知识资源则可"共享"。我给你一只苹果,你得到了一只苹果,我就失去了这只苹果,所以物质只能转移。但知识可以转播,老师教会学生一条知识,学生获得这条知识,老师仍然拥有这条知识。不仅如此,学生学到的这条知识又与他原有知识相互碰撞,相互渗透,引起知识单元的新组合,导致新知识的产生,这就是教育的价值所在。所以,物质资源本质上是"封闭性资源",知识资源本质上是"开放性资源"。

(5) 物质资源的相加是线性关系,遵守整体等于部分之和的原则。10个人每人有 1 只苹果,把这些苹果集中起来,只能是 10 只苹果。知识资源的相加则是非线性关系,整体可以大于部分之和。10 个人每人提供一条新知识,不仅每人都可以获得 9 条新知识,这些新知识还可以同每个人原有的知识相结合,产生新知识。民主讨论、学术交流的价值就在于此。

(6) 在许多情况下,物质产品的生产与消费遵守效益递减的原则,知识生产则遵守效益递增原则。一般讲来,个人、地区与国家拥有的知识越多,知识水平越高,知识创新的能力也就越强。没有理解,只是死记硬背,更不去应用,这不是真正的知识。知识应用得越活,应用知识的方法越巧妙,应用知识的经验越丰富,应用知识的效益就会递增。

(7) 物质资源是被动的;人是主动的,知识、信息的作用正是人的能动性的表现。

总之,物质资源与信息、知识资源的关系是递减与递增,有限与无限,被动与能动的关系。这就决定了人类不可能永远把物质资源当作主要的劳动资源。

原始经济、农业经济、工业经济本质上都以利用和消耗物质资源为主,都是物质经济。在地球物质资源已被大量消耗,整个人类已处于物质资源相对贫困的情况下,仍坚持传统的物质经济模式(高消耗、高污染、低效益)是没有出路的。而人类一旦以信息、知识资源作为主要劳动资源,人类经济必然发展到新阶段,这就是用各种提法表述出来的新经济。

人类的劳动能力包括体力与智力两类。马克思说:"我们把劳动力或劳动能力理解为,人的身体即活的人体中存在的、每当人生产某种使用价值时就运用的体力和智力的总和。"[1]体力是人体肌肉收缩时所产生的一种力量,能改变物体的运动状态和形状,包括握力、推力、拉力、举力、旋转力等。智力是人脑细胞活动过程中所产生的一种能力,是人类认识事物、解决问题的能力。智力是内涵远比体力丰富、广泛的能力,包括运用符号的能力,如理解词语的能力、运用词语的能力、学习语言的能力;演算的能力,如运用数字的能力、理解数字的能力;运用概念的能力,如联想的能力、想像的能力、记忆的能力、回忆的能力、归纳的能力、演绎的能力、符号推理的能力、直觉的能力;知觉的能力,如空间图形识别能力、空间图形判断能力、空间图形扫描能力、色彩鉴别能力等。

人类劳动永远都需要这两种劳动能力,但在很长的历史时期内,人类劳动以支付体力为主,所以常把劳动理解为体力劳动。而智力同体力相比具有很大的优越性。

人的体力不是人的强项,绝对体力比不过大象,相对体力(体力与体重的比例)比不过小蚂蚁。现在的举重世界冠军还不能举起 4 倍于自己体重的重量,蚂蚁却能举起 50 多倍于自己体重的重物,拖运 100 多倍于体重的重物。人之所以有别于一般动物,就在于人的智力。

体力不可能转移和积累,智力则具有这种优点。我们不可能把自己的体力转移到别人的身上,以此增加别人的体力。一个人的体力不可能叠加在另一个的身上,一代人的体力也不可能转移到后代人的身上,为后人所继承、积累。一个人的智慧则可以启发别人,转化为别人的智慧,每一代人的智慧都可以被后人继承与积累。所以,一代比一代更聪明,但不能说一代比

---

[1] 《马克思恩格斯全集》第 23 卷,人民出版社,1972 年,第 190 页。

一代的力气更大。克服体力不足的最好办法,就是用智力来探寻、掌握各种自然能和人造能来解放人的体能。

体力的相加是线性关系,智力的相加则是非线性关系。三个皮匠的智力相互配合,可以超过诸葛亮。

体力没有个性,智力则富个性。体力是简单的劳动能力,只有量的差别,人们之间的体力可以相互取代。智力是复杂的劳动能力,不仅有量的差异,还有质的区别。人们之间的智力不易相互取代。

体力与智力的地位不同。智力与体力的关系在许多情况下是控制与被控制的关系。智力确定目的,体力是实现目的的手段。智力提供行动的计划与设计,体力是实现计划与设计的因素。

总之,智力与体力的性质、作用、功能、地位是不相等的。智力优于体力,智力更能体现人的创造性。如果人类一直以体力为主进行劳动,那是没有前途的。

人类的文明之所以会不断发展,其奥秘在于不断用信息资源超越物质资源的局限性,不断用智力超越体力的局限性。超越的手段正是科学技术,高科技中的信息技术、人工智能技术为进一步发挥信息资源与智力的作用开拓了广阔的前景。

第二章　现代自然科学概论

　　基础自然科学是以探索自然界的奥秘为中心任务的科学,它不以明确的实用的技术发明为目标。它的成果的最终形式是艰深的理论,而不是实用的物质产品。理论数学、理论物理学、天文学、分子生物学、自组织理论等是现代基础科学的主要组成部分。正因如此,在以经济建设为中心的当今社会,基础科学的研究和发展的重要性曾经受到人们的普遍怀疑:要使我们国家尽快实现现代化,成为世界经济强国,有没有必要重视理论科学研究?世界各国的经济发展经验,可以帮助我们找到这个问题的答案。

　　日本是二战后发展最快的国家,它在战后用不到 30 年的时间,迅速成长为世界经济强国。日本的汽车和家用电器等工业产品,以其优良的质量和适用的性能,迅速占领国际市场,以至在工业化国家中位居老大的美国都曾节节败退。日本迅速崛起的奥秘可在? 人们提出了很多解释,日本政府重视技术上的仿制与改进,不像英美等国那样重视基础科学研究,似乎是最直接的原因。

　　然而,到了 20 世纪 90 年代,国际经济形势发生了巨大变化,70 年代、80年代在国际市场上不可一世的日本经济迅速走向萎靡不振,至今也没有完全恢复。而与此同时,重视基础科学研究的美国却显示出强劲的势头,国内生产总值自 1993 年来连续 8 年高速增长。当然,美国经济长期景气的原因很多,而长期重视基础科学研究无疑是其最直接的原因。在当今知识经济时代,美国在基础理论研究的优势正在不断转化为军事优势与经济优势,这是美国能够成为当今世界唯一超级大国的基础。

　　如果说,在制造业为主的经济形态中,制造技术的水平是决定一个国家的国民经济实力的基础,那么,在知识经济正在崭露头角的今天,基础科学的研究水平正越来越成为决定国家经济实力的基础。一个忽视基础科学的民族,至多只能在制造业时代称雄世界,不可能在未来的知识经济时代展示雄风,这是由当代生产力的特征所决定的。

　　当代生产力已经从对客观事物相对简单的表层规律的掌握与利用,转向对事物相当复杂的深层规律的掌握与利用。因此,如果一个国家在基础科学上落伍,在当代最新技术上将不可能跑在世界前列。我国是世界上最大的发展中国家,现在正在努力追赶世界发达国家,建设现代化强国。我国的基础科学研究比一般国家更显重要。作为一个人口众多的大国,我国有能力使一部分科学家潜心于基础科学研究,他们的研究成果对提高我国国民的科学素质,对提高我国的国际地位,具有非常重要的作用。同时,作为一个大国,基础理论成果转化为现实生产力的效益要远远超过一般国家,因为知识的应用范围越广,其效益越大。同时,作为世界上有巨大影响的大国,我国不可能过多地依赖世界上其他国家的基础研究力量,应当在世界基础科学研究中占有一席之地,应当为全人类的科学事业作出较大的贡献。

正因为基础科学如此重要,我们应当对当代基础科学的发展状况有所了解,以提高自己的科学素养,为将来更好地教育好学生做好准备。而 20 世纪科学之所以发生如此巨大的划时代的变革,一方面是实践发展的需要,另一方面是哲学思想的发展。而且只有了解哲学思想的发展,才能真正理解 20 世纪以来的科学。所以,本章我们先讨论 20 世纪科学的哲学背景,然后深入浅出地讲述 20 世纪以来人类在数学、物理学、化学、天文学、生物学和现代系统科学诸学科领域中所取得的伟大成果,以描绘当代基础科学研究的梗概。

第一节 现代物理学

20 世纪最伟大的科学成就是爱因斯坦的狭义相对论、广义相对论,以及由众多物理学家集体创造的量子力学。二者的结合产生了量子场论,建立了关于基本粒子的理论。此外,还有应用了量子力学和热力学理论的凝聚态物理学等一系列理论。由于热力学理论与系统科学相关,我们将在系统科学中加以介绍。本节只讨论狭义相对论、广义相对论、量子力学与基本粒子理论。

一、狭义相对论

在 20 世纪曙光初现之际,英国大物理学家凯尔文勋爵指出,"在经典物理学的朗朗晴空中还有两朵令人担忧的乌云,第一朵是黑体辐射问题,第二朵是关于光速的迈克耳逊-莫雷实验。"这"两朵乌云"终于导致了物理学革命的暴风雨——前者导致了量子力学的诞生,而后者则导致了相对论的建立,经典物理学的那些根深蒂固的时空观念与物质观念,从此被打破了。

　　牛顿力学的世界观含有"绝对空间"的假设：绝对空间是物体的容器，是物体运动的"绝对参照系"；物体相对它的运动就是"绝对运动"，这是物体的"本来的运动"，而相对于其他惯性系的运动则只是物体运动的"视运动"。我们的地球相对于太阳做旋转运动，而太阳又相对银河系中心运转。那么，地球相对于绝对空间的绝对运动又是怎样的呢？这是人们渴望解答的问题。

　　1876 年到 1877 年间，美国人迈克耳逊和莫雷设计了精巧的实验装置，试图用它来测量人们渴望知道的地球绝对运动速度。他们将同一光源发出的光分为两束，分别沿着两条相互垂直的方向发射出去，然后再沿原路返回。返回后两束光汇合到一起，于是产生了干涉条纹。然后，再把整个装置旋转 90 度，于是两束光一下子都改变了方向，于是汇合后又会产生出干涉条纹。这两种情况下产生的干涉条纹，会有什么区别呢？

　　按照牛顿时空观，从绝对空间静止的物体上发射的光其传播速度各向是相同的，都等于电动常数 c。如果地球相对于绝对空间运动速度是 v，那么地球上发射的光的速度，应当等于光速 c 与 v 的矢量和，因此不同方面上的光速是不一样的。即与地球绝对运动速度 v 同向的光的传播速度是 $c+v$（想像飞机上向前发射的子弹的速度），而与 v 反向的光的传播速度是 $c-v$，垂直于 v 速方向上的光速则等于 c。因此，上述迈克耳逊-莫雷实验装置整体旋转 90 度之后，两束光线都改变了方向，各束光的绝对速度也应发生改变，因而光线往返时间也将发生改变。于是，干涉条纹应当发生变化。通过这种变化，可以计算出各自速度改变的多少，从而确定地球的绝对运动速度。

　　然而，奇迹发生了——不管在地球的什么位置上，也不管将迈克耳逊-莫雷实验装置作如何旋转，所得到的干涉条纹都不发生任何改变！按照牛顿时空观，对这一现实的最直接的解释是：地球的绝对运动速度为零！然而，地球是宇宙中的一个普通天体，如果地球的绝对运动速度为零，意味着地球上任何天体的绝对速度为零，这将是多么不合理的结论！

　　1. 相对性原理

　　如果我们以实物为中心，必然以容纳实物的绝对空间作为最基本的参照系。因此，坐标系分为两大类：绝对坐标系，在绝对坐标系中运动的相对坐标系。绝对坐标系优越于一切其他坐标系。然而，我们把事物之间的相对关系作为一切物理过程发生的源头，就必须承认：事物必须通过他物得到表现，这就是在作为他物的坐标系中的表现，包括时空坐标、物理属性、物理过程等。因此，一切坐标系都是对称的、平权的，都是他物真实地表现自身的场所，这就是相对性原理。伽利略从力学角度提出相对性原理：在静止参考系与匀速参考系中，即在一切惯性系中，所有的力学现象都相同，称力学相对性原理。大数学家彭加勒在 1904 年的一次演讲中宣称："相对性原理就是说，不管是对一个固定不动的观察者还是对一个匀速运动的观察者来说，各种物理现象应该是相同的。因此，我们既没有、也不可能有任何办法来判断我们是否处于匀速运动中。"

在彭加勒预言式的演讲的第二年，在物理学地平线上升起了一颗光耀千古的新星。《物理学杂志》第 17 卷刊登了伯尔尼专利局年方 26 岁的公务员爱因斯坦的论文《论动体的电动力学》，此文创建了彭加勒所预言的新力学——相对论。它彻底否定了牛顿的"绝对空间"和"绝对时间"的存在，建立了崭新的时空观，从而为物理学提供了新的坐标框架，全面改造了旧物理学。这种新物理坐标框架以"相对性原理"和"光速不变原理"为基础。

1905 年，爱因斯坦把相对性原理限制在所谓"惯性系"范围内，提出狭义相对性原理：一切惯性系中所有物理定律都相同，因而它们无法区分。那么，什么是"惯性系"？"惯性系"的相对性原理的含义是什么？我们还需要简单地解释。

牛顿力学把绝对空间做匀速直线运动的参照系称为"惯性系"。它们相对于绝对空间的速度不同，彼此之间也有区别。所以，物理定律在不同坐标系中应当有不同表现，其取决于它们的绝对速度。但由于惯性定律，一切惯性系上的力学规律只与加速度有关，与这个绝对运动的速度无关，所以，所有惯性系的力学规律是相同的，此称"牛顿力学的相对性"原理。然而，对电磁规律并非如此：因为麦克斯韦方程中含有光的传播速度，而速度在不同惯性系中是不一样的，因此所得到的电磁运动的方程也是不相同的。人们可以根据这些方程之间的区别来区分不同的惯性系，迈克耳逊-莫雷实验依据的就是这个道理。

爱因斯坦将力学规律对各个惯性系的对称性（无差别性），推广到包括力学与电磁现象在内的所有物理学领域：物理定律在所有惯性系中都具有相同的形式——这就是爱因斯坦狭义相对论的第一条原理，称为"狭义相对性"原理。它断言任何惯性系中的所有物理过程都不能显示出该惯性系与其他惯性系有什么区别，所有惯性系对物理过程来说都是地位平等的（对称的）。我们只要在某个坐标系中按照某一法则建立起坐标系，描述物理现象，得到物理定律，那么其结果可以在任何参考系中都成立，这就是"相对性

47

原理"的实际含义。

2. 光速不变定律

相对性原理是说：各个惯性参照系中物理定律是一样的。而物理定律必须用坐标系的语言来确定，这要分为两步：首先确定空间坐标，其次确定空间各个点上的时间坐标。而在建立空间各点的时间坐标时，将面临不可摆脱的逻辑循环。

我们来讨论这个逻辑循环。在建立了空间坐标之后，两点间空间距离 AB 已经确定。光速等于距离 AB 除以光线从 A 到 B 所花费的时间（异地时间时隔）。因此，"光速"与"光线从 A 到 B 的传播时间"之间是互相决定的。那么，我们是先确定"光线从 A 到 B 的传播时间"然后计算光速呢，还是先确定光速，再计算"光线从 A 到 B 的传播时间"？这在逻辑上具有以下两种可能。

牛顿时空观采取的态度是先确定"光线从 A 到 B 的传播时间"，在此基础上测量光速。而要确定"光线从 A 到 B 的传播时间"，必须先在 A 和 B 两点各放置已经确定了同时性的时钟，以使 B 点能够判断光线从 A 点出发的时间。而这种"异地同时性的确定"是一种先验论的定义，它建立在先验的想像基础上：存在着同一个弥漫于宇宙各点的时间之流。牛顿力学便是建立在这种先验的同时性基础上。

爱因斯坦采取的态度是：先确定宇宙中相互联系的基本过程——光速，这是一个宇宙常数，然后定义异地时间。它将牛顿关于时间与速度的逻辑关系颠倒过来：光速不变在前，异地同时性的确定在后。爱因斯坦说，他的时间定义使时空概念"从先验论的奥林匹斯山降落到人间的实地来"，[①]因为这是一种基于实际测量的定义。

如果说，牛顿力学的世界观以实体为中心，因而以实体所在的地点、时间与实体固有性质为出发点，在此基础上定义速度，包括把两个实体联系起来的光速。而爱因斯坦相对论以实体之间的内在联系作为最根本的出发点，这种内在联系是通过光速进行的，它生成了物体的空间与时间。狭义相对论正是通过用光速定义时间，生成了事物的时空坐标，建立了"四维时空连续统"。

举例说，我们按照上述法则建立两个坐标系：一是地球坐标系 S，二是相对地球以 v 速做匀速直线运动的宇宙飞船坐标系 S'。对任何物理现象，

---

　　① 爱因斯坦：《相对论的意义》，李灏译，科学出版社，1961年，第2页。

用两个坐标系来描述得到的结果是一样的。设当两个坐标系原点重合时（t=0），从共同的原点发出光信号被某人收到。则收到信号这一事件，由地球坐标系 S 来描写，其时空位置是 (x,y,z,t)；用飞船坐标系 S' 来描述，则是 (x',y',z',t')。由于光速不变，在这两个坐标系中，下述所走时空坐标的平方和应当相等：

$$x^2+y^2+z^2-c^2t^2=x'^2+y'^2+z'^2-c^2t'^2=0$$

要满足这个要求，这两个坐标系之间存在下列转换关系：

$$x'=\frac{x-vt}{\sqrt{1-v^2/c^2}}$$

$$y'=y$$

$$z'=z$$

$$t'=\frac{t-vx/c^2}{\sqrt{1-v^2/c^2}}$$

这就是"洛伦兹坐标变换"。它与牛顿的空间坐标变换具有根本区别：在牛顿时空观中，三维空间中两个点之间的空间距离以及时间坐标中两事件之间的时间间隔，在所有参照系中分别都是一样的。而在相对论的洛伦兹变换中，各惯性系的四维时空中两个事件（即两个点）之间的"距离"才是不变量。

而两事件在各个坐标系中的空间距离和时间间隔则是这个不变量的分量，它们在不同参照系中具有不同的值，正像同一根杆在不同方向上有不同的投影。

3. 时间间隔与空间距离的相对性

由于狭义相对论以由空间坐标与时间坐标联合在一起的事件为物理学基本元素，从而造成了与牛顿时空观不同的对物体长度与时间间隔的定义，从而发生了所谓"尺缩钟迟"等一系列时空效应。下面的简单推导，会使我们对此有清晰的认识。

第一，两事件的时间时隔的相对性。两个事件之间的坐标差所形成的四维时空间距是相对任何参照系的不变量。而这两个事件的时间间隔只是此四维不变量在时间维的投影，于是随着其不同参照系中投影不同，时间间隔也就不相同。例如，人的寿命（生死两事件之间的时间间隔）在不同参照系看来其数值并不相同。在此人的本征参照系中（相对此人静止），此人一直在一个地方不动，所以其空间坐标值总是取固定的值（例如总是在原点，即 $x=0$），其寿命之时间值是 $\Delta t=t_2-t_1$，我们称之为此人寿命的"本征值"。

而在相对他以速度 v 运动的参照系 S' 的测量下，其寿命值 $\Delta t'$（长度单位为光秒，即光一秒钟所走的路程，时间单位仍为秒，所以光速为 1，$\lambda = \sqrt{1-\dfrac{v^2}{c^2}}$），则：

$$\Delta t' = (t'_2 - t'_1) = \frac{(t_2 - vx) - (t_1 - vx)}{\lambda} = \frac{(t_2 - t_1)}{\lambda} = \frac{\Delta t(\text{本征时间})}{\lambda}$$

所以，相对此人静止的本征参照系所计算的"本征寿命"为寿命的最短值，v 越大则时间间隔越长，在一个以接近光速的飞船的参照系来量度，此人的寿命接近无限长，此谓"钟迟"。

第二，空间距离的相对性。在牛顿时空观看来，一根杆的长度在所有参照系中都是相同的。而在相对论看来，一根沿 x 轴放置的杆的长度在不同参照系中有不同的定义。对于相对该杆不动的本征坐标系来说，杆长是在 x 轴上两端点坐标差。该值与时间无关，我们称其为该杆的"本征长度"。而对于相对该杆沿着 x 轴作匀速运动 v 的参照系来说，杆长只是在同一时刻 t' 测量杆两端的空间坐标所得的坐标差 $\Delta x' = (x'_2 - x'_1)$。利用上述坐标变换式的反变换式，可得：

$$\Delta x = x_2 - x_1 = \frac{(x'_2 - vt') - (x'_1 - vt')}{\lambda} = \frac{(x'_2 - x'_1)}{\lambda} = \frac{\Delta x'}{\lambda},$$

于是有

$$\Delta x' = \Delta x(\text{本征长度}) \cdot \lambda$$

这就是说，杆在自身的本征参照系中的"本征长度"最长，而相对它做匀速直线运动的观察者所测量的长度会变短。随着不同惯性系的同时性定义不同，该杆两端之间的"同一时刻"也随着参照系的不同而不同。速度越大，则长度越短，若接近光速，则长度接近于零，是谓"尺缩"。

4. 狭义相对论的力学

爱因斯坦相对论的主要目的不在于解释围绕光速的各种实验，而是以这些实验为出发点，推导出新的理论结论与实验结果。爱因斯坦从洛伦兹变换出发，推导出符合这种坐标变换的相对论力学原理，得到一系列新的结论。其中最引起举世震惊的发现就是质能相当原理，这是爱因斯坦对人类文明的最大贡献。

洛伦兹变换能够满足电磁学的麦克斯韦方程保持不变的要求，因此，狭义相对论没有必要提出新的电磁学理论。然而牛顿力学定律在洛伦兹变换下却不能保持不变,因此必须建立不同于牛顿力学的新的力学定律。

牛顿力学体系的根本原理可以概括为动量守恒定律与能量守恒定律,我们可以从这两条定律中导出全部牛顿力学公式。相对论中的新力学定律作为牛顿力学的延伸,也应当遵循这两个守恒定律。爱因斯坦于是设计了由动量与能量联合在一起的四维时空中满足洛伦兹不变要求的"动量-能量矢量",来取代牛顿力学中的作为三维矢量的"动量"与作为数量的"能量"。由此自然地推导出这个矢量的第四维分量,得到下述著名公式:

$$E = mc^2$$

这就是著名的"质能相当定律"。质量与能量被当作同一事物的两个方面:质量指的物体的惯性质量,表示物体的被动性,即当物体被其他物体作用时表现的惰性;而能量则表示事物的主动的一面,即运动的能力。而这二者本质上是统一的。

四维矢量的各个分量在不同的参照系中具有不同的值。于是相对论中物体的质量(能量)在不同的参照系中将取不同的值。在相对自身静止的本征参照系中,物体的质量称"静止质量",而在相对该物体运动的参照系中,称其为相对论质量。

由此得到两个重要结论:第一是物体的惯性质量与能量随着其相对于参照系的速度而变化,物体速度越快,惯性质量越大,能量也就越大。因此,惯性质量并非指"物质的多少",而是指改变速度的难度,也即物体的惰性。第二个重要结论是:由于 $E=mc^2$,在一定条件下,能量变质量,质量变能量。后者指在辐射过程中,物体静止质量转化为无静止质量的光子时,则释放出巨大的能量。这是狭义相对论的最重要的理论成果。一旦能够使 1 克静止质量转化为辐射,将会产生出 3×10^{13} 焦耳的能量,大约相当于 1 千万度电。爱因斯坦理论上指出的可能性在原子能释放的实践中得到证实,现在已经成为原子弹制造、核能和平利用以及高能粒子加速器工作原理的基本理论。

二、广义相对论

上述狭义相对论有一个重要的逻辑缺陷:它把所有坐标系分为两类,惯性系与非惯性系,物理定律只是在所有惯性系是一样的,任意选一个坐标系都能代表所有惯性系。但是,什么是惯性系?原来的定义是相对于静止空间做匀速直线运动的坐标系。现在绝对空间既然不存在了,那么要判断什么是惯性系就成了问题了,失去了逻辑基础。所以,爱因斯坦将"狭义相对论"推广为"广义相对论",为引力理论作出了巨大贡献。

1. **广义相对性原理：惯性系与非惯性系不可区分**

狭义相对性原理是说：我们在任何坐标系中观察到的匀速运动速度，无法区别它是"物体相对于绝对空间的运动速度"导致的，还是坐标系相对于绝对空间的运动引起的，因而无法得到"绝对静止空间"。由此引起了上述时空观的伟大革命。

广义相对性原理是说：我们在任何坐标系中观察到的加速运动，无法区别它是物理力导致的加速度（这是惯性系中观察到的物体加速度），还是由坐标系本身的加速度引起的（这是非惯性系中观察到的物体加速度）？我们无法区分。也就是说，在任何参考系中，物理学规律的数学形式都是相同的。在经典力学中，"惯性系"与"非惯性系"是两类本质上完全不同类型坐标系，它们之间应当有如下区分。在惯性系中，物体运动加速度必然由物理相互作用力（如引力、电磁力，以及由其引起的弹力、摩擦力等）所产生，这是一种物理效应，由物质间相互作用所引起。而在非惯性系中，由于该坐标系本身相对于惯性系做加速运动，所以其中不受物理力作用的物体所做的匀速直线运动也具有"视加速度"，我们称为"惯性加速度"，是由坐标系在几何上的相对运动所引起，因而是一种几何效应。最简单的非惯性系是正在加速下落的电梯，在它看来，整座大楼正以相反的"视加速度"上升。这种上升不是物理相互作用产生的，只能用坐标系之间的几何运动来解释。

人们创造了虚拟的"惯性力"来作为非惯性系中的"惯性加速度"的发生原因。之所以称为"虚拟的力"是因为这个力并不是实在的物理力，而是非惯性系相对惯性系的加速运动所产生的视觉现象，一种几何效应。例如，著名的科里奥利力便是"惯性力"：我们处于地球自转的非惯性系中，由于流水要保持其原来运动的惯性运动，于是相对地球自转作反方向的加速运动，描绘这种几何效应的虚拟的惯性力叫科里奥利力。地球上北半球河流右岸比较陡峭，南半球则左岸比较陡峭，就是这种惯性力的作用结果。地球气象上的大气环流现象、气旋和反气旋的现象，也都是这种惯性力的结果。

现在，我们要区分惯性系与非惯性系，关键是差别其中的加速度到底是由物理作用力产生"物理效应"，还是由坐标系的几何运动引起"视加速度"。

宏观层次只有两种物理力：电磁力和万有引力。如果物体的运动加速度是由电磁力导致的，那么改变物体的电荷或磁场强度，可以引起加速度的变化，从而判断该加速度是由电磁力引起的"物理效应"。

因此，能否将惯性系与非惯性系区别开来，取决于万有引力的性质。在牛顿力学中，引力加速度与电磁加速度一样，是一种物理现象：某物体的引力加速度由相互作用的物体的引力质量和它们间的距离所决定。以地球的引力为例：某个物体所具有的引力加速度，由该物体相对地球中心的距离、地球与该物体的质量所决定。但是，伽利略的自由落体实验却告诉我们：质量不相等的球的引力加速度是一样的！这就是说，引力现象是一种只与几何位置有关、与物理性质无关的纯几何现象！而惯性加速度也是一种纯几何现象！因此，正是由于存在着与物理性质无关、只与几何位置有关的引力加速度，使人们无法区分惯性系与非惯性系。

2. 等效原理：引力质量与惯性质量无法区分

牛顿力学中的物质有两种质量：一是万有引力定律中的"引力质量"，它是产生引力的物质属性；二是牛顿第二定律 $F=ma$ 中的"惯性质量"，它是物质的惰性，力作用于某物体所产生的加速度与该物体的质量成反比。引力质量与惯性质量是性质完全不同的物理量：前者产生相互作用力，而后者是接受力的作用而阻碍加速度的产生。从经典物理学看来，它们二者之间正像电荷与物体惯性质量之间一样，本来并不相干。

然而这本来不应当相等的量，伽利略在 400 年前做的自由落体实验却证明它们相等：质量大的球与质量小的球同时落地，即重力在它们身上产生的加速度相等，都等于自由落体的加速度 g。这是因为任何落体所受的力与其引力质量成正比，而该力所产生的加速度与其惯性质量成反比，这两种质量相等而相抵，正好使加速度与质量无关。牛顿对这个现象非常好奇，曾测量不同物体单摆的周期来检验两者是否相等，得到的结论是：在 10^{-3} 精度范围内，两者是相等的。匈牙利物理学家厄缶（1848—1919）设计了一个精确的扭秤装置，持续做了 25 年的实验，以 10^{-9} 的精度证明了二者相等。美国的 R. H. 狄克 1964 年改进了厄缶实验，到 70 年代初，布拉金斯基等人用实验证明这两种质量在 0.9×10^{-12} 精确度内确实相等。

那么，引力质量与惯性质量相等意味着什么？其直接推论是任何参照系中的某个点上的引力加速度与此点上的物体的物理性质无关，而是个纯几何量。因此，引力场与电场、磁场等其他类型的力场具有本质上的差异，它直接与惯性力场等效——这就是等效原理。爱因斯坦用升降机的假想实验来说明这个"等效原理"。在密闭的升降机内的观察者所做的一切物理实验，都无法断定他所在的参考系中的物体加速度究竟是重力加速度，还是惯性加速度，所以无法判断自己是惯性系还是非惯性系。发现"等效原理"，被爱因斯坦认为是他一生中最愉快的事。

"等效原理"与"广义相对性原理"结合起来，产生了这样的结论：所有参照系中的物理现象遵循共同的物理定律,因此,上述两种力——引力和惯性力必须统一为同一种力,其遵循同一力学定律。由于惯性现象是纯几何现象,而引力现象是物理现象,这就要求建立一个把物理现象几何化的引力理论,这就是"广义相对论"。

广义相对论既以牛顿力学为基础,又是对它的全面颠覆。爱因斯坦凭借他的理性思维能力成功地建立了这个理论,不能不说是人类理性智慧的一大奇迹。这种理性创造的理论居然能够推导出一系列结果由实验来验证,不能不说是奇迹中的奇迹!

3. 广义相对论的建构:几何化的引力场

怎样建立将"引力"与"惯性力"统一起来的物理理论呢? 这分为两个方面。

纯几何方程:惯性-引力的运动方程。既然引力也好,惯性力也罢,都是同一种力,是一种纯几何力,不管什么样的物体在该点上,都会以同样的加速度运动。这是引力与其他力(如电磁力)的根本区别。于是,描述物体的"引力-惯性力"运动的是该物体的加速度场,它由所在位置上的几何空间的性质所决定。那么,这种纯几何场的几何性质如何刻画呢? 按照广义相对性原理的要求,刻画这个空间的性质的场,以及在这个场中物体运动方程,必须在所有可能的参照系中都具有共同形式。

爱因斯坦发现,这种普适形式是四维时空的黎曼几何的表达形式。首先,用黎曼几何来刻画空间的性质,这就是黎曼几何中的关于两点间距离的公式。这个公式是用"度规张量"来刻画的。前面说过,在狭义相对论的四维时空中,两点间的距离平方按照勾股定理来计算,等于两点之间的各个坐标差的平方和,这样的时空叫闵可夫斯基空间。而黎曼几何空间则是它的推广:将两点之间各个坐标差(共四个:$\Delta x, \Delta y, \Delta z, \Delta t$)两两相乘,得到 16 个二次项,每项都乘上某个特定的系数后相加,就得到两点间距离平方。这16 个系数排成的矩阵称为"度规张量"(用数学语言讲,黎曼空间中两点之间的距离平方等于度规张量与两点间的坐标差矢量的"标乘"之积)。闵可夫斯基空间是黎曼几何空间的特殊形式。空间各点上的度规张量一旦确定,该参照系的"引力场"将被确定。而物体在引力场中的运动方程,则是该四维时空中连接其起点与终点的最短程线(又称测地线)。

用黎曼几何中的度规张量来描述参照系中空间的性质,用最短程线来描述物体在一定的度规张量下的运动方程,解决的都是纯几何问题,它实现了引力与惯性力作用的几何化。它说明空间是具有动力作用的,能够形成加速度。在解决了这些问题之后,我们面临一个更深层次的问题:参照系的度规张量是如何确定的? 也就是空间的几何性质是从何而来的? 这样一来,几何问题又回到物理问题上来了,因为爱因斯坦指出:几何性质是由物理性质决定的。

4. 引力场方程:几何运动方程与物质分布的关系

要给出引力-惯性加速度场的来源,就是给出黎曼空间中度规张量是由什么决定的。爱因斯坦认为,度规张量是由物质的能量和动量分布决定的。他将狭义相对论中描述四维时空中物体力学性质的量——动量-能量矢量,推广到广义相对论中,建立了广义参照系中各个点上的物质的"能量-动量密度",用与度规张量相对应的张量形式来描述。于是四维时空中的"能量-动量密度"决定该时空的几何性质,即"能量-动量张量"决定"度规张量"。爱因斯坦经过断断续续八年的努力,在 1915 年 11 月 25 日才最终写下正确的场方程。这一天,爱因斯坦在普鲁士科学院物理—数学部宣读了题为《引力的场方程》的文章,宣称"相对论的一般理论作为一个逻辑体系终于完成"。这个引力场方程需要一定的数学知识才能理解,这里略而不论。其意思是说:物质的能量-动量分布状态(用"能量-动量张量"来表示)决定了空间的几何性质,造成了时空的"弯曲"。而度规张量决定了空间中的最短程线(测地线),从而决定了物体的运动轨迹(运动方程)。因此,广义相对论本质上是"时空几何动力学":它把引力场归结为物体周围的时空弯曲,把物体受引力作用而运动归结为物体在弯曲时空中沿短程线的自由运动,由此实现了物理性质与几何性质的统一。

爱因斯坦把广义相对论看作是自己一生中最重要的科学成果,他说过,"要是我没有发现狭义相对论,也会有别人发现的,问题已经成熟。但是,我认为广义相对论不一样。"确实,广义相对论比狭义相对论包含了更加深刻的思想,这一全新的引力理论至今仍是一个最美好的引力理论。没有大胆的革新精神和不屈不挠的毅力,没有敏锐的理论直觉能力和坚实的数学基础,是不可能建立起这一理论的。英国物理学家汤姆逊把广义相对论称作为人类历史上最伟大的成就之一,一方面是由于这个理论的立论基础如此简单与完美,另一方面是因为它引起了人类思想的全面变革。不仅完全变革了万有引力的观念,而且变革了人们对时空的观念,进而变革了整个物理学的观念。

5. 霍金与广义相对论

爱因斯坦的广义相对论十分深奥,其后继者中成就最突出的是斯蒂芬·威廉·霍金(Stephen William Hawking)。他于 1942 年 1 月 8 日出生于英国牛津,先后毕业于牛津大学和剑桥大学,获剑桥大学哲学博士学位。21 岁时就不幸患上了肌肉萎缩症,全身瘫痪,从此终生在轮椅上度过,演讲和问答只能通过语音合成器来完成。他被认为当代最重要的广义相对论专家和宇宙论家,被称为在世的最伟大的科学家。他于 20 世纪 70 年代与彭罗斯一道证明了著名的奇性定理,证明了黑洞的面积定理(即随着时间的增加黑洞的面积不减)。考虑到黑洞附近的量子效应,发现黑洞会像黑体一样发出辐射,其辐射的温度和黑洞质量成反比,这样黑洞就会因为辐射而慢慢变小,而温度却越变越高,它以最后一刻的爆炸而告终。这被认为是霍金一生的最重要的贡献。

霍金也是伟大的科普作家,畅销书《时间简史》是霍金的代表作。作者想像丰富,构思奇妙,语言优美,字字珠玑,至今累计发行量已达 2500 万册,被译成近 40 种语言。霍金在书中展示出了人类已经认识到的宇宙历史——从大爆炸到黑洞。书中指出,牛顿和爱因斯坦的两种引力理论都必然得出这样的结论——宇宙不可能是静态的,它不是膨胀就是收缩。因此,必定有某一时刻宇宙的密度为无穷大,这就产生了所谓的宇宙大爆炸,这是宇宙的开端。而最后形成黑洞,这是由天体自身引力吸引而自行塌缩(塌陷并紧缩)所形成的。根据爱因斯坦的广义相对论,任何掉进黑洞的东西都会永远消失,永远无法再逃出黑洞。但是一旦到达一个奇点,由于量子力学的不确定原理,必然有能量从黑洞中以各种可能的形式泄漏出来。此后,霍金又写了《时间简史续编》,使他成为宇宙学无可争议的权威。霍金将不断涌动的思想表达为一系列的科学著作和演讲:《霍金讲演录——黑洞、婴儿宇宙及其他》、《时空本性》、《未来的魅力》、《果壳中的宇宙》等。近年来,霍金和他的女儿露西·霍金、学生克里斯托弗·加尔法德又合著了《乔治开启宇宙的秘密钥匙》。这些著作把我们带到最深奥的理论物理的最前沿,展示了宇宙的无限丰富性、奇异性。而所有这些伟大成就与作品,竟然是一个骨瘦如柴、全身瘫痪的人斜躺在电动轮椅上完成的!这不能不给我们心灵的巨大震撼!要知道,这是一个连抬起头来都要用尽全身力量的人,一个只能用非常微弱的变形的语言与人交谈的人,而在完全失声后只能用眼光注视电脑然后通过屏幕与别人交流思想的人!这个人连看书都必须依赖于一种翻书页的机器,将每一页摊平在一张大办公桌上,然后由驱动轮椅逐页阅读!就是这样一个残缺的身体所负载的灵魂却代表着我们人类跨越宇宙时空的界限,揭开宇宙开始以来的最深奥的秘密!我们不能不向这个伟大的灵魂表示我们深深的敬意！

6. 相对论的意义

相对论虽然显得很"神秘"，却并不神秘。因为辩证唯物主义认为事物的一切性质，包括几何性质、物理性质却不是既定的，而是在事物之间的彼此内在联系中生成的，相对论正是如此。

狭义相对论把事物的空间尺度、过程的时间尺度、物体的质量和能量等，都理解为在事物通过光速相互联系过程中产生出来的性质，它们在通过光速联系起来之前并不存在。因此，那种把物体的这些几何属性与物理属性当作预先存在的固定不变的东西的机械论世界观当然是形而上学，违背了自然界本来面目。它只是事物在慢速运动时的近似的表现。而狭义相对论的结论则是完全合理的：它近似表达了物体的上述种种几何属性与物理属性如何在相互联系中诞生的过程与结果。

广义相对论把物理力所引起的运动与几何力引起的运动统一起来，这在辩证唯物主义看来是完全合理的。物理力是事物之间内在联系的力量，事物的一切性质都是在这个过程中产生的。因此，那些把空间理解为事物的容器、在事物相互作用之前就预先存在的固定事物的观念，当然是形而上学的。实际上，事物通过物理上的相互作用（引力作用）而生成了几何空间及其性质，这种几何性质是物理相互作用的表现，必然驱动物体的物理运动，其中包括事物的惯性运动。因此，惯性运动只是引力运动的表现形式，这是理所当然的自然事物的辩证法。这种通过几何性质表现的物体间的物理相互作用是内在的相互作用，必然改变着物体本身，使其在密度、结构等方面不断发生巨大变化，从而产生出黑洞、黑洞大爆炸等，这是宇宙本身在内在联系中的生成过程。

因此，我们的思想一旦到达辩证法的高度，把事物本身、事物的一切性质都理解为在事物的内在联系中生成的，那么，环绕在相对论上的重重迷雾都是顿然澄明，世界显示出它不断生成的绚烂图景。

三、量子现象与量子力学

现代物理学正是在危机中诞生的。如果说迈克耳逊-莫雷实验等引起的光速之谜导致了相对论的提出，那么，关于黑体辐射的"紫外灾难"则导致了量子力学的创建。

1. "紫外灾难"与旧量子论

19 世纪末，人们已经知道一种物质能够吸收何种频率的光线，也就必

57

然会发射何种光线,这些频率的光线构成了该物质的特征光谱,它表现着该物质的性质。而在吸收光线的物体中,绝对黑体的特征光谱引起了科学家们的普遍关注。所谓"绝对黑体"指的是百分之百吸收照射到其上的物体。一个开了小孔的内壁粗糙的空腔可以近似看成一个绝对黑体,因为光线一旦射入,就不断被内壁反射和吸收,很难有机会再从小孔逃出,因而这束光线就百分之百地被吸收了。在一定的温度下,这些被吸收的光线在与内壁间相互作用中,形成了辐射平衡态。这个平衡态中各种频率的分布,便是绝对黑体的特征光谱。科学家们相信,绝对黑体的特征光谱将与组成它的物质材料与几何形状无关,因而也一定隐匿着具有普遍意义的自然定律,反映了大自然的本性。于是,黑体辐射问题成为众多科学家们关注的焦点,而"紫外灾难"则是经典物理学在这个问题上的危机。

"紫外灾难"的大意如下。作为绝对黑体的空腔,其内部电磁波经过腔壁的来回反射,反复干涉、叠加,最后总会形成许多驻波。形成驻波的条件是:腔长等于辐射波的 1/4 波长的奇数倍。于是,波长大于某一数值,即频率低于某一数值的驻波数目当然是有限的。然而,波长低于某一数值,即频率高于某一数值(如高于紫光频率)的驻波数目则是无限的,因为腔长可以是 1/4 波长的无穷倍。根据经典的能量均分原理,空腔内的每个驻波含有相等的能量(由黑体的温度决定)。于是,绝对黑体内高于某一频率的无限多的驻波,其能量总和将必然是无限的! 这就是著名的"紫外灾难"。

大自然是使用了何种神秘机制,制止"紫外灾难"的发生? 德国物理学家普朗克想到,一定存在着一种机制,防止能量在高频率电磁波中分布。1900 年,他提出了著名假设:频率为 ν 的电磁波的能量,只能以一份份的能量形式存在,每一份的能量为 $h\nu$,这里的 h 是一个普适的宇宙常数。于是,空腔中的总能量将用各种方式分配在这些量子中,其中几率最大的分配方式形成辐射构成辐射平衡态。平衡态中某频率的量子的个数就构成了能量在该频率上的分布。很明显,频率越高,单个量子所含有的能量就越大,总能量分配于其中的机会就越小,直到为零(例如,如果单个量子的能量大于空腔内辐射总能量时,这种量子不可能出现)。"紫外灾难"于是不复存在,并且由此导出的概率最大的平衡态分布,与实验数据非常一致。

普朗克的"量子",如他本人所说,只是一种"纯粹形式上的假设",还没有形成明确的实体概念。1905 年,爱因斯坦首次提出"光子"概念,成功地解释了光电效应。他认为光以波的形式进行传播,但在被物质吸收与发射时,以粒子的形式存在,每个光子的能量正好等于普朗克量子 $h\nu$,ν 是光的频率。于是,"量子"首次获得了实体的形式。用这一假设来理解光电效应,可以得到如下结论:光的颜色越靠近紫端,即光子的频率越高,打出的自由电子的速度越大;而光线越强,即光子的数目越多,打出的自由电子的数目越多。这一结论与实验相当符合,爱因斯坦因此而获得诺贝尔奖。

　　光和辐射的量子机制实际上并不神秘,日常生活中可以看到它的存在。阳光照射在衣服上,会使衣服上的染料分子分解。如果没有光子存在的话,光能量将被所有的染料分子同时均匀地吸收,所以应当同时分解,衣服于是会突然变色。正是由于量子效应,使有些染料分子受到具有一定能量的光子打击而分解,有些则暂时未受光子打击而未分解,于是衣服就会逐渐变色。诸如此类的事实告诉我们,没有量子效应,世界是不可想象的。

　　与光量子的发现同时进行的物理学研究,是对原子结构的研究。居里夫妇发现了放射性元素镭,它在源源不断地放射出具有强大能量的射线的同时,不断裂变为别的元素。1911 年,卢瑟福通过用 α 粒子(氦核)作为炮弹轰击金属箔,发现金属原子的带正电荷的质量必定集中在极小的区域内,于是建立了原子的核模型:带正电的原子核处于中心,电子绕核旋转。然而这个模型与经典电磁学发生了严重的冲突:按照经典电磁学理论,电子绕核旋转时,要连续地发射电磁波,因而其动能与势能将不断转化为电磁能,电子的速度将越来越慢,轨道半径越来越小,最后必将落在原子核上。那么,大自然是用什么样的神秘机制,来制止这种情况的发生的呢?卢瑟福的年轻助手玻尔成功地解答了这个问题。

　　玻尔想到,这种制止电子连续发射电磁波的机制,与制止紫外灾难的机制是一样的——都是普朗克量子的功能。既然电磁辐射只能以量子 $h\nu$ 发射出去,那么,绕核旋转的电子的机械能,就不可能连续地转化为电磁波而取连续值,只能取一个个分立的能级值,分别对应于不同半径的轨道——电子绕核旋转的轨道也是量子化的。当电子发射某一光子 $h\nu$ 时,它将跃迁到下一能级的轨道;吸收某一光子 $h\nu$ 时,则跃迁到上一能级的轨道。基态电子处于半径最小的轨道上,不可能再发射光子,因而不可能落在原子核上。玻尔模型不仅成功地克服了卢瑟福模型的困难,而且很好地解释了氢原子的光谱。

　　2. 波粒二象性:对量子现象的理论解释

　　那么,为什么能量只能以量子形式存在?电子为什么只能在量子化的轨道上运转?1924 年,法国青年物理学家德布罗意在其博士论文中提出了一种解释。他认为,电磁波在传播时是波,而在与他物相互作用时是粒子,所以既有波动性，也有粒子性。而电子在运行时也应当是波，在与他物相互作用时则表现为粒子。实物粒子总是被某种波所引导，这就是"波粒二象性解释"。原子中的电子轨道必须包含着整数个引导波：第一轨道包含一个引导波，第二轨道包含两个引导波，如此等等。德布罗意的这一解释后来终于被实验证实：用一个电子枪穿过一个小孔打击一个靶，经过一段时间，发现电子在靶上留下的是一个由波动干涉形成的"牛顿环"。这证明电子波确实存在，而且电子的能量确实等于电子波的频率与普朗克常数的乘积。

　　德布罗意提出波粒二象性，他所指出的描述粒子状态的波函数只是结果，只是微观粒子的运动学模型，还不是动力学模型。真正的物理理论应当像牛顿力学那样，能够根据动力学方程来推导出物质运动函数。两年之后，物理学家薛定谔完成了这一任务。他建立了波函数的微分方程，而德布罗意波正是这个波动方程的解。如何建立这样的波动方程呢？薛定谔发现，其实质是将牛顿力学方程"量子化"：使牛顿力学方程中的力学量（如能量、动量等）对应于微分运算算符，算符作用于波函数则等于相应的力学量的值乘以波函数，由此便建立了该力学量取定态时的波动方程。这个波动方程的各个分立的解就是描写粒子状态的波函数，而每个解对应的力学量的值，则是该力学量的各级分立的值。

　　同一年，玻尔的学生海森堡建立了"矩阵力学"：他用列阵来表示电子的各个状态，而用作用于列阵的方阵算符（又称"算子"）来表示各个力学量，使力学量作用于波函数等于普朗克量子数乘以波函数。于是把牛顿力学方程改写成矩阵方程，电子的状态即是这个方程的解。这种数学处理方法也是对牛顿力学方程的量子化。在量子的"波动力学"和"矩阵力学"提出之后不久，薛定谔就指出，二者实质上是完全一致的，是同一理论的两种形式。假如我们把波函数写成某种级数形式，那么，用该级数的各项系数组成的列阵来表示波函数，波动方程于是就变为矩阵方程。

　　于是，一个与牛顿力学相对应的量子力学建立起来了，它适合于对低速运动的粒子运行规律的描述。到了1931年，物理学家狄拉克推广了上述方法，进一步把狭义相对论的力学方程量子化，得到了与狭义相对论相对应的量子理论，它适应于高速运动的微观粒子。至此，一个可与宏观世界的牛顿力学以及相对论相媲美的描述微观粒子运动规律的量子力学理论体系，终于建立起来了，这是人类思维征服奇妙复杂的微观现象的巨大成功。然而，这种成功却是建立在尖锐的二难推论基础上的。从人们习惯的观点来看，物质的粒子图景和波动图景是不相容的：因为物质如果是粒子，它们就不可能彼此相消而产生干涉条纹,而量子力学把粒子理解为波的实验根据,正是这干涉条纹的存在。那么,应当如何摆脱这个二难推论呢?

迈克斯·玻恩给这种困境指出了一条出路。他在 1926 年就指出,量子力学的波函数描写的不是实在的实物波,而是粒子出现的几率分布状态。波强越大的地方,粒子出现的几率就越大。这种统计解释解决了实物波与实物粒子同时存在所导致的逻辑困难,然而又引起新的困难:因为按照人们习惯的观念,单个粒子的行为应当服从某种绝对的因果定律,它的位置应当由一系列确定的坐标轨道来刻画,而不是由如此不确定的几率波来刻画。连物理学中最富有创新精神的爱因斯坦也无法接受这种统计解释,他认为"上帝不玩骰子",自然规律应当是确定地描述粒子坐标与动量的规律。今天的量子力学只能描述粒子处于某一坐标的几率是由于我们关于微观粒子的知识不够所致,将来总有一天会消除这种不确定性。

然而,海森堡在 1927 年指出,量子力学对微观粒子的不确定性描述是天然存在的,绝对不可能消除,原因来自于我们进行物理实验时,测量仪器与被测粒子间的不可克服的相互作用。他指出,假如我们想测定某粒子的坐标,那么,我们的测量仪器必须和该粒子进行能量交换。粒子位置测量得越精确(坐标误差 Δq 越小),那么,仪器与粒子间相互交换的动量就越大,于是得到的测量误差 Δp 就越大。所以,坐标误差 Δq 与动量误差 Δp 成反比,普朗克常数正是这种机制造成的:$\Delta q \cdot \Delta p \approx h$。既然人们不能同时精确地确定粒子的坐标和动量的值,因此不能用确定坐标来描述它们的运动,只能断言它在某一点上出现概率如何,这就是著名的"不确定性原理"。几个月后,玻尔在国际国际物理会议上,推广了海森堡的这一原理,提出了著名的"互补原理"。他认为,由于人们不能明确地区分哪些能量、动量交换是微观客体本身的行为,哪些是它们与测量仪器之间的相互作用,因此不可能撇开测量仪器而等得一幅与测量过程无关的客体图景。每一幅客体图景都是在特定的实验条件下由粒子与测量仪器之间的相互作用取得的。而那些对同一客体进行的两个相互排斥,以至不能同时进行的实验,所得到的客体图景必然是相互排斥、不能相容在同一图景当中。量子力学的任务在于建立统一的理论方案,从它能够得到任何实验条件下的具体图景,并且能从一个具体图景转换到另外一个具体图景。这样一来,这些对抗的图景就相互补充,完整地说明了微观客体在各种实验条件下的表现。当然,由于每一种实验条件下粒子力学量的测量值都不是完全确定的,因而都将以几率波的形式来描绘粒子行为。

3. 揭开量子力学的神秘面纱

量子力学表面上似乎难以理解：为什么会存在几率波？既然我们实验仪器影响客体本来面目，那么客体本来面目不是永不可知吗？其实这些问题本身是不存在的。在马克思主义哲学看来，一切事物及其性质都是在事物之间的内在联系中生成的，在内在联系之前，与此内在联系相关的那些事物性质尚未生成，还不存在，因此关于它们的"本来面目"是一个子虚乌有的问题。微观粒子的坐标、动量都是在各种粒子相互作用过程中生成的，测量过程只是这些相互作用中的一种。即使科学家不进行这种测量，自然界的其他事物也在进行这种"测量"，即事物间的相互作用，并且通过这个过程生成了各个粒子的动量、能量、时空坐标等。经典科学所要寻求的那种测量前粒子的"本来面目"，如同寻求一个刚出生的婴儿 40 岁时是什么模样一样，是无法实现的。经典科学之所以能够做出近似正确的结论，是因为被测量的事物（宏观低速运动的物体就是如此）所参加的相互作用相对来说比较稳定，从而所产生的性质变化不大之故。一旦被测量事物所参加的相互作用相对来说非常不稳定（微观粒子就是如此），它就完全不正确了。

正因为事物的性质是在相互作用生成的，而这种相互作用相对来说是极不稳定的，因而事物由此生成的性质必然是极不确定的，由此造成以某种几率状态出现。几率波便是对这种结果的不稳定性、非确定性的描述。正是这种不稳定性与多样性，才能生成如此丰富多彩而富有生命力的世界！

四、原子核物理与基本粒子物理的发展

在量子力学与相对论建立以后，从 20 世纪 30 年代起，在卢瑟福的关于原子的核模型基础上，物理学便转向应用这两大理论来解析原子结构。人们发现原子核由质子与中子组成，而中子本身在一定的条件下，可以自发地转变为质子，这就是放射性元素的 β 衰变，其全部反应是：

$$中子 \rightarrow 质子 + 电子 + 反中微子$$

其中的电子流就是 β 射线。这 4 个粒子，再加上光子，便是 20 世纪 30 年代人们认识的全部基本粒子。1931 年，狄拉克通过把狭义相对论的动力学方程量子化，得到了在四维时空的洛伦兹变换下具有不变性的量子力学方程，在这个方程的解中，得到了一个惊人的发现：存在着一种与电子质量、自旋等均相等，只是电荷相反的粒子——正电子的存在，并且指出这个正电子正是充满电子的空间中的空穴。二者一旦相遇，便会"湮灭"，转化成巨大能量的光子。1932 年，加利福尼亚理工学院的安德逊在寻找宇宙线踪迹中，找

到了它。这一发现告诉人们:除了光子之外,其他基本粒子总是成对存在的。说不定宇宙中存在着某种由反物质组成的世界,它们一旦与我们生活的世界相碰,便会一下子同归于尽,"湮灭"为巨大的辐射能。1965年,美国实验室里诞生了第一个由反粒子组成的人造反物质——"反氘"。

在弄清了原子核由质子与中子组成之后,人们立刻面临一个问题:是什么力量使这些质子与中子(皆称重子)紧密地聚集在一起?人们知道,物质间的相互作用是靠交换某种媒介性粒子(能量子)而形成的。根据广义相对论,引力是质量之间相互交换引力子形成的,电磁相互作用是靠带电粒子间交换光子形成的。引力适合于解释宇观层次的巨大尺度内的物理事件,如天体的演化与运动。在微观粒子领域,引力太小,可以忽略不计。电磁相互作用既可解释宇观范围,也可解释宏观范围和微观范围的物理事件,例如可以解释电子的绕核运动。然而,这两种相互作用无法解释原子核的内在机制:质子带正电,彼此间应当互相排斥,而不是使各个质子聚集在一起;质子与中子、中子与中子间则不存在电磁相互作用;万有引力则太小,根本不可能形成如此巨大的核力。1935年,日本物理学家汤川树秀提出存在着第三种相互作用力——强相互作用力,它靠重子之间交换某种媒介性粒子来进行,恰如带电物质交换光子,其质量介于电子与重子之间,故称"介子"。这一假说导致实验物理学家们纷纷寻找介子,到了40年代末,找到了三种介子:μ介子、π介子和K介子,其中π介子即汤川预言的核内媒介粒子。从1949年始,人们在宇宙线和高能加速器中发现了一系列能量极高的粒子,其中质量大于重子的称为"超子"。至此,人类发现的基本粒子以静止质量从小到大为序,包括以下几类:光子、轻子(电子与正电子、中微子、正负μ粒子等)、介子、重子(质子与反质子、中子与反中子)、超子(Λ超子、Σ超子、Ξ超子、Ω超子等,也有人将超子归入重子)。

关于这些基本粒子的基础理论,十分深奥复杂。经过狄拉克等科学家们的努力,终于建立了描述基本粒子运动规律的理论——量子场论。它把质量相近而其他性质(如电荷、自旋等)不同的粒子当作同一粒子的不同状态,用同一波动方程来描述。这个波动方程中的波函数则被描述为某个抽象空间中的微量,该向量的各个不同分量则表示不同粒子。波动方程在这个抽象的"向量"空间的变换中保持不变。而研究在变换中保持不变量的数学理论——群论,成为量子场论的基本工具。

所谓"群论"研究的是一种代数结构——群。所谓"群"指的一种符合某些运算规则的元素的集合。这些元素最早是指各种解方程、几何作图的基本数学操作,如解方程中等式两边同除一个不等于零的数、几何作图中两点间连一条直线等等。19 世纪上半叶的数学家伽罗华将解一元 N 次方程的操作看成一个群,成功地证明五次以上的高次方程不可能有普遍的代数解法。后来人们又将规尺作图的各种基本动作视为一个群,成功地证明了古希腊三个几何难题(三等分一角、化圆为等面积的正方形、将正方体的体积扩大一倍)不可能用有限次的规尺作图法完成。后来数学家们将这些具体的群抽象为一般的"抽象群",研究它的各种性质,这就是"群论"。到了 1896 年,德国数学家贝尼乌斯一反将"变换群"抽象为抽象群的做法,而将"抽象群"反过来具体地实现为某一"变换群",并且将变换群所表示的"操作"用一种数学运算来表示,特别是用线性代数中的矩阵乘法来表示,于是"抽象群"便表现为具体的代表变换操作的矩阵。这就是"群表示理论",它后来成为基本粒子理论的非常重要的数学模型。

在用群论处理基本粒子问题时,人们发现,在一定的变换群下保持不变的粒子波动方程,于是必然相应地有一个不变的物理量。这就是说,对应于粒子运动方程在某变换群下的不变性(对称性)必然存在着某一种守恒定律。反过来,如果存在着某个物理量的守恒定律,那么描写物质运动的方程必然相对于某一变换群对称(即在变换下保持不变)。例如,运动方程对于空间坐标系平移变换的不变性导致动量守恒,对于空间坐标系旋转变换的不变性导致动量矩守恒,对于时间坐标平移变换的不变性导致能量守恒定律,"规范不变性"(麦克斯韦方程所具有的一种特殊的不变性)导致了电荷守恒定律。1927 年,匈牙利物理学家维格纳提出,如果进行空间反演变换(将 X 变换为 $-$X),运动方程保持不变(牛顿力学和爱因斯坦相对论力学方程都是如此),那么就导致"宇称守恒",即可以定义一种"宇称量",其值守恒,此称"宇称守恒定律"。29 年后即 1956 年,华裔物理学家杨振宁、李政道发现,在弱相互作用中宇称不守恒,并由华裔女实验物理学家吴健雄通过实验证实。杨、李两人由此获得诺贝尔奖,这是炎黄子孙首次获得此奖。他们的这一发现表明,弱相互作用现象其在镜子中映象是不可能是真实发生的现象。或者说,存在着绝对的左旋坐标系,这就是 π^+ 粒子蜕变时放射的中微子,它的自旋与动量矩在任何情况下都是左螺旋的,不存在着与其相对称的右螺旋中微子。

越来越多的多种多样的基本粒子的发现,导致人们渴望能够在多样性中找到它们的统一。这导致了下述两个方向上的研究。

第一,寻求各种粒子的相互作用方式的统一。迄今已发现的微观粒子间的相互作用有四类：长程的引力相互作用、长短程的电磁相互作用、短程的弱相互作用（β衰变）以及核内粒子的短程的强相互作用。早在 20 世纪 40 年代，人们已开始寻求电磁相互作用与弱相互作用的统一。终于在 60 年代，由美国物理学家格拉肖、温伯格和巴基斯坦物理学家萨拉姆独立地提出了成功的理论。他们根据两种相互作用的共同的对称性，构造出能够同时描述这两种相互作用的微分方程，然后再根据电磁相互作用特有的"规范对称性"，造成该方程在规划变换下"对称破缺"（失去对称性），从而派生出两组不同的相互作用方程，分别描述具有规范对称性的电磁相互作用与不具有该对称性的弱相互作用方程。据此，他们推导出早已被发现的媒介性粒子——光子，以及当时尚未被发现的传递弱相互作用的媒介性粒子——中间矢量玻色子 W^+、W^-、Z^0。此理论简称 W-S 模型。1983 年，在高能对撞机中，通过质子与反质子的对撞找到了这三种粒子，理论由此得到了验证，他们因而获得诺贝尔物理学奖。根据对称性与对称破缺所构造的方程能够如此成功地预言客观粒子的存在，这激起了巨大的理论热情，人们在这一成就的激励下，正在寻找把强相互作用和引力作用包括在内的"统一场论"。

　　第二，寻求基本粒子家族统一性的另一条研究途径是进一步解剖已知基本粒子，看它们是否由更基本的共同成分所组成。1949 年，费米和杨振宁提出了 π 介子由核子与反核子组成的模型。1959 年，日本物理学家坂田昌一遵照恩格斯的哲学观点，认为所有强相互作用粒子都由已经三种基本粒子（质子、中子和 Λ 超子）所组成，然而这一模型也合成了许多并不存在的粒子。1964 年，美国的盖尔曼提出了新模型。他们认为已知的强子（强相互作用方程中的粒子）并不存在哪个比其他粒子更基本，它们本身都由某些求知的粒子及其反粒子所组成。这些求知的粒子带分数电荷（其电荷数分别是电子的 1/3、2/3 和 −1/3），称为"夸克"。后来，弱电相互作用理论（上述 W-S 模型）被应用于强子时，遇到了困难，于是美国物理学家格拉肖提出了存在第四种夸克——粲夸克。美籍华裔物理学家丁肇中与美国物理学家里希特分别独立地在实验中找到了 J/Ψ 粒子，它可以看作是粲夸克与反粲克构成的束缚态，为夸克理论找到了强有力的证据。那么，夸克间是如何进行强相互作用的呢？通过建立夸克的相互作用方程，可以推导出一种媒介性粒子——胶子，夸克通过交换胶子而紧密地连在一起。至今，粒子物理学仍然是一个正在发展中的年轻学科，人们正期待着它取得新的突破。

第二节　系统科学群

我们说过,19世纪末自然科学面临着三大矛盾或危机:一是关于"地球绝对运动"速度的实验——迈克尔逊-莫雷实验,它导致爱因斯坦相对论的诞生;二是绝对黑体的"紫外发散"等一系列关于"能量无限大"问题的困难,它导致量子力学的诞生;第三则是热力学第二定律与达尔文进化论的矛盾:热力学第二定律指出事物不可逆地朝着熵最大的无序化方向退化,而达尔文进化论主张事物朝着从低级着高级的有序化方向发展。这一矛盾导致了20世纪两大科学群的诞生:一是现代生命科学,二是系统科学,特别是耗散结构论等自组织理论。如果说相对论与量子力学拉开了现代自然科学的序幕,那么现代生命科学和系统理论则奏响了最激动人心的篇章,开辟了全新的研究领域。

我们知道,19世纪中叶出现的达尔文进化论指出了生物世界是一个不断从简单到复杂、从低级到高级的进化过程。由于每个生物物种在遗传过程中,自发地发生随机性变异,给生物物种提供了各种发展方向的可能。而自然环境对这些可能的发展方向进行自然选择,那些能够适应环境的变异被选择而保留下来,于是这些被选择的变异性状世代积累,形成了生物从低级向高级的演化。达尔文指出的生物的历史发展图景,是从无序到有序、从低级向高级的历史进化过程。

但是,19世纪同样出现了与此相反的关于事物历史发展的规律,这就是热力学第二定律。它是关于能量转化的历史方向的定律,该定律有各种表述形式。第一种表述形式是关于热传导表述形式:系统的热量只能自动地从高温物体传向低温物体,而不会自动地按照相反的反向传导。第二种表述形式是热功转化形式:热能够全部转化为功,而功不可能全部转化为热而不引起其他变化。这只是两种具体的表述形式。更一般的表述形式是第三种:绝热系统朝着熵增加的状态发展。那么,什么是"熵"呢?某一系统的某一宏观状态的"熵"指的是该宏观状态下,可能具有的微观随机状态的数目的对数。一个宏观态可以含有很多微观态,例如,将处于该宏观态中两个平权的微观粒子的状态"对调",宏观态不会发生任何改变。某一宏观态的熵越大,其含有的随机微观态的数目越多,系统处于该状态的概率就越大。热力学第二定律断言:系统总是朝着熵最大的状态发展。这是个不可逆过程,因为从几率大的状态返回到几率小的状态在自发的情况下几乎是不可能的。例如,物体做机械动力时,其微观分子的运动是朝着一个方向的有序运动,一旦机械能转化为热能,这种有序运动的能量便转变为分子的无序运动的能量。

我们把做几率小的有序运动的能量称为高级能量,那么,它们所转化的几率大的无序能量便是低级能量。因此,按照热力学第二定律,高级能量可以全部转化为低级能量,而低级能量——热能只有在从高温物体流向低温物体的过程中,才能将其中一部分能量转化为高级能量,一旦温度均衡,便成为失去转化能力的能量,此时系统的熵便达最大状态。所以,从宏观结果上看,系统某一状态的"熵",即该状态下系统所含有的"废能"——达到平衡因而失去转化能力的能量。因此,所谓绝热系统熵恒增,即随着能量转化过程不断进行,生成的不可转化的"废能"越积越多,一旦其内能全部转化为这种"废能",热力学系统便达最终平衡态,将不再具有转化能力,这种状态称为"热寂"状态。这是几率最大、最无序、最混乱、最低级的状态。

将热力学第二定律推广到全宇宙,便会得到结论:宇宙朝着熵最大的方向发展,宇宙中具有转化能力的能量将越来越少,失去转化能力的"废能"——熵越来越多,因而宇宙将越来越无序。总有一天,宇宙熵将达到最大值,达到"热寂"状态。这就是由克劳修斯提出的著名的"热寂说"。

由此可见,进化论和热力学第二定律描绘了两种完全不同的宇宙发展图景:一个是从低级到高级、从无序向有序的进化过程;另一个则是从高级到低级、从有序向无序的退化过程。解决这两个图景的矛盾,作为科学发展的重大课题,留给了19世纪末特别是20世纪的科学家们。

对于这个难题的解答是一个长期的综合性的历史过程,需要许多学科共同研究。其集中在两大学科群领域:一是现代系统科学群,二是生命科学群。被约定俗成地统称为"系统科学"的新的科学群的出现,是第二次世界大战后引人注目的科学史事件。这一科学群包括所谓"老三论"(信息论、控制论、系统论),还包括所谓"新三论",即三种自组织理论(关于系统如何自我组织起来而生成的理论),其包括耗散结构理论、协同学理论、超循环理论。此外,还有系统动力学(其中包括著名的"混沌理论")与分形几何学也属于这个科学群,这是一个方兴未艾不断发展的新的科学。而要了解它的最基本的科学思想,我们还是从最基本的概念说起。

一、老三论:世界系统结构的科学

1. 信息概念与信息论

从原始的意义上讲,信息就是用某种字码符号来表示一定的语义。这 67

样的信息与人类文明同样古老。英文就是用 26 个字母加上空格和标点符号来表达语义。一切语言与英语一样，都是信息。而使信息能够成为科学研究对象的信息形式，则是莫尔斯电码。这位青年画家发明了仅用两种符号——"·"（点）和"－"（画）来标记 26 个英文字母，而这两个符号很容易由电流断开与接通的时间来传递。在美国政府的资助下，他在华盛顿和巴尔的摩之间架设了电报线。1844 年 5 月 24 日，人类最早的一份电报"上帝创造奇迹！"从美国最高法院发出，从此开始了人类远程实时通讯的时代。

　　莫尔斯电码在编制过程中，立即遇到了一个难题：如何编码，使单位时间内所发出的平均字母数目最多？莫尔斯想到：字母的使用频率越高，编码串应当越短。于是他把英语字母按照使用频率的高低，排成一个序列，最常用的"E"用最短的"·"符来表示，次常用的"T"用"－"来表示，第三常用的"A"用"·－"来表示，如此依次进行下去。由此得到的编码，他相信是单位时间内平均发出的字母数最多的编码。莫尔斯电码引起了人们对语言文字的统计研究，美国数学家泽帕夫发现，越常用的词人类越是自发地趋向于用缩语，直到不引起歧义为止。这就是说，人们早就自发地遵循着莫尔斯的编码原则，泽帕夫称之为"最小努力量原理"——人们总是力图用最小的力量来完成既定事件。而对这一原理作出最成熟的数学概括的人是信息论创始人、贝尔电话公司的工程师申农。

　　申农首先分析了所有信息传输系统的共同结构，它由如图 2-1 几部分组成。

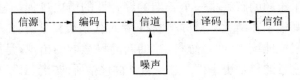

图 2-1　信息传输系统结构

　　申农从概率论的角度，把信息看成是信宿（信息接收者）对信源（信息发出者）的状态的不确定性的消除。对于这种不确定性，申农从工程技术的角度主要理解为对编码符号出现情况的不确定性，而不论这种符号所代表的语义。比如说，一本英文书总的印刷符号数目为 N，符号的种类假设为 27（26 个字母加空格）。并且我们知道每个符号的出现几率，如字母 A 的出现几率为 $P_1 = N_1/N$，字母 B 的出现几率为 $P_2 = N_2/N$，等等。于是，在对这本书完全无知的状态下，该书的状态按照上述已知条件，可能具有的方式就

是这些印刷符号所有可能的排列方式,其数目为:

$$G = N_1 !\ N_2 !\ N_3 !\ \cdots / N !$$

它的对数 $\log G$ 称为该书状态的不确定程度,即该书状态的"熵"。每个字母的平均不确定性程度为上述总的不确定性除以 N,容易证明,其值等于 $K\Sigma P_i \log P_i$。而每确定一个字母之后,该字母的不确定性便变为 0,于是所消除的不确定性,即每个字母平均含有的信息量:

$$H = -K\Sigma P_i \log P_i \qquad (i\text{ 表示所有字母的序号})$$

这就是著名的计算信息符号所含平均信息量的公式,该公式是全部信息论的基础。从这里我们知道:信息就是负熵,是对系统状态的不确定性的消除。而信息容器(如硬盘、USB 存储器等)能够容纳的信息量则是"熵",它一旦容纳了信息,则是消除其不确定性的"负熵",从而使其能够容纳的信息量减少。同样,通讯线路每秒钟所能通过的信息量也是"熵",其中通过的信息则是"负熵",如此等等。

在现代计算机理论中,以 0 和 1 两种符号进行编码,所以每个符号的平均信息量,就是对具有相等使用概率的二中择一的选择过程所消除的不确定性,称为"1 比特(bit)",它是现代计算信息量的通用单位。由于比特单位太小,常用的信息量单位是千比特(1 Kb=1 千个二进制数字的信息量)、兆比特(1 Mb=1 百万比特,即二进制数字的信息量)、吉比特(1 Gb=10 亿比特)。根据我国现在的标准,每个汉字用 16 位二进制数字来编码,即具有 16 比特,那么,一本 30 万字的书,则一共有 480 万比特或 4.8 兆比特。

编码是把要传输的信息中的每个符号,转变成易于通过信道传输的另一符号串。例如,把英文、中文、声音、图像转换成二进制数字串。编码的基本要求是用原符号串要用尽可能短的新符号串来表达,同时还要不产生歧义(也即不确定性)。上述莫尔斯码就是一个例子。而译码则是编码过程的逆过程,把信道传输的符号串翻译为原来的符号系统,例如把二进制数字串翻译成英文、中文、声音、图像等。

传播信息的通道称为信道。某一信道 1 秒内能够通过的信息量(比特)是信道的传播速率,称比特率。常用的传播速率有比特/秒(b/s)、千比特(Kb/s)、兆比特(Mb/s)和吉比特(Gb/s)。例如,某一信道的传送速率为 10 兆比特/秒,即其 1 秒钟内可传送 1 千万个由 0 和 1 组成的二进制数字。电话线的信道容量比光纤小得多,现代光纤通信系统的传播速率已达 2 G 比特/秒。

信息传输过程中的信息量会发生衰减,而且会受到内外环境的噪声干扰,例如,无线电波会受到太阳辐射、雷电等因素干扰,各种信号之间会相互干扰。从申农的理论观点来看,这类损耗和噪声是与信息相反的现象——信宿对信源的不确定性的增加,即负信息。由此导致的结果是通信系统中物质的随机运动(不确定性的表现,也即熵)增加,出现"沙沙"的电流声以及电视画面上的"雪花点"。所以,消除噪声的基本思路是增加信息的重复率(冗余度),从而弥补由干扰和衰减导致的不确定性的增加。具体的方法是:让信息沿着同一信道重复传播,例如打电话时你常常将要讲的话重复几遍;通过不同的信道传播同一信息以供相互核对,以消除不确定性,例如美国的核按钮必须由两人同时控制,以免发生差错;减少传播环节,以减少信息的衰减与干扰;分辨信息与干扰信号之间的信号差异,对后者进行滤波,等等。申农的信息量计算公式是这一切手段的理论基础。

　　用信息论的观点来分析事物、理解事物和改造事物的方法,称为"信息方法"。一切事物运动过程,除了物质能量的流动转化过程之外,必然伴随着信息过程,而且信息过程对整体事物的运动过程起着最核心的、关键性的控制作用。事物的运动形态越高级,越是如此。所以,对越是高级的事物,越要采取信息方法。例如,对人的身体运动的分析,以前人们受机械论哲学的影响,尽力把人体运动归结为分子原子的物理化学运动,这种努力很难有重大的突破。后来人们从信息的角度来分析运动过程中神经信息的传递,找到了神经元传递信息的"去极化过程",以及化学递质对神经元信息过程的影响,使神经科学获得了实质性的重大突破。这是信息方法成功运用的生动例证。关于人类遗传过程的研究,更是如此。以往人们把遗传过程的聚焦点放在物理化学反应上,由于没有抓住要害,未能搞清楚遗传机理。而孟德尔学说以及DNA的发现,则把遗传过程的聚焦点放在遗传基因及其载体——遗传密码子上,终于打开了遗传的奥秘。在现代管理过程中,人们把聚焦点放在对组织的信息流程上,以信息管理系统为核心,使用现代信息技术进行管理,使管理迈入新时代。随着信息时代的到来,信息方法在各行各业中的应用必将日益广泛深入。

　　2."可能性空间"与控制论

　　与信息论的诞生差不多同时,也是在1948年,一本引起激烈争议的著作问世了:有人认为它是"最糟糕不过的"的科学著作,因为它海阔天空,无所不包,缺乏严谨的证明;而另一些人则认为它是开辟了新研究领域的开创性著作——这就是维纳的《控制论》。《控制论》提出了一系列基本思想,改变了人们的观念,并且在实践中发挥了极其巨大的作用。

首先,控制论的最基本的思想要素是"可能性空间"。维纳原先是个数学家,早在 1919 年,他在研究微积分时,以其特有的哲学洞察力发现了两种积分体现了两种完全不同的哲学观念:黎曼积分体现了机械决定论观念,而勒贝格积分体现了"可能性"观念。而物理学中的吉布斯统计力学同样也表达了"可能性"观念。按照这种可能性观念,系统在某一时刻的状态,并不是由某种绝对规律所决定的,而是具有一系列可能的状态,这些状态组成系统相空间中的"可能性范围",或称"可能性空间",系统所处的现实状态是对许许多多可能状态的一种选择。这种可能性空间的思想,关于事物随机过程观念和"选择"的观念,是控制论的思想前提——因为只有在存在着许多可供选择的可能性状态的前提下,才可能对事物进行控制。相反,如果事物完全由规律绝对地决定,人们没有任何选择的可能,也就谈不上对事物的控制。

那么,如何对系统可能状态进行选择呢?维纳对此提出了第二个重要的思想要素:负反馈。对各种可能状态的选择,取决于人们的目的,而目的的具体体现即目标值。第二次世界大战中,维纳参加了火炮自动控制的研制工作。怎样使火炮自动瞄准飞机呢?为了解答这个问题,维纳考察了人的狩猎动作。人之所以能够实现自己追寻的目标值,是因为他能将自己活动的结果(输出)与目标值相比较,并且据此不断校准自己的行为,减少二者间的差距。这个过程即是"负反馈",如图 2-2 所示。

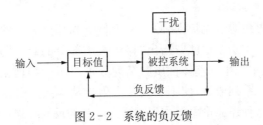

图 2-2 系统的负反馈

负反馈系统概念一旦用于火炮,则导致导弹的发明:在炮弹上装置负反馈系统,使其不断将自己当前所处位置与目标值相比较,计算出二者的差值,再发现指令,减少差值,使炮弹不断接近目标物,这样的炮弹即是导弹。负反馈机制成为维纳控制论的核心概念,其功能是保持系统的稳定的目标状态,或者不断接近目标状态。

与负反馈概念相对应的反馈是正反馈,它也是从输出向输入的反馈,然而反馈的结果是使系统越来越偏离现在的状态,因而导致系统不稳定。这种不稳定有两个方向：一是积极性方向，使系统日益生长壮大，此为积极性的或成长性的正反馈，一个幼小的系统正是通过这种正反馈成长壮大的；另一则是消极性或破坏性正反馈，使系统日益趋向衰亡，衰老的事物正是通过这个过程走向灭亡的。维纳创造的经典控制论以负反馈为核心，其功能是研究如何实现系统的目标状态。而现代控制论则越来越重视正反馈系统，其功能是研究系统的发展变化。

英国科学家阿希贝 1956 年发表的《控制论导论》，对控制论思想的发展作出了突出的贡献。他从广义的"机器运动"出发，指出控制是对机器运动方式的选择，并且将信息定义为系统状态的变异度（相异状态的个数）；指出控制器的作用量，不会越过信息通道的容量（即信息传播速率），此称"必要变异度原理"。根据这一原理，要进行有效的控制，必然有畅通的信息通道，信道的容量必须超过控制的变异度（被控系统的可识别的相异状态的数目）。阿希贝的这部著作成为控制论的第二部经典性著作。

我国著名科学家钱学森 1954 年出版《工程控制论》一书，对自动控制理论进行了深刻、全面而系统的总结。经典控制论研究的基本上是单变量系统——只有一个输入和一个输出。20 世纪 60 年代以后，由于导弹、航天技术等实际需要，人们开始研究多输入和多输出的多变量系统，由此逐步发展出了新的控制论——现代控制理论。所有这些控制论对二战后科学技术和社会经济的发展，特别是对自动化与计算机工业的发展，发挥了巨大作用。

3. 整体性与系统论

系统论的思想源远流长，起源于关于整体和部分关系的旷日持久的论争。古希腊的亚里士多德就曾指出"整体大于部分的总和"。而在 20 世纪初期，生物研究中把生物整体性质归结为分子原子的物理化学运动的还原论思想取得了一系列成就，使不少人认为生物从本质上是由其组成部分的性质决定的。这种还原论思想受到了活力论者的反对。德国生物学家杜里舒做了海胆胚胎实验，发现从半个海胆胚胎中也可以长出正常的完整的海胆个体来，和完整的海胆胚胎长出的完全一样。这种现象是不能用还原论来解释的，因为按照力学、物理学与化学规律，半个海胆胚胎不能发育出另外半个海胆来。杜里舒提出存在着某种超理化过程的、体现海胆整体性目的的"活力因素"，主宰着海胆胚胎的发育过程，驱使半个或整个海胆胚胎都朝着某种既定的海胆胚胎发育。这种解释称为"新活力论"，它与还原论思潮展开了激烈论争。

一些有远见的生物学家感到各执一端的机械论与活力论最终都是没有

出路的。正确的理论应当是:整体的生命过程是由物理化学过程组成整体,从而产生出某种属于整体的特质。于是,生命是某种由部分构成的整体系统的运动,而物理过程和化学过程是其下属层次的过程。这种生物系统论的观点,由好几位生物学家所达到。美籍奥地利生物学家冯·贝特朗菲发表一系列论文,阐述生物系统原理。二战后,他发表的《关于一般系统论》标志着一般系统论的建立。其主要观念是:

(1) 整体性。系统由各个元素或子系统所构成,而系统整体具有其下属元素或子系统所不具有的性质。例如,人的生命活动具有其各个细胞、各个器官所不具有的性质。人只有一个完整的生命,生命不能分解。

(2) 动态性。系统只有在内部元素相互联系所形成的运动中才能生存,这是运动系统的性质。系统一旦停止运动,即使各个组成部分仍然存在,系统也不是原来的系统。例如,人一旦死亡,即使组成人的器官还存在,但人已经不是原来意义上的人。

(3) 开放系统观。1952 年,贝特朗菲进一步提出了"开放系统"的观念,引起了学术界广泛注意,由此才使一般系统论被人们广泛接受。开放系统指的是不断从外界环境摄取物质能量,同时又不断将自身产物输出给外部环境的系统。在这样的系统中,组成系统的物质材料处于不断的流动过程中,所以不能用特殊的物质材料来确定系统,构成该系统的实质性存在只是系统的功能和结构。例如,在人的一生中,组成身体的原子和分子不知更换了多少遍,然而此人还是此人,并不因组成材料的变化而变更。所以,确定此人存在性的实质性内容是此人身体内部的结构和功能,它们把流动着的物质按照此人特有的生命方式组织起来。于是,"结构与功能"范畴的地位取代了旧唯物主义的"物质与运动"范畴的地位,这个思想引起了一场为期十年的宣传和发展一般系统论的思想运动。

伴随着一般系统论理论的兴起,系统工程学也成长起来。按照日本工业标准 JIS 给出的定义"系统工程是为了更好地达到系统目标,而对系统的构成要素、组织结构、信息流程和控制机构进行分析与设计的技术"。它以系统观点为基础,把某项任务进行结构性和流程性分解,定量地分析每个子过程所需要的时间和资源,分析各个子过程之间的相互联系,包括串行关系(时间上前后相继的关系)和并行关系(时间上可以同时进行的关系),加以协调,描绘出该任务系统的过程流程图或信息流程图,建立数学模型,按照花费资源最少、时间最短的原则,进行任务结构的优化设计。线性规划方法、计划评审技术等是系统工程学的重要内容之一。系统工程学的一整套

73

理论与方法,使系统观念进入到复杂工程的设计和管理中,大大提高了工程效率和成功率,节约了资源,在军事工程和经济发展中发挥了巨大的作用。美国阿波罗登月计划是最成功的例子。该计划的实施牵涉到 2 万多个公司、120 所大学,动用 42 万人,共有 700 多万个部件的生产,耗资 300 亿美元。各个单位和各个过程之间必须密切配合,稍有组织不当,便会延误时机,造成巨大的浪费,甚至会导致失败。因此,工程指挥者运用计划评审技术,并且进行计算机模拟仿真,协调各个子过程和各部门之间的关系,使工程如期完成。在我国,1977 年开始推广系统工程的研究和运用,在电力系统规划、能源规划、区域经济规划、人口控制领域发挥了巨大的作用。

二、系统动力学和复杂性理论

"老三论"分析的是已经形成的系统的构成元素及其间的相互作用,从而是研究系统如何运行的理论。那么系统是如何生成的? 如何不断变化的? 于是出现了系统动力学,它研究的不再是已经生成的系统如何运行,而是研究系统的结构及其运行方式是如何生成的。这是最富有活力的崭新理论,也是正在成长的理论。可以相信,这一理论向各门自然科学与社会科学的广泛渗透,将会引起人类科学的全面变革。为了理解这种理论,我们从认识世界的方法论开始。

1. 构成论世界观与方法论的缺陷

西方科学之所以能够取得如此成功是因为它具有把复杂事物分解为简单事物的方法论和世界观。而这个方法有两种形式:一是"构成论"世界观和方法论,它在牛顿式的经典科学中处于主导地位;二是"生成论"世界观和方法论,它是当代科学思潮的新趋势。

牛顿时代的科学家能够取得伟大成功的秘诀之一,是成功地使用了"构成论的分析法",把整体分解为各个组成部分。例如,在物质结构方面的它得到了"原子论":世界由这些三维空间中的基本砖块(原子、基本粒子等)通过其间的相互作用所构成。在几何学上是欧几米德几何学,它将作为物质容器的空间理解为由"点、线、面、体"所组成的结构,而"点"是空间的最基本的单元,几何学就是研究这些几何形态的构成关系的学问。由此形成了机械论的构成论,世界被理解为三维空间各点上的原子相互作用和不断运动所构成的机器。这种简单的构成论世界观找到了认识世界的基本途径——解剖这个世界的机械运动结构。这样一来,无比复杂的世界就被简单化了,从而打开了认识世界的大门。西方科学在破除了中世纪宗教的神秘面纱之后,在这条道路上凯歌猛进,取得了巨大的成就。然而这种成就付出了巨大的哲学代价——它牺牲了世界事物的有机性与历史性。

构成论的根本缺陷是它的非历史性。构成论承认物体之间的相互作用,但是相互作用只是改变物质的运动速度等,而不改变物质本身,因此物质本身永远如此。这样一来,物质间的关系就只取决于现在的相互作用,而与事物的历史完全无关。正因如此,所以这些理论中所描述的运动都是完全可逆的。这一非历史积累性特征是构成论的典型特征。然而实际上,事物不但在相互作用中运动,而且在相互作用中不断改变自身,改变后的事物又参加相互作用,如此构成反馈过程。反馈过程不断进行,在事物身上留下了它的历史积累,因此系统的行为不仅由"当下"的相互作用所决定,而且由事物生成的"历史过程"所决定。

第二个缺陷是重"构成材料"而轻"生成方式"。构成论世界观注重构成世界的基本的"材料",努力寻找事物是由什么基本材料构成的,如寻找无机物质由哪些"粒子"和"场式物质",生命物质由什么样的细胞和分子所构成,几何结构中的"点、线、面、体"等;然后寻找物质之间乃至物质与时空之间的相互作用。这些当然是正确的,然而如果我们仅仅注意这些组成部分及其相互作用,忽视了世界基本的生成方式与组织方式,将会在寻求真理的道路上迷失方向。

第三个缺陷是由非历史性导致的机械决定论。这种构成论世界观只关注物质间当下相互作用,而忽视反馈式相互作用的历史积累,相互作用完全地必然地决定事物的下一步的状态,由此形成了完全决定论的运行轨道。著名的"拉普拉斯决定论"正是由这种"构成论"思想方法导致的结论。恩格斯曾经这样描述这种决定论:"这粒被风吹来的特定的蒲公英种子发了芽,而那一粒却没有;今天清晨 4 点钟一只跳蚤咬了我一口,而不是 3 点钟或 5 点钟,而且是咬在右肩上,而不是咬在左腿上,这一切都是由一连串不可更改的因果链条,由一种不可动摇的必然性引起的事实,而且产生太阳系的气团早就被安排得使这些事情只能这样发生,而不能以另外的方式发生。"[①]而从事物在反馈式相互作用的生成论角度来看,这种决定论是根本不可能的。这是因为即使事物每一步都遵循决定论,唯一地决定了下一时刻的状态,但是由于事物是通过反馈过程的不断积累而生成的,因此初始条件的微小差异将会产生出巨大的差异,这就是我们下面将要分析的"蝴蝶效应"。即使

———————————

　　① 《马克思恩格斯选集》第 4 卷,人民出版社,1995 年,第 324～325 页。

每一时刻的气象状况都严格地按照牛顿力学定律决定下一时刻的气象状况,气象在初始条件上某种细微的、不可觉察的差别,也会通过这无数次反馈过程而逐步被放大,产生出巨大的差别,以至决定论的过程通过反馈而产生了不确定的结果:"一只蝴蝶在巴西扇动翅膀会在得克萨斯引起龙卷风"。这就是"蝴蝶效应"。

上述缺陷导致了系统动力学的诞生,它就是研究系统是如何一步步地生成的。

2. 系统动力学:生成元与迭代方程

"构成论"方法把复合性事物分解为由简单事物及其相互作用所形成,而"生成论"方法则开拓了另一种寻求世界简单性的世界观与方法论:把复杂事物理解为由简单的生成元的历史积累所生成。到了 20 世纪后半叶,各个不同科学领域差不多同时发生了研究复杂性问题新型理论运动。数学领域出现了"分形理论",系统动力学理论出现了"混沌理论",物理学与化学领域出现了"耗散结构理论",气象学里出现了关于"蝴蝶效应"概念,等等。这些表面看来似乎各不相干的理论研究,却有着极其深刻的内在关联,它们指向了同一理论方向,这就是对复杂性问题的研究。

动力系统是指按时间发展的系统。[1] 系统动力学的主导方法是通过刻画系统演化过程的迭代方程(这是系统生成过程的深层结构)的不断迭代,而求解系统趋向的状态。这个掩藏在系统内部的迭代过程,正是系统的深层"生成元"。

作为按时间发展的系统,动力系统的普遍的形式是:系统在某一时刻按照某种方式生成下一时刻的状态,然后下一时刻在按照此种方式生成再下一时刻的状态。这种决定下一时刻系统状态的方程即"迭代方程"或"演化函数",它不断进行的反复迭代过程,实质上是现实世界的反馈过程在数学上的表达:即原因(输入)通过迭代函数表达的变换,产生出结果(输出),而结果(输出)又重新被"输入",经过迭代函数而产生出新的结果(输出),如此反复进行下去。因此,迭代方程中被反复迭代的"演化函数"实质上就是这个系统演化过程的"生成元"。系统状态于是成为这个"生成元"的反复作用而产生的结果。这种反复迭代的方程的一般形式就是:

$$x_{n+1} = f(x_n), \qquad n = 0, 1, 2, 3 \cdots$$

我们把这个通过反复迭代而生成的系统,称之为"迭代函数系统",英文简称

---

[1]　高普云:《非线性动力学:分叉、混沌与孤立子》,国防科技大学出版社,2005 年,第 2 页。

为 IFS（iterated function system）。而生成元则是掩藏在该系统内部的"深层过程"——该系统在时间上的"深层结构",它表明两个相继时刻的系统状态的关系结构。

如果迭代方程是线性方程,则系统是"线性系统";如果迭代方程是非线性方程,则系统是"非线性系统"。非线性系统具有一系列复杂性特征,是复杂性的来源。

3."吸引子"

如果系统在各种初始状态条件下,其生成元对系统的反复作用,去掉开始一段时间的暂时状态之后的所有状态,都趋向于相空间(描述系统所处状态的数学空间)中的某一有限区域,则该区域称为系统的"吸引子"(attractor),也就是事物所趋向的状态或状态范围。"吸引子"是不随时间而变化的几何体,它的意思是:在系统由生成元反复作用过程中,它不断地将系统状态吸引到自己的范围之内,因而其附近的轨道都要趋向于它。

在线性系统中,系统的迭代方程是线性函数,也就是说,系统在下一时刻的状态是现在状态的线性函数。这样一来,线性系统中两个初始状态的差就会被线性的迭代方程按照某一比率放大或缩小,这个比率即方程中变量的系数。如果这个系数大于1,那么差值将被线性地无限放大,这时不存在作为稳定的极限状态的吸引子。如果这个系数小于1,那么状态差值将被线性地缩小,于是系统状态将趋向于某一点,该点即"不动点吸引子"。如果这个系数等于1,那么状态的差值在反复迭代中将保持不变,系统状态轨迹将构成"极限环吸引子"。后两种吸引子我们称为"平庸吸引子"。

然而,真正具有巨大意义的是非线性系统。如果生成元(迭代函数)是非线性函数,那么所生成的系统即"非线性系统"。正因为迭代方程是非线性函数,所以其生成元(也即迭代方程)所产生的变化不是按照固定的比率不断放大或缩小,这就会产生出系统丰富多彩的变化,有特别丰富的意义,它们对应着不同的系统变化趋势。其中最有意义的是非线性系统的奇异吸引子,又称"混沌吸引子"。在这种系统中,系统的初始状态一旦被某种扰动而产生的"初值差异",被反复迭代后迅速分离而不断扩大,然而并不像线性迭代那样发散下去,而是扩大后又迅速回到某一区域,如此不断反复。系统状态被一区域所吸引,但是并非周期性运动,因为其状态永远不重复。系统之所以产生出"混沌吸引子",是由于以下两种力量的交替性占据主导地位。第一是阻尼或耗散因素的作用。它形成负反馈回路,使系统不断趋向于稳定值,使系统状态在相空间中的轨道在向前延伸过程中不断靠近,压缩到一

77

个小于相空间维数的集合中，从而形成"吸引子"。第二是系统中非线性相互作用的力量。它形成正反馈回路而使系统不稳定，从而使系统具有发散的趋势，它在相空间中的表现是：使轨道拉伸，微小的不确定性受到正反馈作用而被放大，而轨道的"折叠"又使相隔很远的轨道汇合得很近，由此形成了"奇异吸引子"。这时系统进入无周期的在一定范围内的随机运动，我们称为"混沌状态"，所以"奇异吸引子"又被称为"混沌吸引子"。[①]

混沌吸引子的著名例子是 20 世纪 60 年代数学家洛伦兹在研究长期天气预报时得到的理论。洛伦兹列出了大气系统的微分方程转变为迭代方程组，而形成了一个"迭代函数系统"，其中的生成元（迭代方程组）系统每一时刻 T_n 的状态由其前一时候 T_{n-1} 所决定。当其中的参数变化时，该生成元所产生的吸引子随之不断变化。而当参数值大于某一值时，在该"生成元"的反复作用下所产生的轨迹并不趋于某一固定状态点，而是产生一个"奇异吸引子"。首先，经一段时间后暂态过程消失，相轨道集中在一个有界的空间区域中，此区域由两片构成，每片包含一个奇点；其次，运动轨道在其中的一片由外向内绕到中心附近，然后将会跳到另一片外缘继续向内绕，如图 2-3 所示。但什么时间从一边向另一边过渡，则完全是随机的。随着迭代次数的增加，最后产生的无数轨迹所形成的图形，这是三维空间里的"一只有两个翅膀的蝴蝶"，如图 2-4 所示。

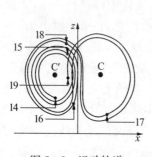

图 2-3　运动轨道

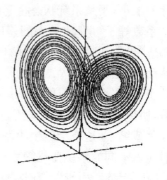

图 2-4　三维空间运动轨迹

在这个过程中，天气状态的相轨道决不会越出这个边界，在两翼上转来转去地环绕着，说明它不是发散的，所以形成吸引子；同时，轨线决不与自身相交，这表示系统的状态永不重复，从而又是非周期性的随机状态，所以构

① 赵松年：《非线性科学——它的内容、方法和意义》，科学出版社，1994 年，第 20～21 页。

成奇异吸引子。1987 年,美国圣克鲁斯(Santa Cruz)加州大学动力系统研究小组的 4 位教授在《科学美国人》上发表《混沌现象》一文,对混沌现象给出了通俗的刻画:"混沌现象是丝毫不带随机因素的固定规则产生的。"

奇异吸引子的最主要特征,是它对初值的敏感性,也即蝴蝶效应。在天气预报的迭代方程中,初始条件不可能是完全确定的,不论测量者如何精确地进行相关变量的测量,总存在着微小的扰动或误差。那么,这种扰动与误差会对今后的天气产生怎样的影响呢? 在短期内,由迭代方程所产生的其后状态变化并不大,因而短期天气预报是可能的。然而,长期天气预报必须由该迭代方程的巨大次数的迭代才能完成。于是在很小空间范围内的一点点气象涨落,经过反复的非线性迭代而千万倍地膨胀扩大,在巨大的空间范围中形成山雨欲来风满楼的景象。洛伦兹从他的蝴蝶状的相轨道中得到启发,形象地说明初值的微小差别将会导致巨大的结果:巴西亚马孙河丛林里一只蝴蝶扇动了几下翅膀,三个月后在美国得克萨斯州引起了一场龙卷风。"蝴蝶效应"由此得名。它的实质就是:非线性的生成元的反复起作用,会使微小的初值差异表现为系统状态显著的宏观差异。

如果说,随机过程从牛顿力学外部宣布了拉普拉斯决定论的终结,那么,混沌过程则通过牛顿力学内部而宣告拉普拉斯决定论的终结。事物本来处于随机运动状态,任何相互作用规律只能使事物运动减少随机性,而不可能消灭随机性,因此随机过程永远存在,拉普拉斯决定论必然是完全错误的。而混沌现象的出现,则说明即使事物完全遵守某种决定论规律(如牛顿力学规律),那么,由于事物的初始状态无法避免的微小的不确定性,会在用生成元——迭代方程表达的规律的重复作用下产生出越来越巨大的差异,事物的结果状态也就高度不确定而无法预言的。

三、新三论:系统的演化理论

上述系统动力学产生了系统的演化过程。20 世纪中叶,人类关于这个演化过程建立了三种主要理论:耗散结构理论、协同学理论和超循环理论,三者合起来称为"新三论",又称"自组织理论"——研究系统是怎样自我组织起来的。

为了说明这三种理论,我们先回顾 19 世纪发现的两大演化过程的矛盾:热力学第二定律所讲的使世界走向无序化的"熵增大过程",达尔文进化论所讲的世界不断从无序走向有序的进化过程。19 世纪末的麦克斯韦发现,这两大过程的本质差别在于热力学过程是随机运动过程,而进化过程恰恰是对随机过程进行选择而产生的过程。于是,他设想可以通过添加选择过程,使无序的平衡态自动趋向于有序的非平衡态,这就是著名的"麦克斯韦妖"假说:在一个已经达到平衡态的盒子中间,用一块木板隔成 A、B 部分,其上有一个只能允许一个分子通过的门。一个"麦克斯韦妖"守候在门旁,当它看见 A 中运动速度快的分子要穿过门达 B 时,关门不许通过,而慢分子则允许其通过;相反,当看见 B 中慢分子要穿过门而达 A 时,关门不许通过,而快分子则允许其通过。这样,A 中的快分子比例越来越大,而 B 中慢分子的比例越来越大,二者温度于是不平衡,分别成为热源与冷源,在二者间可以设置热机,平衡态的、不可转化的热能于是转化为机械能。

　　这是非常富有启发性的假说。自然界中,执行选择职能的"麦克斯韦妖"究竟是什么? 它们执行其职能时需要什么样的条件? 这成为 20 世纪科学家们探索的课题,一系列自组织理论便是这种探索的成果。所谓"自组织"即系统不是由外力的强制,而是系统自身组织成有序结构的过程。自组织理论便是关于这个过程的科学理论,其中最重要的是耗散结构理论、协同学理论和超循环理论。

　　1. 线性系统与耗散结构理论

　　耗散结构理论是比利时科学家普利高津提出的著名理论。1977 年,他以这一理论荣获诺贝尔奖,虽然这一理论还不能认为是自组织理论的成熟形态。

　　普利高津指出,当热力学系统处于平衡态附近时,会按照热力学第二定律,自发地趋向于平衡态。而当系统远离平衡态时,却并非如此简单地趋向于无序化,因为这时的系统是非线性系统,服从于关于"热力学力"与"热力学流"的非线性关系定律。

　　由于物质能量的不均匀分布,会产生的各种扩散力(温度扩散力、浓度扩散力等),物质间的化学亲和力等,这些力构成"热力学力"(以下简称"力")。这种"力"必然产生出相应的"热力学流"(以下简称"流"),如温度扩散力产生热量流,质量扩散力产生质量流等。热力学系统的动力学方程就是描述"力"与"流"之间关系的方程。假如系统中的各个"流"与相应的各个"力"成正比,而与其他"力"无关,那么,这个系统便是线性系统。这时系统中总的"流"等于甲"力"引起的"甲"流,乙"力"引起的乙"流",丙"力"引起的"丙"流等组成的总体。在平衡态附近的非平衡系统,可以认为是线性系统。然而远离平衡态系统却是另一番情景:这时一个"力"影响或产生其他的"力",而且"流"本身反过来会影响"力"。于是,各个"流"不是单独地由相应的某种"力"所决定,而是由所有力彼此相互作用——包括相互增强和相互减弱,从而整体地起作用,产生出系统内部的热力学流。这样的系统便是非线性系统。非线性系统有稳定态与非稳定态,于是非稳定态有发展为稳定的有序结构的可能,所以普利高津说,"非线性是有序之源"。

而要使可能转化为现实需要一定的条件。非线性系统中各种力和流的强烈的相互作用,往往会导致正反馈过程,它使事物间相互区别开来。例如,甲物增强乙物、丙物的衰减,而乙物、丙物反过来又增强甲物,此称积极性正反馈,它会导致某种弱小的事物(组织模式等),迅速生长壮大;或者甲物的衰减导致乙物、丙物的衰减,乙物、丙物反过来增强甲物的衰减,导致一些强大的事物不断衰减,如此等等。普利高津称其为"交叉催化",它产生出系统的新的稳定结构。

系统处于稳定状态时,总会出现某种围绕稳定状态的起伏,称为"涨落"。在内外环境未发生重大变化时,这些涨落都会被衰减掉,"稍纵即逝",系统会保持在原先的稳定状态。然而,当系统内外环境的变化处于某种临界点上,在非线性正反馈机制的复杂作用下,某些涨落会被迅速放大,成长扩张,生成宏观可见的巨涨落,形成系统的宏观有序结构。按照普利高津的说法,即系统"通过涨落达到有序"。至于哪种微小涨落会被反馈过程所选择,成长为系统的整体宏观有序结构,则不会完全确定,具有一定程度的偶然性。

这种有序结构是通过各种热力学流保持其稳定性的结构。为了构筑和保持这个稳定结构,系统必须保持相应的热力学流源源不断地流过自身。为此,系统必须从环境中吸收低熵的物质能量,通过系统自身结构进行有结构的耗散,转变为高熵的无序的物质能量,从而向外界吸收了负熵。在这个过程中,按照热力学第二定律,系统自身能量转换过程会产生熵增,如果系统吸收的负熵的绝对值大于或等于系统自身的熵增,那么系统的熵就会保持不变或者减少,系统就会趋向于或者保持自身的有序。所以,有序结构是能量的耗散结构。

耗散结构理论是科学史上第一个关于自组织的自然科学理论。以普利高津为首的布鲁塞尔学派力图用它来解释生态组织、生物组织甚至社会组织的形成和进化,取得了一系列成就。在现代,"熵"和"负熵"的概念被广泛地应用于各种领域,可以说是布鲁塞尔学派的功劳。

2. 哈肯的协同学理论

耗散结构理论虽有巨大成功,然而其不足之处也招来不少批评。德国当代物理学家哈肯指出：耗散结构理论只能证明有序化过程的可能性，然而并不能告诉人们系统将会出现什么样的有序结构。此外，在临界点附近，系统的熵变化很小，往往属于应当忽略的测量误差范围之内，但系统的结构功能却会有很大的改变，这是用"熵"或"负熵"概念解释不通的。因此，人们应当放弃比较粗糙的"熵"概念，建立新的概念和相应的自组织理论，哈肯认为，该理论是以"序参量"为基础的协同学理论。

一个系统可以由它的各种状态参量来刻画，比如化学系统用各种物质分子的浓度来刻画，液体力学系统用各处的速度、密度来刻画等；而系统的运动变化规律则可由各状态参量的微分方程来刻画。然而，系统在理论上应有的状态参量与状态方程太多，所以这种不分主次的描述使我们无法抓住系统发展的主要路线。我们应当根据这些状态参量之间的关系，消去某些状态参量。怎么消去呢？哈肯指出，在临界点上，状态参量分为两类：一类是衰减很快，因而寿命很短的"快变量"；另一类是不仅不衰减，而且在转变过程越来越重要的"慢变量"。我们可以通过变量之间的关系，用慢变量表示快变量。于是，慢变量成为类似于"自变量"的决定性因素，决定和支配着快变量，哈肯称此为"支配原理"。哈肯举例说，人的发音行为是快变量，而语言（如汉语、英语等）是慢变量，人的发音行为被语言所支配。将这种关系代入到微分方程中，从而消去大量的快变量，得到由慢变量描述的一组系统方程。这时，慢变量转化为"序参量"，因为它通过决定快变量而成为决定系统结构的参量；系统的状态方程则转变为"序参量方程"。通过求解序参量方程，我们可以得到由序参量决定的宏观有序结构。

上述抽象的数学操作是现实的系统演化过程的反映。它所反映的实际过程是：在临界点上，系统自发地产生出涨落，各种状态参量相互作用和朴素竞争，其中有的是寿命短的快变量，有的是长寿的慢变量。这些快变量逐渐被慢变量所支配，由慢变量所决定，它们的物质能量被慢变量所吸收、容纳而协同运动。于是，慢变量就逐渐成长为序参量，一个和几个序参量决定着系统的结构和功能。

3. 艾根的超循环理论

自组织是个包罗万象的复杂过程，各个科学家从不同的方面研究会得到这个过程的不同方面的规律。20 世纪 70 年代初，柏林大学生物学家艾根在对自组织过程的研究中发现，自组织的奥秘在于"超循环"，而"超循环"过程又是建立在循环过程基础上的复杂过程。由一层层循环过程的复合所组成的"超循环"过程，使简单物质构成日益复杂的事物，形成了丰富多彩的自组织现象。

循环过程中最重要的是反应循环。艾根首先指出，反应循环赖以进行的前提条件是"催化剂"。所谓"催化剂"是参加并促进反应而本身在反应前后不发生变化的东西。假如 E 是某过程的催化剂，那么其在催化过程中的作用是：E 先与反应物 A 相结合，形成中间产物 EA，然后 EA 逐步转化为 EP，最后 EP 分解为生成物 P 与催化剂 E。这个 E 又参加下一轮的催化作用。因此，催化剂实际上在把反应物 A 变成生成物 E 的过程中的媒介：它既是反应物又是生成物。通过它的催化作用，反应物源源不断地转化为生成物，而催化剂本身不断循环地被创造出来。生物体中的 DNA 自我复制过程就是一个循环过程：DNA 通过一些复杂的过程，与体内游离核酸类分子相结合，生成与其结构一致或正好相反的 RNA，然后再与生成物分离，于是不断把体内核酸类分子变成 RNA 或 DNA。DNA 生成蛋白质的过程也是反应循环：DNA 通过复杂的过程，生成与其结构相一致的蛋白质分子，然后自己再与生成的蛋白质分开，继续作为游离的催化剂。此类的循环过程在自然界和社会中俯拾皆是。

超循环系统遍布整个世界。首先，自然界充满着形形色色的超循环过程。例如，各个层次的生物系统便是最典型的超循环系统。如上所述，生物体内的各种生理过程，本来就是循环过程或超循环过程。而由各种生物系统组成的生态循环系统，则是由这些生物体内循环构成的超循环系统：食草动物吃植物，食肉动物吃食草动物或植物，而食肉动物又被其他食肉动物所吃，处于最终端的动物以及一切动植物最后都要死亡，其身体被分解为分子化合物，然后再被植物吸收，经过光合作用而进行新的循环。

社会系统中的超循环系统层次更高。人类的每个个体都是超循环系统，而由人类个体组成的各个行业是高级的超循环系统，由各个行业组成的全社会经济系统，则是更高级的超循环系统。美国哲学家 E. 拉兹罗在《进化——广义综合理论》（社会科学文献出版社，1988 年版）中，尝试把自然和社会作为一个整体系统，建立了一个包括整个地球生态圈和社会文化系统的超循环模型。正是通过超循环过程，整个世界被组织成一个有序的系统，超循环理论的确是我们世界的有用的思维模式，是 20 世纪系统科学的重要理论成果。

第三节 现代生命科学

关于世界如何从低级向高级发展起来的理论,还有与系统科学一起成长起来的生命科学。经典生物学是达尔文进化论和细胞学说为基础的宏观理论,现代生物学则以生命的信息过程——遗传密码与神经传导——为核心的理论。这两大领域的发现初步揭示了生命的奥秘,并且在技术上对遗传工程和计算机工程产生了巨大的影响,对社会发展的贡献不可估量。

一、遗传学与分子生物学

为什么生物能够代代繁衍,而不会像热力学系统那样,系统的熵不断增大而走向无序? 是因为有一种特殊机制,能够把无序的物质能量组织起来,形成有序的耗散结构。这种特殊机制就是遗传基因,后来人们发现这种遗传基因正是遗传物质所负载的遗传密码机制。

早在 19 世纪 60 年代,与达尔文同时代的奥地利的一位修道院院长 G. J. 孟德尔曾经做过豌豆的遗传实验,提出遗传基因概念,认为生物的单位性状由相应的遗传基因所决定,遗传基因本身不变。在遗传过程中,双亲的基因组合进行分裂,然后再汇集在一起,重新进行各种可能的排列组合,每一组合中,显性基因具有决定后代的性状的优先权。然而,他的观点虽然正确但生不逢时,出现在达尔文进化论作为生物学焦点的时代,没有引起同时代人的注意。直到 40 年后,美国青年 W. 斯图登于 1902 年指出孟德尔所说的基因组合分裂过程与细胞核中染色体的分裂相对应,这一假说才引起生物学家们的注意。

美国生物学家摩尔根在知道孟德尔学说后,认为该学说是个缺乏实验基础的预成论(事物由预定的因素和计划所决定)哲学思辨,决定要用实验来反驳。1908 年,他在哥伦比亚大学领导了一个实验小组,研究繁殖周期很短的果蝇的遗传。经过两年的实验,得到的结果却令他十分吃惊:孟德尔学说是正确的! 这个实验是:实验室培育的红眼果蝇后代中,有一只白眼雄果蝇。他使该果蝇与同代雌果蝇交配,生下的白果蝇全是雄性的。人们公认,性别是由染色体决定的,既然白色与雄性性别捆绑在一起,唯一合理的解释是:白色也是由染色体决定的。所以染色体是基因的载体,但对基因物质的具体结构,当时却一无所知。

1941 年,量子力学的创始人之一、物理学家薛定谔在《生命是什么?》一书中大胆预言：基因是由遗传密码构成的，生物体中一定含有一种非周期性晶体，其具有巨大数量的排列组合方式，构成遗传密码的稿本。而量子力学既能解释这种密码稿本的稳定性，又能解释它的偶然突变。这本书深深吸引了美国大学生沃森以及从物理学转向生物学的英国人克里克，他们从1951年11月到1953年4月合作了18个月，终于揭开了遗传物质之谜，证实了薛定谔天才预言的正确性。于1953年4月25日英国《自然》杂志公布了他们震惊世界的发现——DNA的发现。在他们之后，大批科学家投入到遗传物质的研究，现在得到的基本结论如下。

主管遗传的核酸物质分为两类：DNA（脱氧核糖核酸）与RNA（核糖核酸），它们都由数目约为400个～100万个核苷酸分子组成。而核苷酸分子由核糖、含氮碱基和磷酸组成。核糖分为脱氧核糖与核糖两种，它们决定上述两大类核酸。这两类核酸中的含氮碱基均有4种——DNA含有A（腺嘌呤）、G（鸟嘌呤）、C（胞嘧啶）、T（胸腺嘧啶）四种碱基，而RNA含有A、G、C、U（尿嘧啶）四种碱基。DNA是由两条很长的多核苷酸链相互盘卷而成，这两条链按照碱基配对法则（A与T，G与C相连）绕成螺旋体。而RNA是多核苷酸单链，只在部分区段按照配对原则形成螺旋，不能构成螺旋的部分形成环状突起。

DNA能够进行自我复制，其机理如下：在解旋酶的作用下，DNA的两条链分开。然后，各个单链以自己为模板，在DNA聚合酶的作用下，按照碱基配对法则从周围环境中吸收游离的核苷酸，形成新的双螺旋结构。这样一来，一条DNA就复制成了两条完全相同的DNA，各由一条新链和一条旧链所组成。如此不断进行下去，一条双螺旋DNA就可以大量繁殖，生成越来越多的双螺旋DNA，以供生物生长发育的需要。

那么，DNA是如何决定生物性状的呢？需要经过基因转录和翻译过程。

基因转录过程是以DNA的一条链为模板，在RNA聚合酶的作用下，按照碱基配对法则从周围环境中吸取游离的核苷酸生成mRNA，其核苷酸排列次序（也即碱基排列次序）完全由DNA所决定。于是双链的DNA的遗传信息就转录给了单链的mRNA，mRNA将细胞核中的DNA中各条基因的信息带到细胞质中。

转录后的基因翻译过程，也即mRNA在细胞质中将游离的氨基酸按照由DNA规定的顺序组织起来，合成蛋白质的过程。4种碱基的每三个相邻的排列，形成三联体的"密码子"（codon），对应于一种氨基酸。可能的三联

体种类有 4^3（64）个，而氨基酸的数目只有 20 个，它们之间如何对应呢？1961 年，美国科学家尼伦贝格证明了三个尿嘧啶排列对应于苯丙氨酸。到了 1963 年，20 种氨基酸所对应的三联体密码子全部被确定。再经过 6 年极其艰苦的研究，到了 1969 年，科学家们终于弄清了 64 种密码子的全部含义：同一氨基酸可以对应几个不同的密码子，而有些密码子则不与任何氨基酸相对应，它们构成"终止号"，以将 DNA 上不同的基因段区别开来。合成过程大致如下：每个游离的氨基酸自发地按照密码子对应规则，与三个相应的游离的核苷酸相配，这三个核苷酸构成 tRNA（即"输运 RNA"）。它按照碱基配对原则，与 mRNA 相联结，于是将游离的氨基酸按照 mRNA 规定的次序排列起来，合成蛋白质。于是，DNA 上的遗传密码便通过 mRNA 所合成的蛋白质表达出来。在这个合成过程中，DNA 是模板，而 mRNA 则是模板的"拓本"，也是在细胞质中合成蛋白质的生产线，而 tRNA 则是一个个运输装配工人，负责将游离的氨基酸运输到 mRNA 处，而且按照碱基配对原则装配在一定的密码子位置上。当然，这个过程是极其复杂的，还需要核糖体的参与——它使游离的 tRNA 和氨基酸固定下来。只有通过这一系列复杂过程，DNA 才能够得到表达。如果其中任何环节出现障碍，DNA 便表达不出来，而不可能出现相应的遗传性状。

综上所述，DNA 是遗传过程的中心，遗传信息可以通过 DNA 的自我复制由 DNA 传到 DNA，通过转录由 DNA 传到 RNA，再通过翻译传到蛋白质，而不能由蛋白质传到蛋白质，也不可能由蛋白质传到 RNA 或 DNA，这就是遗传学的"中心法则"。1970 年，美国的特明与巴尔第莫各自独立发现了逆转录酶，RNA 的遗传信息可以传到 DNA，丰富了中心法则的内容。

现代生物学研究表明蛋白质分为两类：一是结构性蛋白质，它们是构造生物结构的砖块，决定着生物结构；二是过程性蛋白质（如酶），它们决定生物体中进行的生物化学过程。

DNA 及其遗传机理的发现，使人类对生物学的研究从宏观个体与细胞的研究深入到分子层次，创立了分子生物学。而且在此基础上，使人类对生物的改造过程从通过环境来改造发展为分子层次对 DNA 进行基因重组，遗传工程由此诞生。这是人类科学史上划时代的伟大事件。

二、脑科学与神经科学

人的最重要的器官是大脑与神经系统。生命的本质在于大脑，一旦大脑死亡，人实质上已经死亡。因此，20 世纪生物学与医学研究除了在遗传信息上划时代的成就外,在脑科学上也取得了巨大的进展。这些进展大致可概括为三个方面:神经元的发现,反射理论,脑结构的揭示。

1. 神经元的发现

组成脑和神经的基本单位是什么? 在 19 世纪末与 20 世纪初,一直存在着两大对立观点:一派从整体主义哲学出发,认为精神是一个非物理性的、不可分解的整体活力,主张神经是复杂的整体网状结构,渗透于生物全身。另一派从还原论立场出发,把作为整体的生物现象还原为生物的组织部分(细胞等等)的物理化学运动,认为神经由一根根彼此不直接相连的细胞——神经元组成,神经活动过程是神经元的理化过程。直到 1934 年,西班牙解剖家卡哈尔用一种特殊的染色方法,使单个神经元在显微镜下清晰地显示出来,才判决了神经元说的胜利。到了 20 世纪 50 年代,人们用电子显微镜看到了缠结在一起的不同神经元末梢之间的“突触间隙”为 200 埃左右,神经元学说便更加牢固地确立了。

在还原论思想的鼓舞下,不仅成功地建立了神经元学说,而且还引起了把生物神经现象还原为电现象和化学现象的研究。这导致了神经电传导理论与化学递质的发现。

1902 年,主张神经元学说的德国人伯恩斯坦发现,神经纤维和肌肉纤维在常态下内部含负离子,外部含正离子,故而细胞膜内外有电位差。一旦兴奋,电位差消失,此即“去极化”现象,所以每根神经只有两个状态:抑制性的极化状态与兴奋性的去极化状态。后来这一事实被概括为“全或无定律”:刺激高于某一阀值时,不管高出多少,神经元都作出同样的兴奋反应,而低于该阀值时则不作任何反应。平常经验中强刺激引起强反应,弱刺激引起弱反应,仍是刺激强度的大小引起兴奋的神经元的数目不同所致。这一发现用于电子计算机中,表现为任何信息都由 0 和 1 两个二进制编码构成,每个标记信息的数码只有两个状态,分别标记 0 和 1。

1905 年,剑桥大学青年生理学家得奥特则发现了神经过程的化学递质。他发现,用电刺激交感神经所引起的肌肉收缩,也可以用肾上腺素引起,他由此提出神经是通过释放肾上腺素而作用于肌肉的。后来,人们发现:交感神经末梢释放的化学物质——去甲肾上腺素,会使心脏跳动变快;而副交感神经末梢释放的化学物质——乙酰胆碱,会使心脏跳动变慢。二战后,人们发现的化学传递物质达 30 多种,如可以专门抑制疼痛感的脑啡肽等。

2. 反射理论的成就

如果说,神经元学说是还原论哲学思想指导下的生物学理论成果,那么,神经系统的反射理论的建立,则可以在一定程度上是整体主义研究范式的结晶。早在 19 世纪 30 年代,英国生理学家霍尔曾把一些本能性的刺激反应活动,如手碰到火立即缩回称为"反射"。19 世纪末,伟大的英国生理学家谢林顿献身于对反射的研究,提出了传入神经与传出神经的反射路线,并提出了神经系统的"抑制"这一重要概念。而反射理论的真正成熟,则是俄国生理学家巴甫洛夫的贡献。

和谢林顿同时代的俄国生理学家谢切诺夫创立了以研究生物反射活动为主题的俄国生理学派,作为谢切诺夫学生的巴甫洛夫则取得了这个学派的最高成就。他通过狗在各种信号系统下对喂食的生理反射的实验,提出了著名的条件反射学说。所谓"反射"是指外界刺激因子传入生物神经系统后,会引起生物做出有意识或无意识的生理或心理行为,如各种腺体的分泌、生物体的运动乃至情绪的变化等。生物对外界刺激的反射分为两类:一类是与生俱来的非条件反射,如手碰到火立即缩回,吃食物时分泌唾液等。当我们让某一信号(如铃声或视觉符号等)反复与引起非条件反射的刺激相伴随时,就会建立该信号与生物的相应反射行为之间的联系,此称条件反射。能够引起条件反射的信号系统,又可分为两类:第一信号系统是感官刺激信号系统,如铃声等;第二信号系统是语言文字系统。第二信号系统为人类所特有,语言文字符号可以引起人的种种心理和生理的反射行为。巴甫洛夫认为,反射行为的物质机制是由于脑中相关部位之间联络路线的建立。非条件反射是生物在进化过程中形成的脑中特定的感应部分与特定的指挥运动的部分之间有固定的联络路线,而条件反射是由脑中信号感受部位与指挥动作的部位之间的建立的暂时联络路线所致。巴甫洛夫也因这一理论,获得了科学界的最高奖——诺贝尔奖,并且被广泛应用于动物训练、人的教育和培训活动中,具有极其重大的实践价值。

当然,生物反射行为尤其是人的反射行为,是极其复杂的,巴甫洛夫条件反射理论只是对其粗线条的研究。在巴甫洛夫之后,瑞士心理学家皮亚杰指出,人类行为的反射的路径不是简单的 S→R(刺激信号→反应行为),而是 S→T→R(刺激信号→大脑图式→反应行为)。人类在后天的操作动作,在头脑中形成种种大脑图式,例如关于物质实体性概念、守恒概念、左右概念等,这些大脑图式处理外界刺激信号,然后再发出某种反应。正因如此,同一刺激因子会因为人们的大脑图式的不同,而产生出不同的反应。皮亚杰的理论对哲学和教育学产生了巨大的影响,对教育工作实践具有重要的启发性意义。

3. 脑科学

脑是高级生物器官,特别是人的神经系统的中枢。所以,脑科学包括脑结构学与脑生理学,是神经系统科学中最重要的、最艰难的同时也是最激动人心的科学。19 世纪末,法国解剖学家弗卢伦斯提出脑分为三部分:司感觉和运动的大脑、司协调运动的小脑以及司生命活动的延髓。德国医生福斯特等人在 20 世纪 30 年代利用电刺激法研究人脑的功能定位,发现大脑皮层的体感区集中在中央后回,身体各部分的感觉由该区的不同部位所主管,于是可绘出大脑上的"体感变形矮人"。而运动区集中在大脑中央的前回,其中各部分管辖身体各部分的运动,构成"运动变形矮人"。所谓"变形"指的是大脑皮层各功能区的大小与它们所管辖的实际器官的大小不成比例,而和感觉与控制的精确度有关,于是大脑功能区所组成的"体感人"与"运动人"必然是实际人的形象的变形。

20 世纪 40 年代之后,美国人斯佩雷通过实验来研究两个大脑半球之间的关系。他切断猫和猴子的两个大脑半球,观察这些裂脑动物的异常行为。后来斯佩雷又与他人合作,对癫痫病人进行两个大脑半球的切割治疗,观察手术后病人的行为。通过这一系列实验,他们得到了许多有趣的结论。他们发现脑的两半球各自是一个独立的脑,都具有高级智慧,因而裂脑人同时受到两个独立的不协调的大脑支配。但是两半球又有不同的功能,当视像进入左半球时,则只能用手势来表达所见物体。这项发现使斯佩雷荣获1981 年诺贝尔生理学医学奖。在脑结构学取得这些进展的同时,脑电图也诞生和发展起来。电脑与脑科学的结合,一方面对计算机技术本身的进步具有巨大的启发作用,一方面也给脑科学研究提供了卓越的工具。最新的脑科学研究已经能够使白鼠头脑中的某些简单的意念(如想喝水)能够被电脑所感知,并且能够由电脑根据这个意念向机器人发出指令,使白鼠头脑中的这个意念得到实现(如由机器人给白鼠递上一杯水)。脑科学这方面的进展,将会深刻地影响人们的社会生活,也会给社会伦理道德观念(如关于隐私权的道德观念)带来巨大的冲击。

三、生态学的兴起

如果说生物学研究的理论聚焦点 17 世纪和 18 世纪在于横向的分类学,19 世纪在于纵向的进化论,那么 20 世纪的生物学基础理论则在三个层次上继续发展：一是微观层次分子生物学的发展；二是生物个体生理过程，特别是神经系统的生理过程的研究；三是关于生物的生存环境的生态学理论的兴起，这一方面是进化论等理论本身的必然发展，更是社会发展的迫切需要。

1. 生态系统

生态学研究对象是生态系统，生态系统是生物群落及其周围无机环境组成的整体系统。无机环境包括能量环境（阳光、温度、风等）和物质环境（空气、水和矿物质等），生物群落是生活在无机环境下的生物系统，完整的生物群落内部包括三大部分：生产者、消费者和分解者。生产者指能够进行光合作用，生产有机物质的绿色植物（包括一些光合细菌）。消费者指直接或间接地以植物为食物的动物，它们分为第一级消费者（兔、鼠、牛以及昆虫等动物）、第二级消费者（狐狸、食虫动物等）、第三级消费者（猛兽、猛禽、鲨鱼等大型肉食动物）。分解者指分解动植物和矿物质的细菌和真菌，也包括那些专门食用动物腐烂尸体的腐生动物。

生态系统是多种类型和多层次的复杂系统。生物圈是包括全人类在内的地球上最大的生态系统。在它的内部，根据人类参与程度，又可分为自然生态系统（如原始森林）和人工生态系统（如农田生态系统、城市生态系统等）。根据自然环境的差异，则可分为陆地生态系统和水域生态系统。陆地生态系统内部还可以进一步分为森林、草原、荒漠和冰原生态系统，水域生态系统内部则可分为海洋、湖泊、河流、沼泽生态系统。

2. 能量流动与生态循环

生态系统是时时刻刻都处于物质、能量和信息的流动中的系统，生物体是流动的主渠道。正是在流动中，生态系统内部的生物群落才能生存与发展。

从能量转化的角度来看，生物的食物链是把无机环境的能量转化为生物群落的能量的转换和流动过程。无机环境的能量主要是太阳能，它被植物的光合作用所吸收。植物贮藏的经过转化的太阳能被植食动物所获取，这些植食动物所获取的能量又被肉食动物所食取。如此沿着食物链，不断从基层向高层传递，一直传递到生态系统金字塔的顶端。生物的食物链是复杂的，因为杂食性生物同时处在好几个食物链上，而且处于不同的营养级。于是，由食物链相互交错，构成复杂的食物网。网上的各种生物彼此相互依存，相互制约，形成生态系统的平衡。

食物链上的每一个环节称为一个营养级，它们是能量暂时留存的位置。

能量从低一级营养级向高一级转化,其平均效率大约为 10%,这是美国生态学家林德曼提出的著名的"十分之一定律"。能量在生态系统中的流动,其中十分之一从低级能量向高级能量转化,其余部分则转化为低级形式的能量——热能。而那些被转化高级能量,随着生物体的死亡,经过分解者的分解,最后也以热能的形式散发。

从物质转化角度来看,生态系统是个物质循环系统。碳、氢、氧、氮、磷、硫是构成生物的最主要的元素,这些元素在生态系统中依靠下述几大循环过程,在生态系统中循环不已,维持地球生命的持续生存。

——水循环。水是生命最重要的物质,为一切生物化学过程提供场所,没有水当然就没有生命。海洋、湖泊、河流以及动植物身上的水分,不断被太阳能蒸发进入大气,形成云雨露雪,降落地面,汇集到河流湖泊中,渗透于土壤岩石中,被动植物所吸收,如此不断循环。这种循环是生物生存的最重要的条件。

——氧循环。氧化过程是生命能量的来源,所以生物离开氧气一刻也不能生存。空气中的氧气被动植物所吸收,转化成二氧化碳。植物在光合作用过程中,吸收二氧化碳,制造出氧气,由此形成氧的循环。

——碳循环。碳元素的循环有各种形式,上面所说的氧循环从碳的角度说则是碳循环。空气中的二氧化碳被植物所吸收,通过光合作用合成碳水化合物,作为自身能量的来源。这样生成的碳水化合物沿着食物链转化到动物身上,通过动植物的呼吸过程和发酵过程生产出的二氧化碳,或者在动植物死亡后,经过微生物分解产生的二氧化碳,都释放到空气中。空气中的二氧化碳被植物再度利用,又通过光合作用与水合成碳水化合物,这是碳循环的最简单的形式。

——氮循环。氮是构成蛋白质的重要元素。空气中氮的含量达 79%,然而除了少数具有固氮作用的生物外,大多数生物不能吸收利用分子形态的氮元素,只能利用以氨离子、亚硝酸根离子和硝酸根离子的形式才能被植物吸收。离子形态的氮元素的循环路径是:在生物体内,含氮化合物参与合成氨基酸和蛋白质;动植物死亡后,机体中的蛋白质被微生物分解成简单的氨基酸,进而被分解成氨、二氧化碳和水,返回到环境中去;然后再被植物所吸收,合成氨基酸和蛋白质,由此循环不已。

3. 生态平衡

生态平衡指的生态系统的平衡,包括生物的无机环境以及各种物种之间相互关系的相对稳定和平衡。生态平衡的基础是能量流动和物质循环过程的平衡。生物在其漫长的进化史中,已经逐步适应了它们生存的无机环境——包括温度、水源数量与质量、空气质量、矿物质等,并且通过能量流动过程和物质循环过程形成无机环境和物种结构的相对稳定。一旦能量流动过程和物质循环过程的某些环节发生显著改变,这种生态平衡便会受到破坏。

任何一个物种以及无机环境中任何一项事物,作为能量流动和物质循环中的一个环节,都有其"上游"和"下游"。"上游"是指以该环节为食物来源的那些生物物种,而"下游"则指处于该环节的物种食物源。例如,对水草来说,水是其"下游",而吃水草的动物则是它的"上游"。生态系统中某一物种的数量减少,会导致以其为食的上游物种发生食物危机,其数量也会相继减少,如此连锁反应下去,导致全部上游物种都相继减少。同时,那些作为该物种的食物的下游物种,则由于猎食者的减少而增多,导致对更下游的物种或者无机环境的猎食或消耗增多,由此而引起一系列的连锁反应。这些连锁反应必将打破原有的生态平衡,导致生态圈中许多生物的生存危机。这方面的常见例子,由于老虎等猛兽的减少导致食草动物数量激增,由此又导致植物数量锐减,最后又会导致食草动物大量饿死,发生严重的生态危机。所以,老虎等猛兽实际上起着保护地球植被,也间接起着保护食草动物的作用,因而应当加以保护。

相反,由于环境的某些变化,导致某些生物数量激增,会导致对其下游的物质能量的消耗增加,引起一系列连锁反应。例如,大量的生活用水流入河流湖泊,导致水的营养过剩,水草数量由此激增,导致对水中氧气的消耗量急剧增加,水中的动植物将大量因窒息而死。生态平衡受到破坏,由此引起无机环境的恶化,引发一系列生态危机。由此可见,人类不能随意破坏自然界亿万年来逐步形成的生态系统的各个环节,局部环节的破坏将会导致整个生态系统的失衡,导致人类自身生存环境的严重恶化,社会难以进行可持续发展。

当然,生态系统中某一环节的变化在引起上述破坏原有生态平衡的同时,也会引起生态系统自身修复、恢复平衡的负反馈趋势,这就是生态系统的自我调节能力。比如,某种物种的减少会导致另一物种的增加,该物种替代原有物种在生态链上的功能,从而使整个生态系统维持平衡。一般情况下,一个生态系统中如果物种成分越多,食物网越错综复杂,生态系统的自我调节能力就越强——因为这时能量流动和物质循环的渠道就越多,生态系统中某一环节出现问题而造成能量流与物质流的变化,就越能被其他渠道的代偿性变化所补充,维持生态系统的平衡。由此可见,生物的多样性不但使世界更加丰富多彩,而且能够大大增强生态系统的自我调节能力,使其在种种可能的灾害面前保持自身的稳定。如果我们不能保持生物的多样性与食物网的复杂性,那么,生态系统将会十分脆弱,在各种灾害与变化面前很容易崩溃。

生态理论要求人类社会的发展一定要与自然关系相协调,反对那种只顾人类自身物质利益,无止境地征服和掠夺自然的行为。唯有如此,才能实现人类自身的可持续发展。

第四节　现代天文学与地球科学

得益于卫星和射电望远镜等强大的天文观察仪器,20 世纪天文学成就极其巨大。

一、恒星类型与恒星演化

恒星是太空中最重要的天体,人类赖以生存的太阳便是宇宙中无数恒星中的一员。人类对恒星的研究是从现象到本质,从静态到动态逐步深入发展的。

1. 恒星类型与赫罗图

恒星有两大最显著的现象:第一,恒星的亮度。人们把恒星自身的亮度从高至低分为 10 个绝对星等。此外还有恒星的视亮度即相对星等,它取决于恒星的绝对星等以及恒星离地球的距离。第二,恒星光谱。人们发现,各个恒星都有自己的光谱,其中占主导地位的频率决定恒星的颜色,从蓝到红(频率由高而低)分成 O、B、A、F、C、M 六种类型。那么,恒星亮度与其光谱有什么关系呢? 20 世纪初,丹麦天文学家赫兹普伦认为,恒星光谱的频率与它的温度成正相关:恒星的颜色越蓝,温度越高,绝对星等也就越高。在赫氏工作的基础上,美国天文学家 H. N. 罗素对这个序列与恒星亮度(绝对星等)之间的关系进行了更加细致的研究。他发现,不同类型的恒星,其频率与亮度的关系是不同的。1914 年,他用一张图(图 2 - 5)来描述恒星的光谱类型与其温度的关系。他用纵坐标表示恒星的绝对星等(即恒星自身温度),而横坐标表示从蓝到红的光谱序列。罗素发现,绝大部分恒星分布在该图的对角线上,表示恒星的温度与光谱频率成正比。这一部分的恒星称为"主星序",它们符合赫兹普伦指出的规则。然而有些恒星则不符合这一规则:有的光谱频率很高,发射蓝光,然而亮度不高,此类恒星称为"白矮星";还有一类则相反,光谱频率低,发射红光,然而亮度很高,此称"巨星"。在巨星的上面,还有超巨星。人们后来称此图为"赫兹普伦-罗素图",简称"赫罗图"(H-R图)。

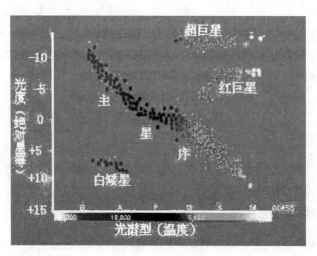

图 2-5 赫罗图

赫兹普伦企图用这个图来估算恒星离地球的距离,测量恒星的空间尺度。而罗素则认为,这张图上的不同类型的恒星不仅是我们观察到的恒星的类别,也是恒星的演化序列。正像人类社会中儿童、青年人、壮年人和老年人等几种类型的人群,是人的生命的各个不同的发展阶段一样。每一类型表示恒星一生演化史上的一个阶段,不同类型的恒星数目的比例应当等于恒星一生各个阶段的时间比。主序星在赫罗图上密度最高,为数最多,说明处于这一阶段的恒星数目最多,即这一阶段在恒星一生的历史上所占的时间最长。那么,恒星到底是如何演化的?为什么不同的演化阶段上的恒星属于不同的类型?要回答这个问题,必须首先弄清恒星上的物质能量过程,弄清恒星的巨大能量到底是从何而来的。

2. 恒星能量的来源与恒星演化

恒星巨大的热量从何而来?为什么恒星能够持续不断地向宇宙太空辐射它的光谱?这是多少世纪以来激荡着科学家们心灵的问题,许许多多富有想像力的科学家们提出了自己的大胆猜测。19世纪末,卓越的物理学家凯尔文爵士提出,万有引力引起的天体收缩是恒星能量的来源。而爱丁顿则从爱因斯坦的质能相当公式和卢瑟福对原子核进行的人工裂变实验中,看到了核能是恒星的巨大能量的来源——也就是说,恒星上时时刻刻在进行着原子弹爆炸,产生了巨大的热量,爆发巨大的辐射。核聚变现象的发现使科学家们相信恒星的能量主要来自核聚变——氢元素的各个同位素聚合为氦。天文学的发展证明了上述各种猜想都是正确的,它们是恒星演化史上的不同发展阶段能量的来源。

根据现在天文学家达到的共识,恒星演化的历史阶段及其相应的能量过程大致如下。

恒星是从极其稀薄的星际物质演化而来的,这些星际物质在万有引力作用下,凝聚、集中而不断收缩,逐渐发光发热,形成恒星星胚。当星胚核心温度高达 800 万度之后,便会发生氢核的聚变,于是热核反应取代万有引力成为恒星的主要能源,恒星进入主星序阶段。在这一阶段中,辐射形成的斥力与万有引力相平衡,使恒星的体积与亮度相对稳定。主星序阶段约占恒星一生全部寿命的 90%,所以在赫罗图上主星序的恒星数量所占比例也约为 90%。(我们的太阳现在便处于主星序阶段。)在这阶段的末期,恒星的核心部分的氢核燃料越来越少,一旦被耗尽,核聚变反应终止,核心部分无力抗衡引力,而发生引力坍缩过程。这时,在强大的万有引力作用下,外层氢元素因为引力收缩而急剧增温,发生核聚变,导致外壳大幅度膨胀,变为红巨星;而核心部分则由于收缩而再次升温,一旦温度达到 1 亿 4 千万度,则由过去氢核聚变产生的氦核进一步聚变为碳核,并使引力与辐射再度平衡。当恒星中心的氦核聚变再度停止,恒星再度发生引力坍塌,外壳再次膨胀,将大量的物质抛射出去,形成超新星(图 2 - 6)爆发,而其核心部分则形成高密天体。恒星因其质量不同,而形成三类不同的高密天体:白矮星、中子星和黑洞。对这三者的研究,构成现代天文学中最激动人心的篇章。

最早发现的白矮星是天狼星的伴星。它的表面温度极高,但因表面积极小,所以亮度很小,处于赫罗图中的下方位置。到了 20 世纪 20 年代,量子理论的发展,使人们认识到白矮星乃是巨大的引力与"泡利斥力"相平衡的结果。所谓"泡利斥力"指的是粒子不能被压缩在同一量子状态而产生的斥力。如果恒星的质量小于 5/4 个太阳质量,泡利斥力足以与引力相抗衡,形成相对稳定的白矮星。

如果已耗尽核能的恒星的质量在 5/4～2 个太阳质量之间,那么,泡利斥力无法抗衡巨大的引力,原子核外的电子将不断被压至原子核中,与质子相结合而形成中子。于是,整个恒星被压缩成一个由中子组成的巨大的"原子核",这就是"中子星",其密度与原子核的密度相当。

图 2-6 超新星

如果这个已耗尽核能的恒星质量超过两个太阳的质量，那么，将没有任何斥力能够与强大的万有引力相平衡，恒星将无限制地坍塌下去，密度越来越大，终于达到临界点，使其表面物质的逃逸速度超过光速——这就是说，假如其上发射一速度为光速的宇宙飞船，也无法离开该恒星的表面，而只能被它吸收到恒星内部。于是，一切物质，包括光子在内，都不可能从该天体上发射出去，而是被其所吸收——这就是"黑洞"。早在 19 世纪末，拉普拉斯就曾经根据牛顿力学预言过黑洞的存在，到了 1939 年，奥本海默等人则以爱因斯坦广义相对论为根据，预言了黑洞的可能性。1973 年，人们发现天鹅座 X-1 的伴星是一颗重量为太阳 11 倍的 X 射线源，许多人都认为它正是人们寻觅已久的黑洞。

黑洞可以转化为"白洞"。1974 年，英国著名天体物理学家霍金根据相对论、量子力学和热力学理论证明：在黑洞表面，由于量子涨落将产生出正反粒子对，其一被黑洞所吸收，另一则被"蒸发"。蒸发速率随着黑洞质量减少而越来越快，最后发生大爆炸，喷射出各种物质，形成"白洞"。这些被喷射的物质——包括超新星爆炸喷射的物质，重新形成星际物质，它们之间的引力作用将会导致新的恒星胚胎的出现，导致第二代恒星的出现。这第二代恒星保留了第一代恒星演化经过聚变过程产生的元素，将产生出原子核更大的高级元素。有证据表明,我们的太阳似乎正是第二代恒星,因为它含有许多高级元素。

二、测天学与现代宇宙学

在恒星演化过程之外,对天体间巨大距离的测量方法,一直是科学家们的兴趣所在,到了 20 世纪还是有增无减。传统的测量天体间距离的方法是三角法:以地球绕太阳运行的轨道为三角形的一边,以地球到被测天体为三角形的另一边,然后通过测量该天体的视方位在半年中的变化(半年中地球正好从轨道的一端运行到另一端),确定这个三角形的顶角,计算出该天体离地球的距离。然而这种方法只适用于离地球较近的天体,可以用地球轨道的长度作为这些天体离地球距离的单位。而对那些离地球极其遥远的星云,地球轨道相比之下几乎为零,在轨道对径的两端对该天体的视角差等于零,这一方法理所当然地失效了。到了 20 世纪初期,人类观察到的星云总数已逾 1 万,人们迫切地想要知道这些星云究竟是属于银河系之内的天体,还是在银河系之外。天文学发展需要新的测天方法,否则无法继续前进。新的测天法果然应运而生,它极大地开辟人类新视野,使天文学从恒星世界飞跃到宇宙世界。

图 2-7 星云

　　1912 年,美国女天文学家莱维特发现,在小麦哲仑星云中含有有许多造父变星——亮度周期性变化的恒星。她惊奇地发现:这些变星的亮度变化的周期越长,亮度的最大值就越大。将这一规则推广到其他离我们更远的星云上,新的测天方法便诞生了:只要我们测量出遥远星云中造父变星的周期,也就可以确定该变星的亮度——绝对星等,然后再与该星的视亮度(相对星等)相比较,便可以测出该星与我们的距离,也就能够估算出该星所在的星云离我们的距离。

　　1924 年,美国天文学家哈勃利用这个方法,计算了仙女座大星云等三座星云的距离,证明它们远在银河系之外,而且其大小与银河系大约同一数量级。这一发现结束了关于河外星云是否存在的旷日持久的争论,由像银河系这样的星系组成的星系世界成为确信无疑的事实。这是新方法带给人类的一大发现。

　　然而,有些星云离地球是如此遥远,以至现代最大的天文望远镜也不可能分辨出星系的内部成员,因而也找不到它里面的造父变星,根据造父变星周期来测天的方法于是失效。天文学又需要新的测天法。1929 年,哈勃进一步发现,在已用造父变星的方法测定了距离的星云上,元素的光谱有红移现象,而且红移量与其离我们的距离成正比。我们知道,如果一个天体远离我们而去,其所含元素发射的光谱,与地球上同一元素的光谱相比,会向红端移动(也即其频率相对变低),此谓"红移"。哈勃的发现说明所有这些星云都正在远离我们而去,并且其退行速度与其离我们的距离成正比:

　　　　星云的退行速度＝光速·红移量＝哈勃常数·距离

　　上述公式称"哈勃定律",用该定律可以测量离我们 1 亿光年之内星云的距离,因为距离＝光速·红移量/哈勃常数。

　　为什么所有星云都离我们而去? 唯一合理的解释是:我们的宇宙正在不断地膨胀,所有星云间的距离都在不断扩大,所以在宇宙中任一观察者看来,别的星云都在离他而去。这是一个惊人的发现,它意味着现代宇宙学的诞生:因为它给我们描绘了一个不断膨胀的动态宇宙图景。

　　早在 1917 年,爱因斯坦根据他自己的广义相对论,提出了一个"有限无界"的宇宙模型——一个镶嵌在四维时空上的"三维球面",正像二维球面一样,总的"面积"有限,但却无边界。同一年,荷兰天文学家德西特也由广义相对论得到一个宇宙模型——不断膨胀的、物质平均密度等于零的动态宇宙模型。12 年后,哈勃定律出现后,爱丁顿立即认为这是对宇宙膨胀模型的证实。1932 年,比利时天文学家勒梅特进而将宇宙膨胀论发展为宇宙大爆炸理论。他认为,整个宇宙物质最初聚集在一个"原始原子"中,一次猛烈的爆炸,使物质碎片向四面八方散开,形成了哈勃定律所描绘的不断膨胀的宇宙。16年后,物理学家伽莫夫试图将粒子物理引进宇宙学,用大爆炸学说来说明各种元素的起源。后来,随着基本粒子理论的发展,人们开始用大爆炸来解释各种基本粒子的起源,描绘了下述宇宙演化图景。

在距今至少150亿年以前,宇宙起源于一个原始火球,其中的物质处于无区别的高温高密状态。发生爆炸后,物质之间开始出现分化。到爆炸后百万分之一秒,生成质子、中子等强子,产生物质间的强相互作用;到了百分之一秒,产生出电子等轻子;到爆炸后1秒,产生大量光子;爆炸后3分钟,进入核心合成时代,这一时代结束时氦的质量约占25%～30%,氘占1%,其余大部分为氢。爆炸后40万年,进入原子时代,一直延续到今。宇宙刚进入原子时代之后,物质主要是氢氧星云,在引力作用下,逐渐凝聚成原始星云,逐渐形成各个星系和各个恒星。

既然宇宙由大爆炸所产生,那么,人们会根据经验常识想像争论当初大爆炸的发生地应当是今日宇宙的源头和中心。事实并非如此。宇宙当初并非从空空荡荡的作为"容器"的空间的某一点开始爆炸,不断向四周空间进行物质扩张。与此相反,整个宇宙空间作为物质的存在形式,是与物质一起在大爆炸中扩张形成的。因此,当初宇宙爆炸的出发点并非现在宇宙空间中的某一点,今天的整个宇宙空间都是当初"原始奇点"的扩张。所以,今天宇宙中没有任何一点是当初宇宙大爆炸的发生地,整个宇宙将永远处于大大膨胀了的"爆炸发生地"——"原始奇点"之中,而不可能达到它之外。所以,这个由大爆炸形成的宇宙没有中心,每一点都是平权的,即在广义相对论意义上是对称的。

宇宙大爆炸说的最有力的证据,除了哈勃定律之外,便是1964年由美国科学家彭齐亚斯和威尔逊发现的宇宙背景辐射。他们通过通讯卫星的接收系统,收到了一种无法消除的辐射干扰,其强度相当于绝对温度3.5°K的辐射源所射出。不仅如此,他们还发现该辐射干扰各向相同,而且不随气候而变化,因而不可能来自某一方向上的辐射源,一定是宇宙背景辐射(即宇宙空间处处存在的辐射)。1965年,他们与正在寻求宇宙大爆炸遗迹的天文学家迪克互访,确定宇宙背景辐射正是来自当初宇宙大爆炸的遗迹。1974年,霍金进而把宇宙大爆炸与黑洞爆炸相联系,使宇宙大爆炸说盛行不衰,在今天的宇宙学研究领域占据主导地位。

三、从大陆漂移到板块构造

地球在经历了天文演化阶段之后,便进入了它所特有的地质进化时期。19世纪占主导地位的地质理论是赖尔的渐变论,这个理论承认地球一直在不断改变着面貌,然而只是在原来的、固定不变的位置上运动。赖尔未曾想到整个大陆的移动,这种固定论在19世纪末期就遇到了危机。

19世纪后半叶,西方国家的大批科学考察队被派往世界各殖民地,以考察资源分布。他们发现,在被大西洋隔开的大陆上,生物和古生物化石有密切的亲缘关系。这种关系是如何形成的? 人们在赖尔的固定论基础上,提出了"陆桥说":在地质史上,两大陆之间曾经有过狭长的陆地形成"陆桥",生物沿此传播物种,造成了两个大陆间生物的亲缘关系。此说漏洞百出,牵强附会,而且人们根本找不到任何"陆桥"的踪迹。然而,当时信者甚众。因此,摆脱危机的唯一出路,是承认被大洋隔开的大陆原先曾连接在一起,后来漂移开来。

与"大陆固定说"相对立的"大陆漂移说"由来已久。早在17世纪初,弗兰西斯·培根就发现大西洋两岸的海岸线互相吻合,称这绝非偶然。18世纪的布来也曾推测大西洋是由大陆漂移而形成的。但是,这些只是零碎的见解,未引起人们的注意。在固定说遇到危机之后,德国地质学家魏格纳独立地提出这一假说,并将它发展为一门经过专门论证的系统学说。他于1912年发表《大陆的生成》一文,特别是于1915年出版了《海陆的起源》一书震动了世界地质学界,"大陆漂移说"于是正式诞生。

魏格纳从下列几方面论证了大陆的漂移:第一是南大西洋两岸海岸线的吻合,可以拼成一块整大陆。相传这是他1910年卧病在床,看着墙上的世界地图时发现的。第二是大西洋两岸的许多生物和古生物的亲缘关系,特别列举了蚯蚓、园庭蜗牛等迁徙极慢的动物在大西洋两岸的分布情况,指出它们不可能通过"陆桥"扩散开来。第三是地质方面的证据。魏格纳指出,大西洋两岸的岩石、地层与皱褶构造也是吻合的,而且年龄相同。第四是气候史上的证据。我们能在两极地区找到古热带沙漠的痕迹,而在热带森林中能够找到冰盖,说明大约3亿年之前,赤道曾出现过冰川,两极曾是炎热的沙漠。当然,我们可以设想地球自转轴的变动是产生此类现象的原因,但设想大陆的漂移导致它们古今位置不同更加合理。

魏格勒的大陆漂移说获得了许多支持者,但也遭到许多人的强烈反对。反对的主要理由是:什么力量能够推动大陆的漂移。他的回答是:海底十分平坦,以至大陆能够像滑冰一样在海底平面上滑行,这并不需要很大力量,地球自转时的离心惯性力和海洋的潮汐力就以推动。然而,事实与此恰恰相反:海底并不平坦,到处有陡峭的山崖和深邃的沟壑。特别是在魏格纳为了寻找大陆漂移的直接证据,在格陵兰荒凉的冰原上考察遇难之后(1930年),大陆漂移说渐渐衰落下来。有人甚至认为魏格纳搜集的全部资料都是虚构的,他的人格受到诽谤。

找出大陆漂移的动力机制,是该学说成立的关键。英国地学家霍姆斯和荷兰地学家万宁-迈尼兹于1928年提出"地幔对流说",用当时物理学的最新成就——原子能理论,给大陆漂移寻求动力源泉。该理论认为,岩石中普遍含有放射性物质,其释放的原子能几乎全部转变为热能而使地幔柔软可塑,同时,由于地幔各处的温度不均匀又使这种可塑的地幔物质发生缓慢的对流,这种对流牵动整个大陆缓慢地漂移。该学说在理论上是先进的,然而由于缺乏社会实践的支持,所以发表之后沉睡在文献档案中达30多年之久,无人问津。

理论的最终裁判者是社会实践。20世纪50年代中期开始,人类发现海底是地球上最大的连续矿体,蕴含着最丰富的矿藏,全世界激起了探索海底世界的热潮。1957年和1958年,被宣布为"国际地理物理年",科学界组织了对海底世界的大规模勘察,神秘的海底世界逐步清晰地展现在人类面前,"地幔对流说"重新获得人们重视。在此学说的基础上,一种新的学说——海底扩张说开始诞生,它给大陆漂移提供了强有力的动力机制。

美国科学家赫斯和迪茨分别于1961年与1962年,各自独立地建立了关于海底扩张的理论。他们在"地幔对流说"的基础上,根据大规模科学考察的结果,进一步确定了对流的具体路径。他们认为,各大洋的中洋脊地热流量大,此处地幔对流迫使岩浆沿着中洋脊地的裂缝上升,然后冷却为薄薄的海底地壳。这个过程持续不断进行,造成海底地壳的不断积累与扩张。而在中洋脊周围海底不断生长的同时,必然驱使与大陆相交接的老海底不断下沉和消失,这种力量推动着大陆缓慢移动,这就是大陆漂移的动力机制。大量的事实支持这个假说:第一,海洋与大陆交接处热流量小,普遍成"V"字形,而且没有比中生代更老的地层,由此可见海沟地层在不断下沉。特别是用无线电传播时间来精确测定距离的方法,已经使人们能够直接测定海底扩张和大陆漂移的速率,使得这两个学说已经成为科学界的不争之论。

大陆漂移说是地壳运动的运动学理论,而海底扩张说则是关于地壳运动的动力学理论。需要把二者统一起来,建立地壳总体的运动力学,这就是

20世纪60年代末,由法国的勒皮雄、美国的摩根和英国的麦肯齐等人建立的"板块构造模型"。他们概括了当时地学研究的成果,把地球分为欧亚、美洲、非洲、太平洋、澳洲、南极六大板块和若干小板块,它们是地球岩石圈构造的基本单元。板块之间的分界线是中洋脊、俯冲带和地缝合线,以及转换断层。地幔的对流使板块在中洋脊增生扩张,而在俯冲线和地缝合线下沉和消减,从而造成板块之间的相互作用与相互运动。板块的交界线是构造运动激烈的地方,地震和板块边缘的变形(造山运动和盆地的形成等)就发生在这些地区。这个模型不仅能够说明今日地球的地形特征,而且对地貌今后的走向做出预言。按照这一理论,在地球史上,非洲与美洲曾连接在一起,后来相互分离,形成大西洋。这个分离的趋势今天仍在继续,红海、东非裂谷和加利福尼亚海湾在不断扩张,太平洋则在不断缩小。几亿年后大陆将会在太平洋区域重新汇集,形成一个新的联合大陆。板块学说将地球上的大陆与海洋联合在一起作为研究对象,展示了整体性的、宏伟壮观的地壳历史运动模式,是地球科学史上划时代的革命。1968年以后的一系列地学发现,以及板块学说在地震学、矿产学、古气候学和古生物学等实践活动中所取得的巨大成功,证明了板块学说的正确性。

第三章　高技术概论

　　当今世界,高技术及其产业的发展越来越成为决定一个国家国际竞争力的关键因素。发达国家为保持其经济和科技的领先地位,把高技术发展作为其科技发展战略的长期目标;发展中国家为力争其经济和科技的崛起,也把抢占高技术制高点作为实现其跨越式发展的战略目标。高技术由此引起国际社会的普遍关注,20 世纪 80 年代中期,许多国家纷纷开始制定本国的高技术发展战略计划。

　　高技术的发展日新月异,一日千里。随着高技术产业化进程,高技术得到广泛应用,这不仅极大地提高了社会生产力的水平,而且正在改变人类的劳动方式、工作方式、生活方式、交往方式、管理方式、教育方式和思维方式等。经济的发展、文化的繁荣、政治的演变、社会的进步,无不广泛而深刻地受其影响。

第一节　高技术的含义与特征

一、高技术的含义

　　"高技术"的概念来源于美国。美国二战后在电子、核能、合成材料、航空航天等尖端技术领域处于世界前列,并形成新的产业,继而不断向其他发达国家扩散,从中获得高额利润,为自身经济发展注入了新的活力。美国后来的新经济、知识经济实际上得益于这类高技术发展。1971 年,美国科学院在《技术与国际贸易》一书中首先使用了"高技术"(high technology)一词,用以称呼这类尖端技术及其新兴技术产业。1981 年起,美国开始出版《高技术》月刊。1983 年,美国在《韦氏第三版新国际辞典补充 900 词》中,列入了"高技术"词条。

　　高技术是指处于当代科学技术发展前沿,能形成新兴产业、并能产生重大经济效益和综合社会作用、具有极大战略意义的新兴技术群体。高技术并不是一般的单纯技术概念,而是"科学—技术—生产"一体化的综合概念,是三位一体整体发展观的集中体现。集群化、产业化、经济效益、战略作用是高技术的重要特性。当然,高技术概念是动态、相对的概念,在不同时期、不同发展阶段、不同发展水平,其内涵和外延会产生变化。

由于科学与技术的关系日益密切,高技术的发展离不开自然科学的前沿基础理论研究成果,所以中国学界通常称之为"高科技"。高技术肯定是新技术,但新技术不都是高技术。很多新技术对中国现阶段经济发展仍然具有重要意义,因此也合称为"高新技术"。

高技术既是新的学科群、技术群,又是新的产业群。当前国际上公认的高技术领域主要是指信息技术、生物技术、新材料技术、新能源技术、空间技术、海洋技术。其中影响最大的是 20 世纪中叶兴起的信息技术和 21 世纪正在崛起的生物技术。这些技术相互渗透、相互促进,形成为复杂的高技术系统。

二、高技术的特征

高技术最重要的特性在其"高",高技术的"高"具有丰富的内涵。高技术同传统技术相比,主要具有以下特征:

高战略。高技术的发展通常体现出一个国家或地区的综合战略实力,对该国家或地区的综合发展具有高度的战略意义。所以,许多国家和地区都把发展高技术作为其重要的战略目标和任务。

高智力。高技术是智力密集型的技术领域和技术活动,包括高素质人才群体(高智能科技人员、高文化熟练工人、高水平领导人员);研究开发费用的高比例($5\% \sim 15\%$);产品成本中知识和技术投入的高比重。美国联邦劳动统计局制订的行业分类标准中,高技术企业是指研究开发费用和技术人员比例为制造业 2 倍以上的风险企业。

高创新。科学技术的灵魂即创新。高技术是在现代科学技术最新成就基础上形成的技术组合或技术突破,是持续创新的技术群体。高智力保证其高创新,高创新又是保障其高价值、高增值、高渗透、高效益的前提基础。

高渗透。高技术是现代技术的"高地",是重要的技术创新"源",其发展必定带动一系列技术领域及其产业的发展。如航天技术带动了材料、电子、冶金、化工、能源等技术及其产业的发展。高技术还能迅速广泛地渗透到传统产业,形成"复合技术",加速传统技术改造。如微电子、信息、激光、自动控制、计算机技术向机械产业及其产品渗透,形成"机电一体化",使机械产品升级换代。高技术还能促进低层次产业开发新产品。此外,高技术还对世界的经济、政治、军事、文化、教育、生活及其观念产生广泛深刻的影响。

高竞争。高技术是现代科学技术发展的制高点，是当前生产力发展的第一核心要素。因此，高技术竞争就成为各国综合国力竞争的主战场。综合国力的竞争说到底是生产力的竞争，生产力的竞争说到底是科学技术的竞争，科学技术的竞争说到底是高技术的竞争。

高投入。高技术需要高薪聘用高智力人才，其高创新又需要不断更新昂贵的先进仪器设备，将之转化为生产力更需要大量的资金保障。所以，高技术的研究开发、高技术成果的产业化、高技术产业的商品化和市场化等一系列过程和环节都需要很高的资金投入。

高风险。高技术处于科学技术前沿，研究开发难度大、不确定因素多、失败率很高。高技术企业是风险企业，据统计，美国高技术企业的成功率只有 $15\%\sim20\%$。高技术因其研究、开发、推广、应用的环节很多，除了技术风险，还有市场风险。有时候技术上成功了，经济上可能失败。高技术的高风险促进了风险投资公司的产生和发展。

高效益。高技术产品的智力、知识、技术密集度越高，其价值越高。高技术的高智力、高创新、高渗透，使之不仅具有高价值，而且具有高增值性，使高技术在同等资本投入下的产出率极高。高技术能大幅度提高劳动生产率、资源利用率，极大增进产品效能，创造很高的社会经济效益。这就是为什么这类高投入的风险产业仍然成为各国极力追逐目标的重要原因。

高技术最集中体现了科学技术是第一生产力，成为推动社会进步的重要革命力量。高技术的形成和发展，既是现代科学技术革命的重要成果，也是新技术革命的重要标志。

三、中国的高技术发展

邓小平同志在 1988 年指出："过去也好，今天也好，将来也好，中国必须发展自己的高科技，在世界高科技领域占有一席之地。""现在世界的发展，特别是高科技领域的发展一日千里，中国不能安于落后，必须一开始就参与这个领域的发展。"[①]

中国的高技术发展开始于 20 世纪 80 年代中期。从 1984 年开始，国家就决定建立高技术开发区。1984 年 6 月，国务院批准《新技术革命与我国对策研究的汇报提纲》，提出试办"技术经济密集区"。1985 年《中共中央关

---

① 《邓小平文选》第 3 卷，人民出版社，1993 年，第 279 页。

于科技体制改革的决定》提出在全国范围内选择若干智力密集地区，采取特殊政策，逐步形成具有不同特色的新技术开发区。1985 年 7 月，中国第一个高技术开发区——中国科学院与深圳市政府联合创建的深圳科技工业园诞生。此后，国务院先后批准建立了国家级高技术开发区共 52 个；1988 年 5 月批准成立北京高技术开发试验区；1991 年 3 月批准了 26 个；1992 年 11 月又批准了 25 个。

国家还先后推行了若干项重大高技术的计划，如"863 计划"、"火炬计划"、"973 计划"等。

1986 年 3 月 3 日，中国科学院四位学部委员联名向党中央提出跟踪国外战略性高技术发展的建议。3 月 5 日，邓小平同志做出重要批示："此事宜速作决断，不可拖延。"3 月 8 日，党中央、国务院迅速召集 200 多位专家研究制定《高技术研究与发展计划纲要》，后简称为"863 计划"。该计划是全国性的中长期战略发展计划，跨越三个五年计划。根据"有限目标，突出重点"的指导方针，当时选择生物技术、航天技术、信息技术、激光技术、自动化技术、新能源技术和新材料技术作为高技术发展的核心和重点。

"火炬计划"是在"863 计划"基础上，选择有条件的高技术成果并推进其产业化的计划。其宗旨为：高技术成果商品化、高技术商品产业化、高技术产业国际化。国务院 1988 年批准"火炬计划"，由国家科委（现科学技术部）组织实施。该计划以市场为导向，以高技术产品为龙头，以高技术成果为依托，以大中型企业、科研机构、高等学校为骨干力量，是促进中国高技术产业形成和发展的重要指导性计划。"火炬计划"有效推进了中国高技术开发区的发展，高技术创业服务中心也随之纷纷建立，又反哺了高技术及其产业化发展。

为了推进中国高技术基础研究进展，1986 年初，国家制定以基础研究为主的"国家自然科学基金制计划"。1997 年，又制定和实施了《国家重点基础研究发展规划》（简称"973 计划"），围绕国家战略目标，在对经济、社会发展有重大影响的重点领域，瞄准科学前沿和重大科学问题，开展重点基础研究。到 2010 年的主要任务，一是紧紧围绕国民经济、社会发展和科技自身发展的重大科学问题，开展多学科综合性研究，提供解决问题的理论依据和科学基础；二是建立一批能够体现中国科学发展水平和综合科技实力的重大科学工程；三是部署重要的、探索性强的相关前沿基础研究；四是培养和造就适应 21 世纪发展需要的高科学素质的优秀人才；五是重点建设一批高水平的科学研究基地，并形成若干跨学科的综合科学研究中心。

2000 年以来,中国科学院每年都在全国人大和全国政协会议召开前夕发布三个科学报告,其中之一即《高技术发展报告》。每 4 年为一个周期,每年重点围绕一两个高技术领域,及时反映相关的前沿动态、未来趋势、产业竞争力以及社会影响等方面的观点、意见和建议。从 2000 年至 2007 年,已经分别以"信息技术"、"生物技术"、"材料与能源技术"和"航空、航天与海洋技术"为主题出版了 8 本高技术报告,完成了两个周期。这些年度报告系统回顾了中国近几十年来高技术的发展历程,全面介绍了国内外高技术研究的前沿热点及其产业化前景,深入分析了高技术对人类社会的深远影响,并多视角探讨了中国高技术及其产业发展的战略思路和政策建议。该报告对两会代表和民众了解高技术发展状况及其产业化前景以及国家相关重大科技决策等都有重要影响,已引起全社会的广泛关注。

第二节 信息技术

信息技术是高技术的基础技术和先导技术,是支持现代社会运行的基本技术,对经济发展和社会进步具有极其重要的影响。

自然界有三大要素构成:物质、能量、信息。古代生产力发展的关键是物质材料形式的变化,所以有旧石器时代、新石器时代、青铜时代的说法;近代生产力发展的关键是能量形式的变化,所以有蒸汽机时代、电器时代、原子时代之分;现代生产力发展的关键是信息形式的变化,所以说今天已进入信息时代。

人类的劳动资源有两类:物质资源与信息资源。物质资源具有许多局限性,信息资源具有许多优越性。因此,人类文明进步的一个基本规律就是:物质资源的作用越来越小,信息资源的作用越来越大。人类生产劳动离不开体力和智力。体力是人类直接作用于物质实体的能力,智力是人类创造和应用信息资源的能力。但现在生产劳动的发展趋势是智能化和信息化,信息技术正是其根本保证。所以,信息技术是高技术的基础和灵魂。

信息技术是信息的获取、传递、存储、处理、显示、分配等技术的总称。现代计算机技术和现代通信技术是信息技术的两大支柱。

一、计算机技术

计算机是一种按照程序自动进行运算和处理信息的电子设备。计算机

107

通过预先编好并存储在内部的程序,对数字和信息进行自动、高速、精确的加工处理、存储传输,成为人类大脑的重要延伸。计算机的应用非常广泛,极大推动了社会发展与文明进步,对人类的生产、生活等各个领域都产生着极其广泛深刻的影响,改变了人类的生存状况。从某种意义上说,人类从自然生存到技术生存,计算机使人类进一步进入数字化生存时代。

计算机分为巨型机、大型机、中型机、小型机和微型机。这不仅是体积上的划分,更重要的是在组成结构、运算速度和存储容量上的划分。微型计算机是电子计算机技术发展到第四代的产物,由此引发了计算机领域的一场革命,大大扩展了其应用领域,成为人们日常生活和工作必不可少的信息处理工具。

1. 微电子技术

微电子技术是信息产业的核心技术和基础,计算机与通信设备的关键部件都是微电子器件。

微电子技术是使电子元器件、电子设备和电子系统微型化的电子技术。它是电子技术和现代科学技术综合发展的产物。当前,微电子技术不仅可以将一个电子系统"集成"在一个硅芯片上,完成信息加工与处理的功能,而且可以将各种物理的、化学的敏感器件和执行器"集成"在一起,完成信息获取、处理与执行的系统功能,形成微机系统。这是微电子技术的革命性变革。

传统的电子技术始于电子管的发明和应用。世界上第一只二极电子管于20世纪初问世,人类开始用电子管来放大和控制电子信息。20世纪50年代后半期,晶体管开始取代电子管,使电子技术发展到一个新阶段。但由于晶体管技术不断发展,晶体管电子设备的小型化、组装密集化已逐渐趋于极限。1958年第一块集成电路研制成功。人们借助于半导体晶体平面工艺的成就,将许多元件、器件同时放在一块基片上,然后在内部连线构成所要求的功能电路。集成电路的产生开创了电子技术的微型化道路。集成电路经历了元件数不断增加的过程,包括小规模集成电路、中规模集成电路、大规模集成电路、超大规模集成电路几个阶段。目前特大规模集成电路已经出现,使电子技术发展已进入微电子技术时代。

微电子技术具有十分广泛的用途。例如,机械与微电子技术的结合,使具有各种功能的机器人开始进入实际应用阶段。使用微机的数控机床运转速度比普通机床要快得多。电子计算机的发展是微电子技术最基本的应用。

2. 计算机的组成

电子计算机系统一般由硬件与软件两部分组成。硬件是计算机的机器设备，包括运算器、控制器、存储器、输入设备和输出设备五部分。软件是计算机的各种程序，通常分为系统软件与应用软件两类。系统软件为用户使用计算机提供基本条件，负责计算机资源的有效管理，其中最重要的是编译程序和操作系统两种软件。应用软件是特定应用领域的专用软件，是为用户解决某类问题而研制的特定程序，如科学计算程序、工资管理程序等。

计算机的功能来自于它的硬件与软件的相互依存，有人把两者的关系比喻为人的躯体与精神的关系，缺一不可。计算机的发展趋势表明，软件的作用将越来越大。

(1) 计算机的硬件系统

微型计算机虽然体积小，却具有许多复杂的功能和很高的性能，并且在系统组成上几乎与大型电子计算机系统没什么区别。硬件部分分为主机和外部设备：主机主要包括中央处理器(CPU)、主板和内存；除了主机以外的所有设备都属于外部设备。

中央处理器是微机的大脑，由运算器和控制器组成，负责各种信息的处理工作，也负责指挥整个系统的运行。CPU 的性能好坏从根本上决定了微机系统的性能。

主板是微机最基本的部件之一，是整个微机内部结构的基础。不管是内存、内存储器、显示卡，还是鼠标、键盘、声卡、网卡，都得靠主板来协调工作。

存储器在计算机中起着存储各种信息的作用，分为内存储器和外存储器两个部分，两者各有自己的特点。内存储器(内存)直接与 CPU 相联系，一切要执行的程序和数据一般都要先装入内存储器。内存储器由半导体大规模集成电路芯片组成，其特点是存取速度快，但容量有限，所存储的信息在断电以后自动消失，不能长期保存数据。

微机外部设备的作用是辅助主机的工作，为主机提供足够大的外部存储空间，提供用户与主机进行信息交换的各种手段。外部设备作为微机系统的重要组成部分，亦必不可少。微机最常见的外部设备包括外存储器、键盘、显示器、打印机等。

(2) 计算机的软件系统

软件是计算机系统的重要组成部分。相对于计算机硬件而言，软件是计算机的无形部分，但它的作用是很大的。所谓软件是指能指挥计算机工作的程序与程序运行时所需要的数据,以及与这些程序和数据有关的文字说明和图表资料。其中文字说明和图表资料又称为文档。微型机的软件系统可以分为系统软件和应用软件两大类。

系统软件是指管理、监控和维护计算机资源(包括硬件和软件)的软件。目前常见的系统软件有操作系统、各种语言处理程序、数据库管理系统以及各种工具软件等。

应用软件是指除了系统软件以外的所有软件,是用户利用计算机及其提供的系统软件为解决各种实际问题而编制的计算机程序。随着计算机进入各个领域,应用软件也多种多样。常见的应用软件有:各种用于科学计算的程序包,各种处理软件、计算机辅助设计、辅助制造、辅助教学等软件,各种图形软件等。

3. 计算机的工作原理

计算机的基本工作原理是由美籍匈牙利科学家冯·诺伊曼于1946年首先提出的,尽管计算机的设计和制造技术后来已有了很大发展,但其基本结构和工作原理仍然不变。现代计算机的基本工作原理可概括为三点:

(1)计算机的指令和数据均采用二进制表示。

(2)由指令组成的程序和要处理的数据一起存放在存储器中,机器按照程序中指令的逻辑顺序,把指令从存储器中读出来,逐条执行。

(3)由存储器、运算器、控制器、输入设备、输出设备五个基本部件组成计算机的硬件系统,在控制器的统一控制下,协调一致地完成内程序所描述的处理工作。

4. 计算机的应用

半个世纪以来,计算机的功能不断拓展,使其应用范围也不断扩大。早期的计算机主要用于取代人的计算能力。1976年,美国数学家阿佩尔和黑肯用计算机证明了数学上的四色原理,表明计算机可以模拟、取代人的逻辑思维。计算机不仅能证明已知的数学定律,还可以发现未知的数学定律。中国科学院院士吴文俊在这方面取得了举世瞩目的成就。计算机应用于《红楼梦》研究,意味着计算机有可能模拟、取代人的艺术思维。有的科学家认为将来计算机可以模拟、取代人的模糊思维、辩证思维。

(1)科学计算。科学计算是计算机的传统应用领域,也称数值计算。在科学研究和工程技术中有大量的复杂计算问题,利用计算机高速运算和大容量存储的能力,可进行复杂的、人力难以完成的或根本无法完成的各种数值计算。例如,有数百个变量的高阶线性方程组的求解,气象预报中卫星云图资料的分析计算,还有著名的圆周率计算等。19 世纪一位外国数学家把圆周率 π 的值计算到小数点后面 707 位,共花了 15 年的时间,而 1984 年,一个日本人用计算机将圆周率计算到 1 万位,只用了 24 小时。最近,日本东京大学的科学家已把圆周率计算到 42 亿位。科学计算是计算机成熟的应用领域,大量实用计算程序组成的软件包早已商品化,成为计算机应用软件的一部分。再如,生物工程中人工合成核糖核酸、蛋白质等,不是先通过实验方法得到的,而是利用计算机对其晶体结构进行大量数值计算后获得的,由此形成了生物信息学这一新学科。

(2) 数据处理。数据处理是计算机应用的主要领域。信息社会的一个重要特点是信息密集,有人曾用"知识爆炸"一词来形容知识更新的速度和信息量的庞大。在信息社会中需要对大量的以各种形式表示的信息资源(如数值、文字、声音、图像等)进行处理。计算机因其具备的种种特点,自然成为信息处理的有力工具。所谓数据处理是指用计算机对原始数据进行收集、存储、分类、加工、输出等处理过程。数据处理是现代管理的基础,广泛地用于情报检索、统计、事务管理、生产管理自动化、决策系统、办公自动化等方面,数据处理的应用已全面深入到当今社会生产和生活的各个领域。

(3) 过程控制。过程控制也称为实时控制,是指用计算机作为控制部件对单台设备或整个生产过程进行控制。其基本原理是,将实时采集的数据送入计算机内与控制模型进行比较,然后再由计算机反馈信息去调节及控制整个生产过程,使之按最优化方案进行。用计算机进行控制,可以大大提高生产线的自动化水平,达到减轻劳动强度、增强控制的准确性,降低成本、提高生产率的目的。因此,计算机在工业生产的各个行业及现代化战争的武器系统中都得到广泛应用。

(4) 计算机辅助系统。计算机辅助系统是指能够代替人完成某项工作的计算机应用系统,主要包括计算机辅助设计(CAD)、计算机辅助制造(CAM)和计算机辅助教学(CAI)。CAD 可以帮助设计人员进行工程或产品的设计工作,提高自动化程度、缩短设计周期,以达到最佳的设计效果。CAD 已被广泛地应用于机械、电子、建筑、航空、服装、化工等行业,成为计算机应用最活跃的领域之一。CAM 是指用计算机来管理、计划和控制加工设备的操作,可以提高产品质量,缩短生产周期,提高生产率,降低劳动强度,改善生产人员的工作条件。CAD 与 CAM 的结合产生了 CAD/CAM 一体化生产系统,进而形成计算机制造集成系统。CAI 改变了传统的教学模式,更新了传统的教学方法。多媒体课件的使用,为学生创造了全新

111

的学习环境;计算机作为自学和自我测试的工具,改善了教师的工作条件,提高了教学效率。CAI 与计算机管理教学(CMI)的结合,形成现代教育技术。

(5) 人工智能。人工智能是用计算机来模拟人的智能,代替人的部分脑力劳动。人工智能既是计算机当前的重要应用领域,也是今后计算机发展的主要方向。人工智能应用中所要研究和解决的问题难度很大,均是需要进行判断及推理的智能性问题。因此,人工智能是计算机在更高层次的应用。尽管在这个领域中技术上的困难很多(如知识的表示、知识的处理等),但仍取得了一些重要成果,人工智能有多方面的应用,主要有机器人、定理证明、模式识别、专家系统等。

现在人工智能技术正在试图与其他高技术结合,发挥其特殊的作用。比如,人工智能技术与空间技术的结合就是一个重要发展趋势,它可以部分解决空间复杂环境条件限制的问题。在空间站安装一台投影仪或电视机,就能在地面虚拟空间的实况,只要人在地面上有什么动作,上面就会有相应的动作,只是两者间有个微小的时间差。现在国内外都在注意发展这种技术。这种技术应用到地面情况复杂的环境条件下,也非常有价值。

(6) 虚拟现实技术。应用计算机可以建构一个能使人沉浸在其中,虚实结合、交互作用的多维信息环境的虚拟技术。以视觉和听觉数据库为基础,借助沉浸式可视化技术将某种现实环境在计算机上逼真地呈现出来。操作者可以“进入”所呈现的虚拟环境中,并可以通过特殊装置与其进行交互作用,从而获得十分真实的感觉。这种虚拟可以做到形似、质似和神似,形似是采用“几何建模”手段,使构造出来的图像在视觉上同真实物体外观上相似;质似是采用“物理建模”手段,使构造出来的图像在视觉上同真实物体质地相似;神似采用的是“特征建模”手段,不追求外部的形似,而是强调某些特征的相似。

5. 计算机的发展趋势

(1) 高速化

电子计算机发展速度之快,真可谓日新月异。1964 年美国的摩尔预言:集成电路上能被集成的晶体管的数目,将以每 18 个月翻一番的速度稳定增长。后来人们把摩尔的这一预言称为“摩尔定律”,它的意思是计算机的容量和性能平均每 18 个月翻一番。1946 年第一台计算机问世,此后半个世纪里,计算机已经历了五代,其功能、速度不断提高。第一代(1951—1958 年)是电子管计算机,每秒处理 2000 条指令;第二代(1958—1964 年)

是晶体管计算机,每秒处理 100 万条指令;第三代(1964—1978 年)是集成电路计算机,每秒处理 1000 万条指令;第四代(1978—1990 年)是大规模集成电路计算机,每秒处理 1~100 亿条指令;第五代是特大规模集成电路计算机,每秒处理 1000~10000 亿条指令。1996 年,美国能源部宣布已研制成一种高超级计算机,每秒运算 3 万亿次,它可以在一秒钟内完成一个使用便携式计算机的人 3 万年才能完成的工作。在 1997 年的"人机大战"中,国际象棋大师卡斯帕洛夫 1 秒钟可算 3 步棋,而"深蓝"计算机 1 秒钟可算 2 亿步棋。现在我国已研制出每秒钟运算 1000 亿次的计算机,美国正在研制每秒钟运算数百万亿次的计算机。

(2) 微型化

电子计算机正向"短、小、轻、薄"的方向发展,体积小、重量轻、消耗原料少、价格便宜,又便于应用,使个人电脑进入家庭。微型计算机可与彩电、音响连接,发挥多媒体的作用,也可通过电话线与国际互联网络连接,进行全球通讯。现代计算机的发展趋于两极化:大型化与微型化,主流是微型化。

(3) 网络化

计算机网络就是利用通信线路,按网络协议规定,把分布在不同地点的多个独立的计算机系统连接成一个统一的大系统。计算机网络可以提高计算机资源利用率实施分布处理。用户通过终端设备在任意地方、任意的计算机上运行程序,并在任意时刻交换信息、进行交互作用,充分发挥网络资源的作用,达到资源共享的目的。计算机网络也将使人类智力资源得到最大限度的发挥。计算机网络融合信息传输和信息处理两种功能。计算机网络从功能上可分为共享资源网、分布计算网、数据传输网等;从地域范围上可分为局域网和广域网。网络之间还可以连接成国际网即互联网。

(4) 智能化

电子计算机有两个显著特点:非凡的计算能力和模拟人的智能,即人工智能。人工智能是人的智能在机器中的再现,以取代人的脑力劳动。以计算机为基础的智能机器,能理解外部环境,提出概念,选择方法进行逻辑推理并作出决策,此外还可以具有自适应、自学习等功能。从 20 世纪 50 年代开始,人工智能作为一门学科正式形成,它是由计算机科学、控制论、数理逻辑和神经生理学、心理学、语言学、哲学相互渗透的产物。

二、通信技术

20 世纪 30 年代中期以前,无线电通信方面已完成了利用电磁波来传递电码、声音和图像的任务；继而里夫斯提出了脉冲数字编码调制数字通信方式；20 世纪 40 年代末，美国制造出了第一台实验用 PCM 多路通信设备，首次实现了数字通信。

通信系统一般由信源、发送设备、信道、接收设备和信宿五个部分组成。信源是产生信息的部分，它通常将各种形式的信息变换成原始电信号。发送设备将信源产生的信号变换为适合于在信道中传输的信号。常见的变换方式有各种信道编码，放大、正弦调制等。信道是传输信号的通道，是信号的传输媒介。信号在信道中传输时，不仅会衰减和失真，而且不可避免地会受到信道外部干扰和信道内部噪声的影响。接收设备的任务是将接收到来自于信道的信号准确地恢复成原基带信号，通常包含信道译码、解调、各种滤波、放大等功能。信宿的作用是将基带信号恢复成原始信号。

现代通信技术主要包括光通信技术、移动通信技术和卫星通信技术。

1. 光电子技术

光电子技术是电子技术和光学技术相结合而形成的技术。激光和光纤通信是光电子技术的主要组成部分。

（1）激光技术

普通光是自发辐射的光波，激光是受激辐射所产生的光波。普通光是由大量原子向各个方向无规则辐射的光波，其波长和相位都杂乱无章。激光虽然也是由大量原子、分子所发射的，但在时间上、空间上相位完全保持一致。激光的颜色最单纯，可大容量传递信息；方向性好，传递距离较远，传递信息易于保密；相干性好，相位在空间的分布与传播不随时间而变化，易于调制；亮度大，可达到太阳光亮度的 100 万倍以上。

激光器是能产生激光的一类振荡器，由激光物质、光学谐振腔和激励源三部分组成。激光工作物质是产生激光的物质基础，谐振腔是产生激光的条件，激励源是能量的提供者。

（2）光纤通信

光纤通信是利用光导纤维（简称光纤）传输信息的通信方式。光纤由石英玻璃制成，直径仅有几个微米，比头发丝还细。一般由两层组成，里面一层称内芯，外面一层称包层。为了保护光纤，包层外面往往还覆盖一层塑料。光纤的抗拉强度大，在实际使用时，通常把许多根光纤组合在一起并加以增强处理，制成像通常电线一样的光缆，现代光缆可达 1000～4000 根光纤。光缆使得光纤系统的通信容量大大增加。

光纤通信系统和一般有线通信系统的不同之处，在于增加了光端机，用

114

光纤取代了电线。发信端和收信端的光端机,起光电变换的转换作用。以电话通信为例,当人讲话时,电话机把人的话音变换成电信号,作用到发信光端机上,使发信光端机的激光器发光。激光的强弱随电信号的变化而变化。这种光信号射入到光纤中,经过光纤传到收信光端机。收信光端机再把光信号变换成电信号,由电话机将电信号还原成话音。

光纤通信有以下主要优点:

通信容量大。从理论上说,一根光纤可以同时传送 100 亿路电话、100 万路高质量的电视节目。光缆的通信总容量更大,由于技术原因,目前只能利用这些容量中很小一部分。

双向传输。光纤可以在同一条通路上进行双向传输,我们利用这个特性,可以通过交互信息系统与对方"对话"。

损耗低。在各种传输线中,光纤的损耗最低。线路的损耗越低,一定通信距离上需要设置的中继站就越少。对于越洋光缆,损耗低就具有更大的意义。

抗干扰。光纤传输的是频率极高的光波,一般不受外界干扰,便于保密。

此外,光缆有体积小、重量轻、施工方便的优点,还能节约大量有色金属。

光纤是数字通信网中理想的传输介质,它能传送转换成大量数字符号的声音或图像等,因此是建立综合业务数字网不可缺少的技术手段。今后,光缆将成为世界通信网的骨干。在通信干线领域,光纤是信息传输的"超高速公路"。世界范围内铺设的海底光缆正在把亚洲、欧洲、美洲和大洋洲连成一体,并与陆地光缆相接,形成全球性光纤通信网。美国的"信息高速公路"就是以铺设光缆作为信息流通的主干线。

2. 移动通信

移动通信是处于移动状态对象之间的通信。移动通信的门类多、范围广。根据服务对象的不同,移动通信可分为专用移动通信和公用移动通信两类。专用移动通信有交通指挥调度、军事指挥以及电力、油田、森林、水文、金融部门的联络指挥等。公用移动通信有移动电话、无线寻呼等。

公用移动通信系统一般是无线、有线结合的系统。例如,移动电话,移动通信区域可以划分为许多个小区,每个区有一个基地台,又有许多移动台,还有一个控制交换中心。每个基地台和移动台都安装有收发信机与天线等设备。控制交换中心进行信息交换和集中控制管理。用户通信时,手机通过基地台同控制交换中心连接,就能与别的小区内的手机通话;也可与市话局连接,同市话用户通话。

第一代移动通信系统出现于 20 世纪 70 年代中期,向用户提供语音业务。第二代移动通信系统产生于 80 年代中期,使用数字调制技术,采用数字信号,主要提供语音业务,还含少量短消息(数据)服务。第三代移动通信网络(3G)为适应综合化的信息业务而应运而生,其网络采用数字信号,并结合移动卫星系统,以不同的区域结构,形成覆盖全球的移动通信网络,用以提供全球语音业务及语音、图像、数据等多媒体业务,宽带无线接入的业务则主要是多媒体业务,少部分是语音业务。

第三代移动通信系统与前两代相比,在传输声音和数据的速度上有很大提升,能够在全球范围内更好地实现无缝漫游,并处理图像、音乐、视频流等多种媒体形式,提供包括网页浏览、电话会议、电子商务等多种信息服务,同时具有与第二代系统良好的兼容性。为了提供这种服务,无线网络必须能够支持不同的数据传输速度,以适应在室内、室外不同的环境中使用,其核心应用包括宽带上网、视频通话、无线搜索及手机电视、手机音乐、手机购物等。越来越多的消费者将进入个人多媒体世界,举手之间就可轻松获得丰富多彩的信息内容。

随着移动通信和互联网的数字化融合,以及 3G 技术走向成熟,整个世界将迅速走向移动信息化,进入新型的移动信息社会。3G 时代,所有信息将实现数字化,因特网尤其是无线因特网将作为信息媒体在全球每个角落广为分布,几乎每个人都可以访问它。随着移动通信与计算机结合程度不断加深,移动通信正朝着个人通信系统即全球移动通信系统的方向发展。

3. 卫星通信

卫星通信具有容量大、覆盖面广、通信质量高、选站灵活和成本低廉等特点。卫星通信的业务范围很广,除电话、数据和电视广播外,还应用于海陆空移动通信、GPS 定位导航和 VSAT(卫星小型地面站)等。1995 年 8 月 20 日,国际海事卫星组织研制成功的世界上第一个全球汽车电话系统投入使用,该系统的用户驾驶汽车可在任何地方实现全球通信。该系统主要用于紧急救援等特殊情况下的通信工作,但现已开设了普通电话服务、传真收发服务和数据传输服务等项目。该系统在用户汽车上安装天线系统,无论汽车的运行方向与速度如何变化,天线系统均能自动跟踪通信卫星,从而实现在汽车运行中的全球通信。

三、多媒体技术

多媒体技术是指能够同时采集、处理、编辑、存储和展示两个及其以上不同类型信息媒体的技术,这些信息媒体包括文字、声音、图形、图像、动画和活动影像等。多媒体可以归结为三种最基本的媒体:文、声、图。多媒体技术的特性主要包括信息载体的多样性、集成性、交互性,还有非线性、实时性、动态性等。多媒体技术的关键技术主要集中于数据压缩技术、大规模集成电路制造技术、大容量光盘存储技术、实时多任务操作系统四类。

信息载体的多样性是指表示媒体的多样性,在信息采集、传输、处理和显现的过程中,涉及到多种表示媒体的交互作用。多样性特性使计算机变得更加人性化。

集成性是计算机系统的一次飞跃,主要表现在两个方面。一方面是指信息媒体的集成,即将多种不同的媒体信息(如文字、图形、视频图像、动画和声音)有机地同步组合成为一个完整的多媒体信息,共同表达事物。尽管他们可能会是多通道的输入或输出,但综合形成为一体,即多通道统一获取,统一存储与组织。另一方面,集成性还表现在处理这些媒体信息的设备或工具的集成方面,即多媒体的各种设备集成在一起并成为一个整体。从硬件来说,应该有能够处理多媒体信息的高速并行的诸系统;从软件来说,应该有集成一体化的多媒体操作系统。集成性充分体现多媒体的系统特性。

交互性是多媒体技术的关键特征,它将更加有效地为用户提供使用信息的手段,也为多媒体技术的应用开辟了更加广泛的领域。交互性不仅增加用户对信息的理解,延长了信息的保留时间,而且交互活动本身也作为一种媒体加入了信息传递和转换的过程,从而使用户获得更多信息。另外,借助交互活动,用户可参与信息的组织过程,甚至可控制信息的传播过程,从而可使用户了解、学习自己感兴趣的东西。"交互"还具有多层含义。数据的检索与查询是初级的交互应用;通过交互特性介入到信息处理过程中(不仅仅是提取信息),属于中级交互应用水平;完全地进入到一个与信息环境一体化的虚拟信息空间自由漫游时,才是交互式应用的高级水平。

传统的计算机只能够处理单媒体的"文";电视能够传播文、声、图的集成信息,但它不能双向地、主动地处理信息,人们只能单向被动地接受信息,即没有所谓的交互性,所以不是多媒体系统;可视电话虽然有交互性,但我们只能听到声音,见到谈话人的形象,也不是多媒体。多媒体是计算机技术　117

和视频技术的结合,即电脑和电视的结合。多媒体之所以能够实现是依靠数字技术,它代表数字控制和数字媒体的汇合。电脑是数字控制系统,而数字媒体是当今音频和视频最先进的存储和传播形式。

早期的计算机由于计算速度、存储容量、输入输出速度等限制,只能处理数据。随着计算技术的不断发展,处理能力逐步扩大到文字、图形、表格、图像等静态的数据类型。当计算机的处理能力达到能处理语音、音乐、动画、影视视频等动态数据时,计算机便多媒体化了。1985 年,世界上第一个具有音响、视频、动画功能的多媒体系统问世,揭开了多媒体技术发展的序幕。

音频、视频压缩技术是多媒体技术的关键。声音信息、活动图像信息的信息密度比文字、静止图像大得多,若不进行压缩,计算机就难以存储、传输、处理和显示。原来的音像媒体是以模型信号进行存储和传播,多媒体则以数字形式进行传播。在数字域中实现交互性能,要比在模拟域中容易得多。因此声音、图像的数字化技术是多媒体技术的核心。20 世纪 80 年代后期,光盘等存储技术为多媒体数据的大容量存储奠定了技术基础。后来图像的压缩问题、视频信号数字化问题、操作系统的窗口软件问题等先后解决,多媒体技术便以更快的速度发展。

多媒体技术已在商业、教育培训、电视会议、声像演示等方面得到了充分应用。多媒体技术具有广泛的用途,例如电子通信、电子贸易、电子购物等,还可以在教育、科学研究、医疗卫生、图书出版、文档处理等领域有一系列新的应用。比如现行的教育一般都是集中化、同步化教育,即许多学生集中在一个教室里同时上课,这种传统教学方式有很多的缺陷,不利于学生的个性化培养。多媒体教育可以利用电缆、光缆、无线通信、卫星通信进行,变近程教育为远程教育,远距离实现"面对面"交互式教学,超越了空间的限制。多媒体教育还可以变集中式教育为分散式教育,变同步化教育为非同步化教育。学生可以自由选择学习时间,突破了时间的限制,学生甚至可以自由选择教师、教材、课程和教学计划;教师将从第一线退向第二线;学校也将网络化、虚拟化,学校存在于网络中,从有形学校变为无形学校。

四、信息高速公路

21 世纪是信息社会,信息技术和信息产业是新的生产力增长点之一,因此在信息技术中,全球信息高速公路成为信息社会的一项基本设施。它是以光缆为"路",集电脑、电视、录像、电话为一体的多媒体为载体,向大学、研究机构、企业及普通家庭等实时提供所需数据、图像、声音传输等多种服务的全国性高速信息网络。它是多门学科的综合,从技术角度讲,涉及了计算机科学技术、光纤通信技术、数字通信技术、个人通信技术、信号处理技术、光电子技术、半导体技术、大容量存储技术、网络技术、信息安全技术等信息技术。

信息高速公路是国家信息基础设施的通俗说法,是以交互方式传递信息数据、图像和声音的高信息流量电信网,是信息的高速通道。

信息高速公路来自于美国的高性能计算和通信计划。1993 年 9 月,时任美国副总统的戈尔宣布,美国将实施一项"永久改变美国人生活、工作和互相沟通方式"的基础设施计划,即信息高速公路计划。为此美国政府断然取消已经投入 6.4 亿美元的"超级超导对撞机"计划,同时大大削减"星球大战"的经费。

信息高速公路是一个巨大的交互的高速多媒体信息网络,或者说是由通信网、计算机、数据库以及各种日用电子产品组成的完备网络。信息高速公路由高速计算机网、宽带交互视像网、无线电移动通信网三大块组成。它可使计算机、电视机、电话机三机联网,形成一个大型公共信息系统。信息高速公路的优点是高速度、大容量。所谓高速度是指每秒传输率达到千兆以上。

通信网、信息源、终端设备和人是信息高速公路的四个要素。与此相对应,信息高速公路分为四个层次:传输层,负责信息传输;网络层,负责提取、存储与交换信息;终端层,负责为用户提供各种使用多媒体信息的手段;服务层,负责信息查询、电子函件、电视电话、会议电视等。

信息高速公路的发展具有广泛而深远的社会意义。例如,极大地提高劳动生产率,创造更多的就业机会;办公家庭化,缓解能源危机和交通压力;改革教育方式,应用多媒体系统进行交互式教学,充分利用智力资源;改变医疗模式,通过网络远程会诊、治疗,充分利用医疗资源;享用远程的实验设备,促进科研合作与交流;形成电子文化网络,发展交互式信息查询服务产业;提高政府办公效率,减少行政费用;开办电子银行,进行电子贸易等等。信息高速公路将实现多媒体信息通信的社会化、家庭化、个人化、国际化,将改变社会物质生产方式,加速产业结构变革,促进经济形态从物质型向信息型的转变,导致管理方式的变革,开创电子信息网络文化的新时代。

中国也在积极发展信息高速公路建设,提出了"中国人的高速信息网络行动计划",代号 CHINA,正好是 5 个译名的缩写。金字系列工程是建立我

119

国国家信息基础设施的重要组成部分。金字系列工程起初包括金桥工程、金关工程和金卡工程三部分，又称"三金工程"。金桥工程是国家公用信息网工程，这一网络由卫星网和光纤网组成，使这两个网络互相联通、互相补充。金桥网是综合业务数字网，可以进行数据、话务和图像的传输，以后将发展为宽带综合业务数字网。金关工程是国家对外经济贸易信息互联网工程。其任务是实现经济贸易、海关、税务、外汇管理、银行和统计部门计算机联网，将来与国际业务接轨，逐步实现无纸贸易。金卡工程是电子货币工程。这是以计算机通信为基础，以金融卡为介质，通过电子信息转账形式实现货币流通的系统工程。后来金字系列工程的内容又不断增加，如税务方面的金税工程、国家经济宏观决策方面的金宏工程、教育和科研方面的金智工程、工业方面的金企工程、农业方面的金农工程、统计工程方面的金信工程、医疗卫生方面的金卫工程等，这些都是专业信息系统工程。

第三节　生物技术

生物技术又称生物工程技术，是建立在分子生物学理论基础之上的新技术，是利用生物有机体或其组成部分发展新产品（新工艺）的技术。许多国家把它当作一种新兴的产业。由于生物技术不仅关系到农业、畜牧业、医疗事业和制药工业的变革，给人类带来巨大的经济与保健效益，而且还在许多方面涉及到对人体的技术操作和技术改造，所以人们十分关注它的发展和应用。

生物技术主要包括基因工程、转基因技术、克隆技术、干细胞技术、细胞工程、蛋白质工程、酶工程、微生物工程等。

一、基因工程

基因工程是指将某特定的基因通过载体或者其他手段送入受体细胞，使它们在受体细胞中增殖并表达的一种遗传学操作。基因工程又称重组DNA技术，其特点是对不同生物的DNA进行重组，从而达到定向改造生物的目的。这项技术是采用类似工程设计的方法，按照人的需要，在离体条件下对DNA片段进行切割、拼接和重新组合，然后再导入受体细胞进行繁殖，使重组基因在受体细胞内表达，产生出人们所期望的基因产物，或者创造出具有新的遗传特征的生物类型。基因工程技术可以分为以下四步：

1. DNA 片段的取得

基因工程的第一步是获取目的基因。切开 DNA 分子所需要的酶称为限制性内切酶,是 20 世纪 60 年代在细菌中发现的。限制性内切对细菌具有保护作用。某些入侵的噬菌体可因 DNA 链被限制酶切断而不能在细菌中繁殖,"限制"这一名词就是由此得来。它能把一个完整的 DNA 分子切成若干片段。每一种内切酶有自己的独特的作用位点,也就是说,它总是在特定的位点上把 DNA 切开。现在已经发现 200 多种限制性内切酶,它们的切点各不相同。在进行基因工程的操作时,用限制性内切酶把一条 DNA 长链切成许多片段,所需要的目的基因就在这些片段之中,因而这些片段的混合物就可以作为进一步进行基因工程操作的材料。

用超声波也可使 DNA 分子断裂,取得具有平整末端的 DNA 片段,用这种方法获得的也是各种片段的混合物。

2. DNA 片段和载体的连接——重组体 DNA

外源 DNA 很难直接透过细胞膜而进入受体细胞,即使进入受体细胞,也会受到细胞内的限制性酶的作用而分解。要让外源 DNA 导入细胞,需要适当的载体。细菌中的质粒或温和噬菌体都可以作为载体。

如果 DNA 片段是用限制性内切酶切割并且有黏性末端的,用同一种限制性内切酶处理的载体 DNA 也形成粘性末端,而且同 DNA 片段的黏性末端互补,再经过 DNA 连接酶的处理就可以把它们连接起来而成重组体 DNA。即载体 DNA 和引入的 DNA 相结合而成的 DNA。

3. 外源 DNA 片段引入受体细胞——基因克隆和基因文库

所获得的重组体 DNA 引入受体细胞如大肠杆菌中,这一外来基因就可能表达而产生所需要的产品。例如,胰岛素的产生就是由于重组体 DNA 在大肠杆菌中表达而实现的。接受了外源基因而且发生了性状改变的生物被统称为转基因生物。

用多种限制性内切酶或者机械的方法,将某种生物的细胞 DNA 切成不同的片段,并把所有片段分别随机地连接到用同样内切酶切过的基因载体上,然后分别转移到适当受体细胞如细菌中,通过细胞增殖而构成各个片段的克隆。如果所制备的克隆数目已经多到可把某种生物的全部基因都包含在内时,这一组克隆就成为该种生物的基因文库。有了基因文库,可随时从中提取所需要的基因,即目的基因,引入受体细胞使之表达。基因文库还是保存生物界各种有益基因,也就是保存宝贵的生物自然资源的理想方法。

4. 目的基因的表达

在基因工程中还有一个目的基因的表达的问题,就是说要使目的基因在受体细胞中能准确地转录和翻译。如果目的基因插入载体后,在其编码顺序的一端又能被受体细胞识别的启动基因顺序以及能与核糖体结合的顺序,则该基因就可以表达,从而使基因工程得以实现。

基因工程已经得到初步应用。例如,干扰素能抑制病毒的繁殖和肿瘤细胞的生长,又能调节机体免疫反应,对人体的健康有重要意义。过去常用人血中的白细胞来制取干扰素,但效率很低,3 万升的人血才能提取 100 毫克干扰素,其价格之昂贵可想而知。如果通过基因工程,每升大肠杆菌可培养几百万单位的干扰素。又如,人的生长依赖脑下丘体分泌的生长激素。以前通过羊的脑组织来提取生长激素,从 50 万只羊的脑组织中才能提取 5 毫克生长激素。如果采用基因工程,只要 100 克大肠杆菌便能完成这项任务。

"龙生龙,凤生凤,老鼠的儿子会打洞。"生物都是根据自己的遗传信息来繁殖后代,长期保持着种的稳定性。过去人们无法改变生物的遗传属性,所以只能是"种瓜得瓜,种豆得豆"。有了遗传工程的技术,可以利用酶,把甲种生物的某个 DNA 片段切下,安装到称为载体的 DNA 分子上,由载体带到乙种生物的细胞中去。这样,新产生出来的乙种生物细胞就具有了甲种生物的某种遗传信息,使乙种生物出现了甲种生物的某些功能。形象地说,可以"种瓜得豆,种豆得瓜"。

传统的杂交方法也可以使杂交品种具有某些新的性状。但基因工程同杂交方法相比,具有很多的优点:它可以超越物种之间的界限,从理论上讲,我们可以把任何不同生物的 DNA 组合在一起;而杂交方法都要受到很大的限制。由于基因工程是直接对基因进行操作,可以避免中间环节和各种外界干扰,使我们能更好地按照自己的设计定向改变生物的遗传性状,有计划地创造新的物种。

动植物的生长以及各种属性,都是由它们的基因决定的,过去我们对此无能为力。有了基因工程技术,就可以用技术的手段对动植物进行改造,使我们的需要得到更好地满足,于是大量的转基因食品开始进入市场。鲤鱼长得比较快,但味道一般;鲫鱼香嫩,但生长缓慢。我国科学家成功地将鲤鱼的生长激素基因植入鲫鱼体内,这种转基因鲫鱼既味道鲜美,又生长迅速。又如西红柿虽营养丰富,价廉物美,但熟西红柿容易腐烂,不易贮藏和运输。于是科学家就将一种能抑制西红柿体内成熟衰老的基因移植到西红柿的细胞内,培育出耐贮的转基因西红柿。但转基因食品引起了许多人的担忧,主要怕会损害人体健康。面对转基因技术可能带来的利和弊,许多国家政府已经制定了有关转基因技术的研究与应用的法规和管理准则。

人类不仅要把基因工程技术应用于动植物,而且迟早要应用到人体自身。人们已越来越认识到人体的健康与疾病有密切关系,甚至人们的生活习性也离不开基因的作用。

二、转基因与克隆技术

转基因动植物是基因工程的一项重要应用。一般基因工程都以细胞为受体,转基因动植物则是以动植物个体为受体的产物。1982 年,美国科学家采用基因工程技术,把从大鼠细胞分离出来的大鼠生长激素基因通过技术处理以后,注射到小鼠的受精卵内,并把注射后的受精卵植入另一雌性小鼠的输卵管使之妊娠。这只小鼠分娩出 21 只小鼠,其中有 7 只小鼠带有大鼠生长激素基因,6 只小鼠生长迅速,超过同窝小鼠的 1.8 倍,成为"巨型小鼠"。如果我们用基因工程培育出各种养殖业、种植业的高产品种,就会获得常规育种所无法比拟的增产幅度。

由于英国的维尔穆特为首的罗斯林研究所于 1997 年 2 月宣布他们成功地用无性繁殖技术培育出了一只名为"多利"的克隆羊,使基因工程、细胞工程受到了空前的社会关注。

绵羊是以受精卵胎生的方式进行繁殖的。在有性繁殖过程中,精子与卵子的结合是最重要的环节,而小绵羊"多利"不是通过受精卵产生的,所以这种生殖方式称无性繁殖。这是人类有史以来第一次通过体细胞(而不是生殖细胞)的细胞核的移植培育出的动物后代。

"多利"培育的大致过程如下。从一只白品种绵羊取出一个体细胞——乳腺细胞,在特殊条件下培养 6 天,使它的细胞核进入休眠期。再用微操纵技术除掉一个苏格兰黑面母绵羊卵细胞中的细胞核,并把白品种绵羊的细胞核植入这个无核的卵细胞中,实行细胞融合。然后将由此形成的新的胚胎移植到另一只绵羊体内,让它产下新的后代。新培育出来的"多利"呈白色,表明它的遗传性状是由白品种绵羊的体细胞核决定的。

"克隆"是英语单词 clone 的音译,也译为"无性繁殖系",指生物体通过体细胞进行的无性繁殖以及由无性繁殖形成的基因型完全相同的后代个体组成的种群。克隆动物是通过无性繁殖形成动物甚至高等哺乳动物的后代。克隆高等哺乳动物的成功,突破了哺乳动物有性繁殖的自然模式,开创了哺乳动物无性繁殖的技术模式或人工模式。它的实际应用也会带来巨大的经济效益与社会效益。例如，它是园艺业和畜牧业选育遗传性质稳定的优质果树和良种家畜的理想手段。我们制备出具有特别医药价值的转基因动物后，就可以通过克隆技术，把它的基因组原封不动地复制出来。

三、人类基因组计划

DNA 即脱氧核糖核酸贮存着人体的遗传信息。人与人之间的 DNA 序列，大约有 0.1％的差异，即每个人的 DNA 大约有 300 万个核苷酸的序列不同。所以人类的 DNA 序列既有统一性，又有多样性。人与人之间的 DNA 序列不可能完全相同，都有各自的"个性"，就像人们都有 10 个手指，但各人的指纹都不相同。

DNA 的总和是基因组，基因是 DNA 片段。基因是决定物种生命现象的基本因素。人类的基因组大约有 30 亿碱基对，分布在 23 对染色体上，其中含有大约 3 万～3.5 万个作为生命活动基本单位的编码基因。每个人体的所有细胞中的 DNA 分子基本相同。人体的各种性状与生老病死一定程度上皆由基因决定。

人类的所有疾病都同基因有关，在这个意义上可以说所有的疾病都是基因病。人们容易得某种病，不容易得某种病，都是由基因决定的。因此，过去的医学本质上是治标，唯有在基因层次上诊断和治疗疾病，才是治本。要认识疾病，就要认识致病基因，因此弄清人类的基因顺序，具有极其重要的意义。

1990 年前后，美国国会决定用 30 亿美元来测定人的基因序列和位置，其目的是认清人类的整个基因组，这就是举世闻名的人类基因组计划。我国科学家承担了其中 1％序列的测定工作。此项计划已在 2000 年基本完成。有人把这项计划和"曼哈顿"原子弹计划、"阿波罗"登月计划并称为人类的三项伟大计划。有人则认为人类基因组计划的意义更为重大，人类将进入基因世纪。诺贝尔奖获得者杜伯克说："人类的 DNA 序列是人类的真谛，这个世界上发生的一切事情，都与这一序列息息相关。"

基因组计划的工作主要有：基因定位，测定每个基因在基因组中的位置；基因作图，把每个基因都标在一张图上；基因克隆，把这些基因一个个取出，在试管内扩增放大进行研究。

弄清人类 DNA 序列，就可以最终解读人类的遗传密码，人类的基因组图，是人体的"第二张解剖图"。

基因有结构部分和调控部分。结构部分发生变化,相应的蛋白质也会变化。调控部分涉及基因是否在这个细胞中表达以及表达的程度。DNA信息转录为 RNA 信息,再转译为蛋白质信息,就是基因表达。弄清了人的基因序列,可以进行基因诊断,弄清什么基因出了问题,找出致病基因,了解它的结构与表达方式,可以预防疾病。比如有的人大肠容易长息肉,并有家族病史。导致这种疾病的基因现已查明,它在 5 号染色体的长臂上;结构也已认清,常常是少了 5 个核苷酸。这就可以早期诊断,尽早切除,以免癌变。

药物、心理治疗都是通过修饰基因的结构,调节、改变人体基因的表达,改变基因产物的功能来实现的,属于间接的基因治疗。真正意义的基因治疗是直接把需要的治疗基因送到人体的细胞中,达到治疗疾病的目的。治疗基因在人体细胞内复制、表达,并使复制的数目、表达的水平刚好达到治疗的要求。

还可以采用基因免疫方法,把一段免疫基因通过免疫载体送进人体细胞,产生免疫源。

虽然基因对疾病的发生有重要影响,但不能由此得出"基因宿命论"的结论。基因的表达也同外界因素(地理环境、生活方式、药物、心理等)有关。结构相同的基因,其最后效应未必相同,所以基因对疾病的作用是相对的。

人类基因组事关重大,涉及社会学、伦理学、心理学、哲学等许多问题。联合国大会于 1998 年 11 月 27 日批准的《人类基因组宣言》提出了人类的尊严与平等、科学家研究自由、人类和谐、国际合作等原则。《宣言》指出,人类只有一个基因组,无好坏之分,也没有"正常基因组"与"疾病基因组"的区别,反对基因歧视。任何有关基因组的研究,都必须以尊重个人的权利、自由与人格尊严为前提,保证"知情同意"。每个公民也应对人类基因研究作出贡献。全面认识人类基因组研究的利益与风险,使这项研究及其应用为人类造福。

四、细胞工程

细胞工程是按照人们的设计,应用细胞生物学的理论与方法,有目的地改变细胞遗传结构,培育出人们所需要的动植物品种或具有某些新性状的细胞群体的技术。细胞是生物体的最小组织单位,细胞工程是以细胞为单位,在细胞层次上操作的技术。

细胞工程主要包括细胞培养、细胞融合、细胞重组、遗传物质转移四个方面。

1. 细胞培养

细胞培养就是把细胞从生物体内取出,接种在特制的培养容器内,创造细胞生长所需要的各种条件,使细胞在培养容器内继续生长与增殖。细胞培养是细胞工程的一项基本技术。细胞在体外培养成功的关键是为细胞提供合理的营养和生长环境。

2. 细胞融合

细胞融合是在一定的条件下,将两个或多个不同种类的细胞融合为一个细胞的过程。我们通过生物学、化学或物理学方法,使两个不同种类的细胞融合在一起,从而产生出具有两个亲本遗传性状的杂种细胞。

3. 细胞重组

细胞重组是在体外条件下,从活细胞中分离出各种细胞的结构组成的"部件",再把它们在不同细胞之间重新装配组合,成为具有生物活性细胞的技术。按照人们的设计,这样的细胞就会具有人们所需要的新的属性与功能。

由于重组的"部件"不同,就会形成不同类型的细胞重组技术。

如果把一个细胞中的细胞核转移到另一个去核的细胞中,就称细胞核移植技术。在利用核移植进行动物的无性繁殖方面,科学家完成了重要的实验。他们把灰鼠的胚胎细胞核移植到除去精核和卵核的黑鼠的受精卵内,经过几天的体外培养形成胚胎后,再移植到白色雌鼠的子宫内发育,生出来的移植核小鼠仍是灰色的。这表明动物的性状是由细胞核决定的。由于核移植可以重复进行,所以我们可以增加无性繁殖后代的数量。目前,细胞核移植技术已在乳牛等家畜的繁殖上产生了经济效益。

如果把一个细胞中的某一个细胞器转移到另一个细胞中,就称细胞器移植技术。目前主要研究的是叶绿体移植和线粒体移植。

4. 遗传物质转移技术

遗传物质转移技术主要指在细胞水平上的基因转移,也可以看作是一种基因工程。前面所说的细胞水平上的转基因技术,都属于遗传物质的转移技术。

维尔穆特培育"多利"成功,人们就很自然地关注是否应当克隆人的问题,这引起了多方面的争论,目前已有一些国家用法律手段禁止克隆人的研究。

五、酶工程

酶是一种存在于生物体内具有催化功能的蛋白质。酶是生物催化剂,是最重要的生命物质之一。生物体内的新陈代谢、自我复制以及物质的合成、分解和转化都需要酶的催化作用。

同一般催化剂相比,酶有很多优点。酶的本质是蛋白质,具有蛋白质的一般性质。酶具有高度的专一性,不同的酶往往只对某一类的物质有催化作用,并生成一定的产物。在常态下酶就可以使化学反应高速进行,其效率通常比一般催化剂高 $10^7 \sim 10^{13}$ 倍。

酶工程是指利用酶的催化作用,将相应的原料转化成所需产品的工程技术。酶工程主要包括各种酶的开发和生产、酶的分离和提纯、酶或细胞的固化技术。

酶在生物体外有两种存在形式。一种是酶制剂,这是酶的提取物经干燥后所得到的产物。酶制剂一般是水溶性的,只有在水溶液中才会起催化作用,并且易受外界因素影响,性能不稳定,往往会很快失去活性,反应后又不能回收,其应用受到很大限制。

另一种是固定化生物催化剂,包括固定化酶和固定化细胞。这是用各种手段把酶固定在一定的物质载体上面,使其不溶于水但仍具有催化作用的酶。这种载体就称为固定化载体,它是酶或细胞进行固定化的支撑物质。固定化酶是被固定在特定载体上并能发挥催化作用的酶。固定化细胞就是把具有一定生理功能的生物体(如微生物、植物、动物组织或细胞与细胞器)用一定方法进行固定化的生物催化剂。同酶制剂相比,固定化的生物催化剂具有很多优点:具有较高的稳定性,可以反复使用,便于严格控制,便于生产的连续化、自动化。

目前,酶工程主要应用于食品工业、医药工业和一些轻工业部门。例如把胰岛素作固定化处理后,植入糖尿病患者体内,就可以达到治疗糖尿病的目的,而不需要定期给病人注射胰岛素。酶工程技术投资少、见效快、能耗低、不会对环境造成很大的污染,并将改变化学工业的生产方式。

六、微生物工程

微生物工程又称发酵工程,是利用微生物的特殊功能生产产品和把微生物直接应用于工业生产的技术。主要包括选育优良的菌种、微生物菌体的生产、微生物代谢产物的发酵生产、微生物对某些化学物质的改造、矿物资源的微生物浸提、微生物对有毒物质的分解等。

发酵过程是微生物的生长代谢的过程,是微生物在厌氧与好氧环境中繁殖和代谢的过程。

　　同传统发酵技艺相比,现代发酵工程具有很多优点。传统发酵利用的对象是微生物,其特点是利用微生物的已知性能,发酵的设备主要是发酵罐,手工操作,凭经验控制。其发酵水平与经济效益都比较低,环境污染比较严重。现代发酵工程的利用对象不仅有微生物,还有酶及动植物细胞,其特点是改造或开发微生物的各种新功能,应用各种生物反应器作为发酵设备。发酵过程的连续化、自动化,实行计算机优化程序控制,发酵水平与经济效益都比较高,环境污染则比较轻。

　　发酵工程一般分为四个阶段:发酵原料的预处理、发酵过程的准备、发酵过程和产品的分离与纯化。

　　菌种是发酵工程的根本。我国菌种资源丰富,但自然突发频率低,需通过人工诱变选育,才可能大幅度提高产量。传统的诱变方法是物理诱变和化学诱变,现在已开始在人工诱变中采用基因重组技术与细胞融合技术。

　　微生物菌体生产的用途十分广泛。例如,单细胞蛋白的生产主要用于工业化发酵法培养出蛋白质含量高的菌体,繁殖速度快,无需占用大面积耕地,不受季节影响。将鸡蛋的卵清蛋白基因转移到大肠杆菌和酵母菌中,所获得的产品实际上是无壳无蛋黄的鸡蛋。微生物菌体的生产将为人类开辟新的食品资源。基因工程、遗传工程都需要微生物菌体。

　　发酵工程还包括微生物代谢产物的生产技术。微生物在新陈代谢过程中,会有代谢产物的出现。在生物进化过程中,微生物一般处于平衡生长状态,代谢产物不会大量积累。在自然状态下,只有当条件改变时,才会造成某些产物的积累。我们可以用技术手段改变产生菌的基因型,也可改变它的外部环境,以获得我们所需要的大量的微生物代谢产物。例如可以用绿色植物所吸收的太阳能来生产酒精,人称"绿色能源"。美国政府鼓励使用石油与酒精的混合物——"汽油酒精",以此降低石油的消耗。日本设想与东南亚国家合作,用农产品生产燃料酒精,预计每年生产 1000 亿升燃料酒精,可以取代日本石油进口量的 1/3 以上。

　　微生物工程技术已开始应用于金属的冶炼。例如,采铀一般是从铀矿石中提取铀,有的铀矿矿脉深、品位低,不宜用这种方法。在这种情况下就可以应用细菌浸滤法,使含有细菌的水通过地下矿脉渗透到竖井中,用泵把溶有铀的水提升到地面上回收铀,这就是"地下溶解冶炼法"。用这种方法还可以从煤中提取含硫化合物,减少煤的含硫量,从而减轻煤燃烧对大气的污染。

七、蛋白质工程

所谓蛋白质工程,就是利用基因工程手段,包括基因的定点突变和基因表达对蛋白质进行改造,以期获得性质和功能更加完善的蛋白质分子。实际上蛋白质工程包括蛋白质的分离纯化,蛋白质结构和功能的分析、设计和预测,通过基因重组或其他手段改造甚至创造蛋白质。从广义上来说,蛋白质工程是通过物理、化学、生物和基因重组等技术改造蛋白质或设计合成具有特定功能的新蛋白质。

蛋白质工程是在基因重组技术、生物化学、分子生物学、分子遗传学等学科的基础之上,融合了蛋白质晶体学、蛋白质动力学、蛋白质化学和计算机辅助设计等多学科而发展起来的新兴研究领域。其内容主要有两个方面:根据需要合成具有特定氨基酸序列和空间结构的蛋白质;确定蛋白质化学组成、空间结构与生物功能之间的关系。在此基础之上,实现从氨基酸序列预测蛋白质的空间结构和生物功能,设计合成具有特定生物功能的全新的蛋白质,这也是蛋白质工程最根本的目标之一。

蛋白质工程的基本步骤包括:从预期的蛋白质功能出发设计预期的蛋白质结构→推测应有的氨基酸序列→找到相对应的核糖核酸序列→找到相对应的脱氧核糖核酸序列。

1. 蛋白质结构分析

蛋白质工程的核心内容之一就是收集大量的蛋白质分子结构的信息,以便建立结构与功能之间关系的数据库,为蛋白质结构与功能之间关系的理论研究奠定基础。晶体学的技术在确定蛋白质结构方面有了很大发展,但是最明显的不足是需要分离出足够量的纯蛋白质(几毫克~几十毫克),制备出单晶体,然后再进行繁杂的数据收集、计算和分析。

另外,蛋白质的晶体状态与自然状态也不尽相同,在分析的时候要考虑到这个问题。核磁共振技术可以分析液态下的肽链结构,这种方法绕过了结晶、X射线衍射成像分析等难点,直接分析自然状态下的蛋白质的结构。现代核磁共振技术已经从一维发展到三维,在计算机的辅助下,可以有效地分析并直接模拟出蛋白质的空间结构、蛋白质与辅基和底物结合的情况以及酶催化的动态机理。从某种意义上讲,核磁共振可以更有效地分析蛋白质的突变。国外有许多研究机构正在致力于研究蛋白质与核酸、酶抑制剂与蛋白质的结合情况,以开发具有高度专一性的药用蛋白质。

2. 结构、功能的设计和预测

根据对天然蛋白质结构与功能分析建立起来的数据库里的数据,可以预测一定氨基酸序列肽链空间结构和生物功能;反之也可以根据特定的生物功能,设计蛋白质的氨基酸序列和空间结构。通过基因重组等实验可以直接考察分析结构与功能之间的关系;也可以通过分子动力学、分子热力学等,根据能量最低、同一位置不能同时存在两个原子等基本原则分析计算蛋白质分子的立体结构和生物功能。虽然这方面的工作尚在起步阶段,但可预见将来能建立一套完整的理论来解释结构与功能之间的关系,用以设计、预测蛋白质的结构和功能。

3. 改造和合成

蛋白质的改造从简单的物理化学法到复杂的基因重组等有多种方法。物理化学法:对蛋白质进行变性、复性处理,修饰蛋白质侧链官能团,分割肽链,改变表面电荷分布促进蛋白质形成一定的立体构像等;生物化学法:使用蛋白酶选择性地分割蛋白质,利用转糖苷酶、酯酶、酰酶等去除或连接不同化学基团,利用转酰胺酶使蛋白质发生胶连等。以上方法只能对相同或相似的基团或化学键发生作用,缺乏特异性,不能针对特定的部位起作用。采用基因重组技术或人工合成 DNA,不但可以改造蛋白质而且可以实现合成全新的蛋白质。

蛋白质是由不同氨基酸按一定顺序通过肽键连接而成的肽构成的。氨基酸序列就是蛋白质的一级结构,它决定着蛋白质的空间结构和生物功能。而氨基酸序列是由合成蛋白质的基因的 DNA 序列决定的,改变 DNA 序列就可以改变蛋白质的氨基酸序列,实现蛋白质的可调控生物合成。在确定基因序列或氨基酸序列与蛋白质功能之间的关系之前,宜采用随机诱变,造成碱基对的缺失、插入或替代,这样就可以将研究目标限定在一定的区域内,从而大大减少基因分析的长度。一旦目标 DNA 明确以后,就可以运用定位突变等技术来进行研究。

4. 蛋白质工程进展与前景

当前,蛋白质工程是发展较好、较快的分子工程,可以提高蛋白质的稳定性,融合蛋白质,改变蛋白质活性。这是因为在进行蛋白质分子设计后,可以应用高效的基因工程来进行蛋白的合成。蛋白质工程汇集了当代分子生物学等学科的一些前沿领域的最新成就,它把核酸与蛋白质结合、蛋白质空间结构与生物功能结合起来研究。蛋白质工程将蛋白质与酶的研究推进到崭新的时代,为蛋白质和酶在工业、农业和医药方面的应用开拓了诱人的前景。蛋白质工程开创了按照人类意愿改造、创造符合人类需要的蛋白质的新时期。生物和材料科学家正积极探索将蛋白质工程应用于微电子方面。用蛋白质工程方法制成的电子元件，具有体积小、耗电少和效率高的特点，因此有极为广阔的发展前景。

八、干细胞技术

干细胞有着诱人的临床应用前景，因此干细胞技术的研究开发自然成为当今世界生物医药领域的一个热点研究方向。干细胞技术涉及许多方面，包括干细胞的鉴别、分离纯化、分裂增殖、诱导分化、培养扩增、规模制备、冷冻保存、解冻使用等；还包括干细胞培养液、干细胞生长因子、干细胞分离设备、干细胞再生医学生物材料、干细胞产品保存包装材料等相关技术。本书着重简述来自不同发育阶段和不同组织的干细胞的相关技术。

1. 胚胎干细胞技术

胚胎干细胞具有分化成人体全部类型细胞的能力，所以称为全能干细胞。胚胎干细胞研究可追溯到 20 世纪 80 年代初，那时就发现从小鼠受精卵分裂发育而成的囊胚的内层细胞团中可以分离出具有分化成多种细胞能力并且注入体内可以形成畸胎瘤的胚胎干细胞。随后，各国科学家利用相似技术陆续建立了猪、牛、兔、绵羊、仓鼠和灵长类动物胚胎干细胞系。1998年，美国威斯康星大学和霍布金斯大学在人类胚胎干细胞研究方面取得了突破性进展。他们分别从 1 周左右的体外受精获得的胚胎中和流产获得的 5～9 周胚胎中分离出胚胎干细胞，这些细胞可以进行长达数月或更长时间的增殖，同时还保持在适当的条件下被诱导分化为分属三种胚层组织来源的各种细胞的能力。这些开拓性研究工作为近十年来的胚胎干细胞研究的发展奠定了基础。

目前，世界上人类胚胎干细胞系已有数百株，各国科学家们正在共同努力，对这些细胞系进行系统性的比较鉴定研究，以期制定规范化的国际性胚胎干细胞标准。胚胎干细胞建系建库的目的主要用于研究人体发育的生理病理机制，当然，科学家也期待在不久的将来能在临床上应用胚胎干细胞治疗疾病。然而，由于胚胎干细胞具有成瘤性和分化难控性等安全性问题，胚胎干细胞应用于疾病的治疗这一良好愿望的实现尚需时日。

2. 诱导多能干细胞

2006 年，日本京都大学研究人员在世界著名学术杂志《细胞》上率先公布了诱导多能干细胞（IPS）的研究。他们把 4 种转录因子引入小鼠胚胎或皮肤纤维母细胞,发现可诱导其发生转化,产生的 IPS 细胞在形态、基因和蛋白表达、表观遗传修饰状态、细胞倍增能力、类胚体和畸形瘤生成能力、分化能力等都与胚胎干细胞极为相似。随后,他们进一步通过改进筛选技术得到了更接近于胚胎干细胞的多能干细胞,把这些细胞注入小鼠囊胚中再植入体内后可孕育出活的遗传混杂型仔鼠,甚至产出完全由 IPS 细胞发育而成的仔鼠。2007 年末,美国和日本的实验室几乎同时宣布,利用 IPS 技术同样可以诱导人类皮肤纤维母细胞成为几乎与胚胎干细胞完全一样的多能干细胞。这些研究成果在科学界和大众媒体中都引起了很大轰动,也因此被美国《科学》杂志列为 2007 年十大科技突破中的第二位。

2008 年,IPS 的研究热潮持续高涨,并取得了多项令人瞩目的进展。哈佛大学利用诱导细胞重新编程技术把采自 10 种不同遗传病患者病人的皮肤细胞转变为 IPS,这些细胞将会在建立疾病模型、药物筛选等方面发挥重要作用。美国科学家还发现,IPS 可在适当诱导条件下定向分化,如变成血细胞,再用于治疗疾病。哈佛大学另一家实验室则发现利用病毒将 3 种在细胞发育过程中起重要作用的转录因子引入小鼠胰腺外分泌细胞,可以直接使其转变成与外分泌细胞极为相似的细胞,并且可以分泌胰岛素、有效降低血糖。这表明利用诱导重新编程技术可以直接获得某一特定组织细胞,而不必先经过诱导多能干细胞这一步。

IPS 技术无疑是最近两年干细胞研究所取得的最为突出的成果,因此入选《科学》杂志 2008 年度十大科技突破,并名列榜首。与经典的胚胎干细胞技术和体细胞核移植技术不同,IPS 技术不使用胚胎细胞或卵细胞,因此没有伦理学的问题。利用 IPS 技术可以用病人自己的体细胞制备专用的干细胞,所以不会有免疫排斥的问题。然而,IPS 的研究还只是刚刚起步,有许多技术难题还有待解决。例如,现在的 IPS 技术主要采用病毒载体引入细胞因子,这些病毒随机插进基因组后存在着激活致癌基因或抑制抑癌基因的可能性,许多方法中还使用了 c - Myc 原癌基因,因此存在较大的致瘤风险,显然不可能应用于临床。当前和今后一段时间的研究将继续优化方法,如使用质粒载体、融合蛋白、小分子等替代病毒载体。另外,目前对 IPS 特性的认识也很肤浅,究竟它与未经任何遗传修饰的胚胎干细胞有多少异同,还需要通过大量深入细致的研究才能搞清楚。

3. 成体干细胞技术

成体干细胞位于人体组织器官之中。现在除了从骨髓和血液中分离组织干细胞,还从人的胎盘、脐带、肌肉、大脑、皮肤、脂肪、滑膜等多种组织中获取各种干细胞。组织干细胞是已经进入临床应用的干细胞。造血干细胞是造血组织的多能干细胞。造血干细胞移植目前已成为治愈恶性血液病最有效的方法,也是治疗某些免疫异常性疾病、遗传性疾病、代谢性疾病,尤其某些实体瘤和放射病的重要途径。造血干细胞技术的一个重要研究进展是造血干细胞在血管疾病中的应用。近年的研究发现,造血干细胞和血管干细胞的界限并不清晰,功能上有重叠,而且能相互转化。两者实质上是一群处于不同分化阶段的干细胞。中国医学科学血液学研究所的课题组在国际上首次开展外周血干细胞移植治疗重度下肢缺血包括动脉硬化性闭塞症、糖尿病等,取得显著疗效,使许多患者避免了截肢。目前,利用造血干细胞治疗缺血性血管疾病已经在临床上广泛开展,不但用于治疗下肢缺血,而且开始用于心脑血管病的治疗,其研究正在不断深入。

间充质干细胞是一种特殊类型的组织干细胞,具有多向分化和免疫调控功能。间充质干细胞已经在临床上广为使用,使用数量仅次于造血干细胞,但治疗范围大于造血干细胞。目前已产生的技术可以大量扩增、规模化制备间充质干细胞制剂,使细胞产品走出个体化治疗的框架,使得真正具备药物的通用性、批量生产等属性成为可能。干细胞技术的迅猛发展,给人类健康带来了巨大的福音,但干细胞技术普遍用于临床仍有很长的路要走。

第四节　新材料技术

经济活动中的物质资源主要是材料和燃料。材料是具备有用性能,可用来制造物质产品的物质。物质作为社会生产和生活的基础,主要是通过材料来体现的。所以,材料是人类社会赖以生存和发展的物质基础。材料、能源、信息是现代文明的三大支柱。

人类在一定历史条件下主要应用什么材料来从事物质生产,通常成为那个时代物质文明进步程度的主要标志,如石器时代、青铜器时代、铁器时代等。材料的开发和利用的历史,一定程度上可以体现人类文明发展的状况。

材料的品种繁多,约有几十万种。人们可以从不同角度对材料进行分类。

比如,根据材料来源可分为天然材料与人工材料两类。天然材料是没有经过人加工的自然物质;人工材料是经过人的一定加工以后的材料。地球上的物质资源有限,我们应当使有限物质资源的价值最大程度地得以实

133

现,实行集约化利用,变一次应用为多次应用、反复应用。为此,人们常对天然材料进行一定程度的加工,使其功能尽可能充分发挥。人类对材料的应用过程,就是从天然材料为主转向人工材料为主的过程。

此外,根据材料的用途,可分为功能材料与结构材料两类。功能材料是我们利用其物理、化学性能来制造各种物质产品的材料;结构材料是我们利用其力学性能来制造构件的材料。根据材料的物理特性,可分为磁性材料、光学材料、绝缘材料、超导材料、高强度材料、耐温材料等。根据材料的微观结构和化学组成,可分为金属材料、无机非金属材料、有机高分子材料、新兴复合材料等。

新材料是指具有传统材料所不具备的优异性能和特殊功能的材料。新材料是个发展的概念,是代表新出现的或发展中的材料。新材料与传统材料之间并没有截然分明的界限,它的研制通常离不开传统材料作为基础,一般多通过改进传统材料的组成、结构、设计和工艺等来提高和增加原有材料的性能,从而获得新材料。新材料应用范围极其广泛,使之成为高技术的重要基础和先导,是高技术赖以实现的物质基础,对高技术的发展和新产业的形成具有重要意义。

新材料技术是指能满足高技术应用中的特殊要求,制造具有先进性能或特殊功能的新型材料的技术统称,其任务就是不断提高材料的性能和功能。新材料技术同信息技术、生物技术等一起,成为 21 世纪最重要和最具发展潜力的领域之一。

一、传统材料的新开发

1. 金属材料

金属元素在自然界化学元素中占一半以上,长期以来是人类的主要材料来源,甚至在一定的历史条件下对生产的发展起决定性作用。金属材料的种类众多,有各自力学、物理学、化学等方面不同性能,最基本可分为黑色金属与有色金属两大类。黑色金属指钢、铁及其合金。有色金属又包括好几类,相对说来,比较重的金属称重金属,如铜、铅、锡、镍等;比较轻的金属称轻金属,如铝、镁、钛等;价格比较昂贵的金属称贵金属,如金、银、铂;含量稀少的金属称稀有金属,如锂、铵、钨、铀、稀土金属等;此外还有各种新型合金。目前在金属材料方面的新进展主要是研制各种合金材料,如高性能金属结构材料、非晶和微晶合金材料、功能性合金材料等。

2. 无机非金属材料

传统的无机非金属材料品种众多，包括石灰石、石英、石膏、石棉、云母、金刚石、水晶、石墨、滑石等，主要是陶瓷、玻璃、水泥、耐火材料这四种。玻璃材料不仅用来制造生活用品，还是广泛应用的绝缘材料。玻璃生产工艺简单、成本低、能透光，并能耐高温。水泥的应用开创了建筑史的新纪元。耐火材料具有其独特性能。其中，陶瓷材料的应用有较大进展，许多工程结构陶瓷相继问世。例如，超硬质陶瓷，具有高硬度、高强度和高度耐磨的功能；高温陶瓷，熔融温度在 1728℃ 以上；透明陶瓷，具有耐高温、耐腐蚀、高绝缘、高强度和透明的功能；增韧陶瓷，具有一定的韧性，克服一般陶瓷易碎的缺点。此外还有一系列功能陶瓷，如电介质陶瓷，具有较好的电绝缘性，较高的抗电强度，较低的介电损耗；压电陶瓷，可以实现机械能和电能之间的双向转换；半导体陶瓷，具有半导体性质。

3. 高分子材料

高分子材料是由分子量小的有机小分子用化学方法聚合成分子量大的高分子化合物。高分子化合物又称高聚物，由碳、氢、氧、氮、硅、硫等元素组成。高分子材料原料丰富，成本低，并具有耐腐蚀、强度高、隔音、隔热、绝缘、热塑性和热固定性好等优点。其中，合成橡胶、合成塑料、合成纤维称为三大合成材料。20 世纪 60 年代，合成橡胶的产量就超过了天然橡胶，各种耐热、耐寒、耐腐蚀的特种橡胶层出不穷。塑料的年平均增长率早已大大超过了钢产量的增长率。工程塑料一定意义上可以取代金属材料，大量使用工程塑料可以减少金属材料的消耗。锦纶、涤纶、腈纶、丙纶、维纶和氯纶是现在合成纤维的主要品种，被称为"六大纶"，具有高强度、耐磨、不霉、不蛀等优点。合成纤维在日常生活、工农业生产和国防工业中有广泛的用途。

4. 复合材料

现在通过复合工艺可以把金属材料、无机非金属材料、有机高分子材料复合成新的材料，称复合材料。复合材料又可分为结构复合材料和功能复合材料。不同材料经过复合后，性能会明显提高。每种材料自身都会有一定的缺点，如金属材料比重大、易腐蚀；无机非金属材料性脆，不宜进行机械加工；有机高分子合成材料怕高温等。如果将这些材料制成复合材料，这些缺点就会在一定程度上缓解或消失。例如，将复合材料较多用于飞机制造可使之机械重量减少 10%～30%，用于人造卫星可减轻重量 17%～30% 等。所以有人说，复合材料是宇航工业的宠儿。

二、新材料及其分类

当代新材料发展的趋势是研制高功能、多功能、强功能、特殊功能(如耐高温、耐低温、抗腐蚀等)及微型化、环保化、节能化、智能化的材料,并不断改进其加工方法和工艺。

长期以来,新材料的研制主要是依靠经验和试验,采用筛选法。现在已开始利用计算机设计新材料,开创分子设计的新时代。分子设计又称分子工程学,是在结构化学发展的基础上,结合合成化学、理论化学、固体物理学、计算机技术,按照预定性能的要求研制新材料的技术。分子设计包含许多方面的内容,如橡胶、塑料、纤维的高分子材料设计,具有各种特殊性能的功能材料设计,多型号、多规格的合金材料设计等。

微型化是新材料技术发展的一个重要方向,即材料的空间尺度(颗粒的体积、细丝的直径、薄膜的厚度)越来越小。传统材料的尺寸一般都在微米(百万分之一米)量级。当材料的空间尺度小到纳米级(十亿分之一米)时,即称为纳米材料。纳米技术是用单个原子、分子制造新材料的技术,即在单个原子、分子层次上对物质进行认识、控制的研究与应用。事物的量变达到一定限度就会引起质变,当物质材料的尺度缩小到一定程度时,就会出现新的属性和功能。所以,纳米材料的出现意味着重要的材料科学技术革命。

新材料同传统材料一样,可以从结构组成、功能及其应用等不同角度进行分类,不同的分类之间相互交叉和嵌套。目前,按新材料的应用领域及其研究特点,一般分为以下主要领域:电子信息材料、新能源材料、生态环境材料、生物医用材料、新型建筑及化工材料、高性能结构材料、新型功能材料(含高温超导材料、磁性材料、金刚石薄膜、功能高分子材料等)、新型复合材料、新型陶瓷材料、纳米材料、智能材料等。

1. 电子信息材料

电子信息材料是指将微电子、光电子技术应用于新型元器件基础产品领域所用的材料,主要包括单晶硅为代表的半导体微电子材料;激光晶体为代表的光电子材料;介质陶瓷和热敏陶瓷为代表的电子陶瓷材料;钕铁硼(NdFeB)永磁材料为代表的磁性材料;光纤通信材料;磁存储和光盘存储为主的数据存储材料;压电晶体与薄膜材料;贮氢材料和锂离子嵌入材料为代表的绿色电池材料等。这些基础材料及其产品支撑着通信、计算机、网络技术、信息家电等现代信息产业的发展。电子信息材料发展的总趋势是大尺寸、高完整性、高均匀性以及薄膜化、多功能化、集成化。电子信息材料的研究热点和技术前沿包括柔性晶体管、光子晶体、第三代半导体材料、有机显示材料以及各种纳米电子材料等。

2. 新能源材料

新能源和再生清洁能源技术是 21 世纪最具有决定性影响的五大技术领域之一,对世界经济的未来发展作用巨大。新能源包括太阳能、生物质能、核能、风能、地热、海洋能等一次能源以及二次电源中的氢能等。新能源材料则是指实现新能源的转化和利用及发展新能源技术所必需的关键材料,主要包括储氢电极合金材料为代表的镍氢电池材料、锂离子电池材料、燃料电池材料、太阳能电池材料以及反应堆核能材料等。新能源材料的研究热点和技术前沿包括高能储氢材料、聚合物电池材料、中温固体氧化物燃料电池电解质材料、多晶薄膜太阳能电池材料等。

3. 生态环境材料

生态环境材料是指具有满意的使用性能同时具有优良环境协调性的材料。这是在人类充分认识到生态环境保护重要战略意义的新形势下提出来的新材料理念,是材料科学与工程发展的必然趋势。这类材料的特点是消耗资源和能源少、对生态和环境污染小、再生利用率高等,并且从材料制造、使用、废弃直到再生循环利用的整个过程,都与生态环境相协调。主要包括:环境相容材料(如木材、石材等纯天然材料)、仿生物材料(人工骨、人工器脏等)、绿色包装材料(绿色包装袋、包装容器等)、生态建材(无毒装饰材料等)、环境降解材料(生物降解塑料等)、环境工程材料(如环境修复材料、分子筛和离子筛等环境净化材料等)、环境替代材料(无磷洗衣粉助剂等)。生态环境材料的研究热点和发展方向包括再生聚合物(塑料)设计、材料环境协调性评价理论体系以及降低材料环境负荷的新工艺、新技术和新方法等。

4. 生物医用材料

生物医用材料是指用于诊疗或替换人体组织、器官或增进其功能的新型高技术材料,是材料科学技术中正待发展的新领域,不仅技术含量和经济价值高,而且与患者生命和健康密切相关。近十多年来,相关材料及制品一直保持 20% 左右的市场增长率。生物医用材料按材料组成和性质可分为医用金属材料、医用高分子材料、生物陶瓷材料和生物医学复合材料等。按应用范围又可分为易降解与吸收材料、组织工程与人工器官材料、控制释放材料、仿生智能材料等。

5. 新型建筑与化工材料

新型建筑与化工材料主要包括新型墙体材料、化学建材、新型保温隔热材料、建筑装饰装修材料等。其中，化学建材又包括建筑塑料、建筑涂料、特种陶瓷、建筑胶粘剂以及建筑的防水密封、隔热保温、隔声材料等，是重点发展的新型建筑材料。

6. 高性能结构材料

结构材料是指以力学性能为主的工程材料，一般以特定结构框架获得其外形、大小和强度等，是国民经济中应用最为广泛的材料，从日用品到汽车、飞机、卫星和火箭等都有广泛的使用。钢铁、有色金属等传统材料多属于结构材料。高性能结构材料一般指具有更高的强度、硬度、塑性、韧性等力学性能，并适应特殊环境要求的结构材料，包括新型金属材料、高性能结构陶瓷材料和高分子材料等。高性能结构材料的研究热点包括高温合金、新型铝合金和镁合金、高温结构陶瓷和高分子合金材料等。

7. 新型功能材料

新型功能材料是指表现出力学性能以外的电、磁、光、生物、化学等特殊性质的材料。除以上电子信息、新能源、生物医用等材料外，主要还包括高温超导材料、磁性材料、金刚石薄膜材料、功能高分子材料等。

8. 新型复合材料

复合材料是由两种或多种性质不同的材料通过物理和化学复合，组成具有两个或两个以上相态结构的材料。该类材料不仅性能优于组成中的任一单独材料，且还可具有单一组分不具有的新性能。按用途主要可分为结构复合材料和功能复合材料两大类。

9. 新型陶瓷材料

新型陶瓷材料是指采用高纯、超细精制无机化合物为原料，用先进制备工艺技术制造的性能优异的陶瓷材料。新型陶瓷材料一般分为结构陶瓷材料、功能陶瓷材料和陶瓷基复合材料三类。

三、纳米材料

纳米是英文 nanometer 的译音，原来仅是一个物理学上的度量单位，就像毫米、微米一样，是一个尺度概念，并没有物理内涵。1 纳米是 1 米的十亿分之一，相当于 45 个原子排列起来的长度，相当于万分之一头发丝粗细。然而，当物质处于纳米尺度，大约在 1～100 纳米这个范围区间，物质的性能就会发生突变，出现一些特殊性能。这些特殊性能既不同于原来组成的原子、分子性能，也不同于由其组成的宏观物质性能。这类处于微观和宏观之间的"介观"层次的特殊性能的材料称作纳米材料。所以，仅是尺度达到纳米而没有特殊性能的材料，还不能叫做纳米材料。以前，人类只认识到物质世界的宏观层次，后来认识到原子、分子等微观层次，现在开辟了介于两者之间的新物质层次，即介观层次，并由此形成了介观物理学这一新分支学科。

纳米材料的概念形成于 20 世纪 80 年代中期，是指由尺寸小于 100 nm（0.1～100 nm）的超细颗粒构成的具有小尺寸特殊效应的零维、一维、二维、三维材料的总称。由于纳米材料会表现出特异的光、电、磁、热、力学、机械等性能，使之迅速渗透到材料科学技术的各个领域，成为当前世界科学研究的热点。纳米材料按其物理形态，大致可分为纳米粉末、纳米纤维、纳米膜、纳米块体和纳米相分离液体等五类。尽管目前实现工业化生产的纳米材料主要是碳酸钙、白炭黑、氧化锌等纳米粉体材料，其他基本上还处于实验室的初级研究阶段，没有形成大规模应用。然而，以纳米材料为代表的纳米科技必将对 21 世纪的经济和社会发展产生深刻影响。

20 世纪 80 年代，法国首先发现了巨磁电阻效应，90 年代，相应的纳米结构器件已在美国问世。此后，美国把纳米技术列入"政府关键技术"和"战略技术"。纳米结构器件在磁存储、磁记忆和计算机读写磁头方面有重要应用前景。90 年代，美国研制成功纳米芯片，成功制备量子磁盘。这种磁盘是由磁性纳米棒组成的纳米阵列体系，具有高存储密度。

2002 年以来，美国相继开发出碳纳米晶体管，研制出存储密度是目前光盘 100 万倍的原子级硅记忆材料，并研制了具有防水性和灭菌作用的纳米涂层，还成功地合成了具有单晶结构的氮化镓纳米管。该纳米管可用于合成其他材料的单晶纳米管、纳米毛细现象电泳、生物化学纳米流体感应，以及纳米尺度的电子与光电子元件等方面。

日本开发出利用碳纳米管在常温下工作的单电子半导体管，进而开发出可控制电传导性的碳纳米管；制备出多层高密度填充碳纳米纤维，可用作研制吸附氢气等燃料的储氢能量材料；利用纳米技术将软磁金属与高电阻陶瓷通过机械力的作用在固态下达到原子级混合，使在软磁金属纳米晶粒的周围形成高电阻陶瓷结构，成功地合成了高频电磁波吸收纳米材料；成功地研制出在氧化镁单晶结构纳米管内填充液态金属镓的纳米复合材料温度计，使温度测量范围大幅度增加。

此外，俄罗斯研制出氧化铝纳米管，并成功研制出具有良好杀菌和环保性能的新型纳米涂料。法国与丹麦联合设计出纳米"模具"分子,为单分子电路电子元器件研制打开通道。

通过实施"863 计划"、"973 计划",中国在纳米材料和纳米技术研究方面也取得多项成果,引起国际关注。如成功研制出波导型单电子器件晶体管和对电荷超敏感的库仑计;制备出多种"纳米电极对";研制高灵敏传感器和硬盘磁头原型;研制出具有优异的充放电性质、可用于锂离子电池电极的特殊三维纳米结构材料等。所制备的 ZnS 纳米结构材料在有机污染物降解方面具有很高的降解效率。近年来,在碳纳米管准一维纳米材料及其阵列体系、非水热合成纳米材料、纳米铜金属的超延展性、块体金属和金、纳米复相陶瓷、巨磁电阻、磁热效应、介孔组装体系的光学特性、纳米生物骨修复材料、界面仿生材料等领域的研究,在国际上均有一定影响。在纳米器件的构筑与化学自组装、超高密度信息存储、纳米分子电子器件等方面也取得了许多重要成果。

金属材料是传统材料,但将金属材料和纳米材料结合起来的纳米金属,将出现许多奇异的属性。一般各种不同的金属会具有不同的颜色,然而当金属材料细化到纳米级颗粒时,所有金属都呈黑色。纳米材料的熔点较低,金的熔点通常是 1000℃以上,而纳米金的熔点只有普通金的一半。传统金属材料在加工过程中容易出现裂纹,甚至发生断裂,纳米技术却可以使金属具有超塑性,可以承受很大的塑性变形而不致断裂。中国科学家在实验中发现,丝状的纳米铜在室温下冷轧,长度可从 1 厘米左右延伸到近 1 米,厚度可从 1 毫米变成 20 微米。纳米钢在室温下可变形达 50 多倍而不出现裂纹。纳米材料的创始人、德国科学家格莱特称这项研究工作是"本领域的一次突破,它第一次向人们展示了无空隙纳米材料是如何变形的"。

陶瓷本是一种脆性材料,但纳米二氧化钛陶瓷却是一种韧性材料。用这种纳米材料做成的陶器、瓷器,可以在室温条件下随心所欲地改变形状。

目前纳米器件主要有两类:纳米电子器件与纳米生物器件。后者可以导致纳米医学的诞生。如纳米微粒还可以在血管中自由移动,用以疏通脑血管的血栓,清除心脏动脉中的脂肪沉积物,甚至可以吞噬病毒,杀死癌细胞。

四、智能材料

智能材料集材料与结构、执行系统、控制系统和传感系统于一体,其设计与合成几乎横跨所有的高技术学科领域。构成智能材料的基本材料组元包括压电材料、形状记忆材料、光导纤维、电磁流变液、磁致伸缩材料和智能高分子材料等。

智能材料是 20 世纪 80 年代末出现的一种新型材料,是材料科学与信息科学相结合的产物。智能材料又称机敏材料,它能感知环境变化并实时改变自身的某些性能参数,用以作出人们所期望的、与环境相适应的复合材料或复杂的材料体系。智能材料模仿生命系统,通过自身的机敏特性来完成全部或部分智能化控制。它同时具有感知和激励双重功能,如形状记忆合金、压电陶瓷、光导纤维、磁致伸缩材料等。

智能材料是一种超功能材料,这些功能往往能够解决传统材料难以解决的技术难题。在重要工程和尖端技术领域具有重大的应用前景。例如,美国空军采用智能材料制造飞机机翼,可随工作状态的不同自动调节形状,改变升力和阻力,以适应飞机的起降,使飞机更加安全,降低油耗。将微型分子传感器植入材料和分子结构中,用这些建造的构件和建筑物可进行自动监控,如果超负荷或者老化可发出警报。

这里所称的"智能",不是人的智能,而是指这类材料具有对环境变化作出相应变化的特定功能。科学家认为智能材料能感知自身的状态和环境条件的变化,并能据此调整自身的状态和性能,作出及时和适当的响应,完成类似于自诊断、自适应、自复原、自修理、自繁衍、自学习的某些智能化功能。或者说,智能材料能自行探测,具有传感器功能;能自行判断和自作结论,具有处理器功能;能发出指令和采取行动,具有操纵装置或传动装置功能。总之,智能材料是具有动物头部各种器官功能的一类特殊材料。如变色眼镜片是一种最简单的、具有低级智能属性的材料,当外界环境有了某种变化,镜片的颜色也就随之发生相应的变化。形状记忆合金也是一种智能材料,在比较高的温度条件下,把一根合金丝绕成一个圆环,冷却后把它拉成直线,当温度回升到原来状态时,这根被拉直了的合金丝就会恢复到它原来的圆环形状,就好像记住了圆环的式样。

单一均质的材料一般难以具备多功能的智能特性,因此常通过多种材料的复合来研制智能材料。这种复合不是原有材料属性与功能的简单相加,而是出现新的属性与功能。利用现有的机敏材料进行复合,是研制智能材料的重要方法。比如,把光纤埋入并固定在其他材料中,光纤的传输损耗和折射率对材料中的应变、温度和缺陷都很敏感,于是与它复合而成的材料也就具备了相应的新功能,就形成具有新功能的智能材料。把形状记忆合金丝埋入树脂基复合材料中,这种复合材料也就具有了记忆形状的功能。

141

把灌满水泥补漏液的空心玻璃纤维埋在混凝土中,一旦混凝土出现裂纹,流出的补漏液就立即自动补漏,使水泥混凝土具备自修补的智能化功能。英国一家公司研制出一种智能路灯,因含有某种传感器,能够探测有雾、下雨、结冰等路况,并可以用红外光束互相通信,通过改变颜色向汽车司机发出前方道路有危险的信号。美国科学家试图在高性能的复合材料中加入细小的光纤,并安装在飞机的关键结构中,这样飞机就好像长出了自己的"肌肉"和"神经系统"。当这些光纤感受机翼上所受到的不同压力,就像神经那样根据光传输信号的强弱,发出事故警告。这种智能航空材料将成为飞机安全航行的重要保障。运用纳米技术可以把超微型计算机、超微型传感器和超微型发射器等电子器件埋在普通塑料中,这样,塑料不仅具有自动化功能,而且还具备感知周围事物并作出相应反应的能力。用这种智能塑料做成的椅子不仅能帮助我们坐下和站起,而且还可以随心所欲地改变椅子的形状。有人预测,将来我们可以用智能材料人工合成各种器官,为器官移植提供优良的替代物。

我们一般可以从材料外部对材料进行智能控制,如计算机控制。但在某种意义上,智能材料却可能对自身实行控制,它既是工程结构的组成部分,又具有某些类似于生命体的功能。因此,就此意义而言,智能材料能赋予物质材料以"生命"。

智能材料是继天然材料、合成高分子材料、人工设计材料之后的第四代材料,是现代高技术新材料发展的重要方向之一,将支撑未来高技术的发展,使传统意义下的功能材料和结构材料之间的界限逐渐模糊并消失,实现结构功能化、功能多样化。科学家预言,智能材料的研制和大规模应用将导致材料科学的重大革命。

第五节　新能源技术

能源是自然界存在的、能够提供各种形式能量的物质或物质的运动形式。能源是人类生存和发展的重要物质基础,是人类社会从事物质资料生产的原动力和人类生活的基本保证。随着人类生产劳动的发展和生活质量的提高,需要消耗的能源也越来越多、越来越广泛。不断开发新能源,满足人类发展的需求就成为十分重要的任务。开发利用能源及提高能源有效利用的程度,就成为衡量人类社会文明程度的一个重要标志。

能源科学技术主要研究能源的开发、生产、转换、输送、分配、储存以及综合利用。火的利用、蒸汽机的发明、电能和原子能的开发利用,是人类能源利用史上的四个重要阶段。

从原始社会到农业社会,主要燃料是草木;工业社会的主要燃料是煤炭、石油和天然气,现在,这三项能源的生产和消费占全世界能源生产和消费总量的95%。但是,这三项能源在地球上的储量却十分有限,而且是不可再生的能源,并已对生态环境造成严重污染。伴随着工业文明的兴起和发展,能源消耗已使人类拥有的天然能源日益枯竭,出现了能源危机;生态环境的污染也已严重威胁到人类的健康生存和发展,出现了环境危机。因此,能源的高度消耗和环境的高度污染,是传统工业能源的两大弊端。这就需要我们开发和利用新的、可再生的、清洁的能源。

已被人类长期广泛利用的能源,称为传统能源或常规能源;新近正在被人类认知或大规模开发和广泛应用的能源,称为新能源。新能源是个相对的历史的概念,在不同的历史时期和科技水平情况下,新能源有不同的内容。新能源技术是指开发和利用各种新能源的技术,是高技术的一个基本领域。新能源技术主要有两方面内容,其一是采用高技术开发利用新能源,这是主要方面;其二是采用高技术改造传统能源,提高传统能源的使用效率,减少能耗,节约资源,降低对环境的污染,这也是新能源技术包含的不可缺少的方面。开发利用新的可再生能源及低污染甚至无污染能源,是新能源技术发展的主要方向。

一、能源的分类

1. 根据能源的原始来源分类

(1) 来自地球以外天体的能量。主要是指太阳辐射,包括被我们直接利用的太阳能和由太阳能直接或间接作用而形成的能量。地球上的主要能源归根到底主要来源于太阳。植物的生长需要光合作用,植物燃料的能量实际上来自太阳能。煤、石油、天然气是古代动植物沉积于地下,经过漫长地质作用逐步形成的,又称化石能,实际上是贮存在地下的太阳能。此外,风能、海洋波浪能、水能,都同地球气候变化有关,而造成地球气候变化的根本原因仍然主要是太阳对地球的辐射。

(2) 来自地球本身的能量。原子能来自地球的物质。地球内部蕴藏着热能,越往地球深处,地热的温度也就越高。

(3) 由地球和其他天体相互作用所形成的能量。如海水受月亮、太阳的引力作用所产生的海洋潮汐能。

143

2. 根据是否经人类加工情况分类

(1) 一次能源即天然能源,是自然界中天然存在的、未经过人类加工、可以直接取用的能源。如水能、风能、植物燃料、煤、石油、天然气、太阳能等。一次能源是能源的原始形式。

(2) 二次能源是由一次能源转换或制取的能源,是经过人类直接或间接加工的能源。如石油经炼制后得到的煤油、汽油、柴油;用煤加工、制成的焦炭、煤气;通过煤的燃烧带动发电机产生的电能等。二次能源的优点是能够满足生产力设施等对能源形式的特殊要求,有利于能源的传输、转换及综合利用。

3. 根据能源能否再生分类

(1) 不可再生能源,是自然界中不可能重复产生的能源。如煤、石油、天然气、核燃料等。由于这些能源在消耗中得不到补充,最终将枯竭,所以又称"耗尽能源"。

(2) 可再生能源,是在自然界中能够重复产生的能源。如太阳能、风能、水能、海洋能、植物燃料、沼气等。由于这些能源在消耗中可以不断得到补充,所以又称"非耗尽能源"。

这种分类是针对人类的实际利用情况而言的。因为太阳内部的热核反应每时每刻都在消耗物质和能量,太阳也会有最终熄灭之日,但据估计,太阳的"寿命"还有 10 万亿年之久。因此相对于人类现阶段的利用而言,仍可以把太阳能看作是可再生能源。

二、传统能源开发的新技术

因为传统能源已消耗过多,对环境的污染已十分严重,而人们的生产和生活又不能不继续应用这些能源,所以迫切需要深度开发利用传统能源的新技术。这是新能源技术的重要组成。

1. 煤的汽化液化

煤是应用历史最悠久的传统能源。煤的开发利用有很多缺点,如开采难、运输难、点火难、热值低、浪费大、污染严重等。煤的汽化、液化和煤水浆技术是重要的新技术项目。

煤的汽化就是在煤中加入一定的空气和水蒸气,使其在高温下转换为煤气,其主要有效成分是一氧化碳、氢气和甲烷。其气体热值比原煤可高近一倍,并可除去煤中所含的硫,减少对环境的污染。煤炭汽化的更先进方法,是在地下煤层挖通巷道,从巷道的一边送入水蒸气和氧的混合气,在煤层点火，煤在地下就变成一种可以燃烧的气体，从巷道的另一边收集起来，供用户使用。还可以把煤的汽化技术和发电厂有效地统一起来，建造一座煤汽化联合循环发电厂。到了夜间，用电量骤然减少了下来，发电设备停止运行时，就利用汽化设备继续生产合成气，并转化成有价值的化工副产品。

煤的液化技术是把煤加工成粉末，然后与水混合成浆状燃料，制成水煤浆。水煤浆可以通过管道远距离输送，比煤炭运输方便得多。水煤浆也可以取代石油作为工业锅炉、高炉、火力发电站甚至汽车发动机的燃料。目前，水煤浆在船用柴油机上的燃烧试验已经取得初步成果。科学家展望，水煤浆21世纪内可以用在内燃机上。

煤的另一种液化方法，是使煤在高温高压下通入氢气，形成近似石油的液态燃料，称为人造石油或煤制油。煤和石油的主要化学成分都是碳与氢，但煤中的氢比石油要少得多，通过新技术手段可以提高煤的含氢量。人造石油的一次性投资大，成本高，但因全世界煤的储藏量比石油要高得多，所以当石油资源严重短缺时，制造人造石油也不失为一种方法。此外，还可以将细煤粉与重油（石油经过提炼后剩下的一种暗褐色浓稠液体）混合，加入催化剂，然后送到高压反应管中，加上高压、高温，煤炭就变成石油了。然而，目前这种方法工艺复杂，成本非常昂贵。

2. 石油的裂化

石油开发技术的重点是提高汽油产量，减少环境污染。从石油中直接蒸馏出来的汽油一般只有10％左右，因此需要从重油品中进一步提取汽油，其技术手段是对原油进行裂化。裂化是对大分子物质进行处理，使其断裂为小分子。应用催化裂化法，使裂化在450℃～560℃、1.5～2.5个大气压下进行，其汽油率可达85％以上。通常重质油分子经过裂化后，可以得到10％～15％的气体烃、30％～50％的汽油、30％的柴油、20％～30％的燃料油。原油中含有硫，原油在蒸馏过程中产生的硫化氢，具有毒性和腐蚀性。石油燃烧时形成的二氧化硫，会腐蚀金属、污染环境。所以，需要应用脱硫净化技术。

三、新能源的开发利用

新能源技术一方面用以提高传统能源的综合利用效率，减少对环境的污染；另一方面用以开发可替代的各种形式的新能源。此外，随着技术进步、生态经济、可持续发展及科学发展观的提出，过去一直被视作垃圾的工业废弃物和生活有机废弃物的价值将被重新认识，这类废弃物的资源化利用也可看作是新能源技术的一种形式。

开发和利用新能源，是新能源技术的重点。所谓的"新能源"包括人们不熟悉的能源，如核能，也包括人们已经知道，但尚未被广泛关注和大规模利用的能源，如太阳能、风能、地热能、海洋能等。

新能源的各种形式大多直接或者间接地来自于太阳或地球内部运动所产生的热能，包括了太阳能、风能、生物质能、地热能、水能、海洋能以及由可再生能源衍生出来的生物燃料和氢所产生的能量。也可以说，新能源包括各种可再生能源和核能。据断言，石油、煤矿等资源将加速减少，核能、太阳能即将成为主要能源。相对于传统能源，新能源普遍具有污染少、储量大的特点，对于解决当今世界严重的环境污染问题和资源（特别是化石能源）枯竭问题具有重要意义。同时，由于很多新能源分布均匀，对于解决由能源引发的冲突及战争也有着重要意义。当然，可再生能源技术的成本普遍偏高，尤其是技术含量较高的太阳能、风能、生物质能等。

1. 太阳能

太阳是太阳系中的恒星，是一个直径约为 139 万公里的巨大的高温气体星球。太阳每时每刻都在进行着氢变为氦的热核反应，由此释放出巨大能量。它的内部温度估计为 800～4000 万度，表面温度大约为 6000 度。只要太阳不熄灭，它就是一个巨大的能源。

太阳距地球 1 亿 5 千万公里，投射到地球的能量大约只占它辐射总能量的 22 万亿分之一，但已相当于目前全世界一年内消耗能源的 3.5 万倍。地球每年所接受的太阳能相当于 74 万亿吨标准煤的能量。但在地球所接受的太阳能中，被我们利用作为燃料和食物的仅占 0.002%，因此需要我们开拓直接利用太阳能的多种途径。

太阳能无污染，属清洁能源。阳光普照天下，不受任何人的控制和垄断，属全人类的共同能源。但太阳能又有许多缺点，如能量密度低，辐射强度受纬度、海拔、季节、气候各种自然条件的影响，白天的收集状况很不稳定，夜里更是无法收集太阳能。此外，能量转换效率也有待提高。所以，稳定、持续的利用太阳能，是太阳能开发利用技术的关键课题。

太阳能的直接利用，主要有以下三种形式。

光-热转换，使太阳能直接转换为热能。各种太阳能灶、热水器，工业上的各种加热器，都是光热转换装置。我们还可以通过太阳能热发电装置，使太阳能转换成的热能再转化成电能。

光-电转换，使太阳能直接转化为电能，可以利用光电效应来实现。太阳能电池就是实现这种转换的装置,包括单晶硅电池、多晶硅电池、非晶硅电池、硫化铬电池、砷化锌电池等类型。

光-化学能转换,使太阳能转换为化学能。植物生长靠太阳,植物可以通过光合作用把太阳能转换成自身的生物化学能,所以光合作用就是光-化学能转换过程,但这种转换我们难以控制。我们可以利用太阳光和物质的相互作用所引起的化学反应来实现这个目的。光化学电池就是利用光照射半导体和电解液界面发生的化学反应,在电解液内形成电流的装置。

中国的太阳能资源十分丰富。据普查,每年辐射量超过 140 千卡/厘米^{2}的地区约占国土面积的 2/3。从年辐射总量的分布看,西北地区较为丰富,尤其是青藏高原,由于海拔高(平均在 4000 米以上),空气清洁、透明度好、日照时间长,因而太阳辐射强度最高值达 220 千卡/厘米^2,仅次于非洲的撒哈拉大沙漠,可以充分开发利用。

2. 风能

风能也是人类最早利用的能源之一,是太阳辐射造成地球各部分受热不均匀,引起空气运动产生的能量。自然界蕴藏着巨大的风能资源,据估计,陆地上可开发利用的风能约为 100 亿千瓦,为可开发利用的水能总量的 10 倍。

风能与其他能源相比,有蕴藏量大、可再生、分布广、无污染的优点。1919 年,丹麦建成了世界上第一座风力发电站。20 世纪出现了快速风轮驱动的发电机。风力受天气变化影响较大,不甚稳定,因而风能的利用一度停止。到 20 个世纪 70 年代中期,由于石油等能源价格上涨、环境污染严重,风能又被重新列入扩展能源的研究日程上来。

风能的开发利用技术,主要是用以转换为机械能等其他形式能量装置的机械风力机。目前主要的风能利用形式是风力发电。

中国风能的总储量位居世界第三,是风能比较丰富的国家。在东南沿海及其附近岛屿、内蒙古、甘肃河西走廊和青藏高原等地区,每年风速在 3 米/秒以上的时间近 4000 小时左右,有的地区年平均风速可达 6～7 米/秒以上,具有很大的开发利用价值。现在风力发电机发展很快,主要分布在内蒙古等各地,成为最受欢迎的家用设备,可以用于照明、取暖等。

3. 地热能

地球是一座天然“热库”,蕴藏着无比巨大的热能。地热能是从地壳内部抽取的天然热能,主要源自地球内部的熔融岩浆、地热流体等以热形式存在的能量,以及源自地球物质中放射性元素衰变释放的热量。这些热量也是引致火山爆发及地震的能量。地热能是一种可再生的能源,只要这些热量提取的速度不超过其补充的速度。

地球通过火山爆发、间歇喷泉和温泉等途径,源源不断地把它内部的热能通过传导、对流和辐射的方式传到地面上来。高温熔岩也能将附近的地下水加热,这些加热的水最终也会渗出地面。据测算,从地球表面向下每深入 100 米,温度就平均上升 3℃。地球内部的温度高达 7000℃,而在 80 至 100 英里的深度,温度会降至 650℃ 至 1200℃。有些地区,如意大利、新西兰、冰岛、智利、俄罗斯远东地区、中国的西南等地,仅地下 100 米深处的温度就可达几十度,甚至上百度。

据推算,离地球表面 5000 米深,15℃ 以上的岩石和液体的总含热量,约相当于 4948 万亿吨标准煤燃烧时所放出的热量。如果把地球上贮存的全部煤炭燃烧时所放出的热量作为 100 来计算,那么,石油的贮量约为煤炭的 8%,目前可利用的核燃料的贮量约为煤炭的 15%,而地热能的总贮量则为煤炭的 17000 万倍。可见,地球是一个名副其实的巨大"热球"。

地热能集中分布在构造板块边缘一带,通常该区域也是火山和地震多发区。世界地热资源主要分布于以下几个地热带:环太平洋地热带;地中海、喜马拉雅地热带;大西洋中脊地热带;红海、亚丁湾、东非大裂谷地热带。除板块边界形成的地热带外,在板块内部靠近边界的部位,在一定的地质条件下也有高热流区,可以蕴藏一些中低温地热。如中亚、东欧地区的一些地热田和中国的胶东、辽东半岛及华北平原的地热田等。

地热能按其储存形式,可分为蒸汽型、热水型、地压型、干热岩型和熔岩型 5 大类。按其温度划分,一般把高于 150℃ 的称为高温地热,低于此温度的叫中低温地热。

地热能在世界很多地区应用相当广泛。地热的利用分为直接利用和用于发电两个方面。中低温地热通常被直接取用,这是地热能最简单和最合乎成本效益的利用方法。主要是用于取暖,另可根据地热水、汽的不同温度开展多种用途,如用于采暖、工农业加温、水产养殖及医疗和洗浴等。冰岛是中低温地热直接利用最多的国家之一,75% 以上的居民用地热取暖和提供生活热水。高温地热主要用于发电。世界上很多国家有地热发电,主要有美国、菲律宾、墨西哥、意大利、新西兰、日本和印尼。中国的地热资源也很丰富,主要分布在云南、西藏、河北等省区,但开发利用程度很低。

地热能有十分可观的应用前景,其具有廉价(仅为火力发电的 1/2,水力发电的 1/3)、清洁等优点,将成为未来重要的新能源之一。当然,地热分布相对比较分散,开发难度较大,相关新能源技术的发展是重要课题。

4. 生物能

生物能源有称生物质能，是利用有机物质作为燃料，通过气体收集、固体汽化、燃烧和消化作用（湿润废物）等技术产生的能源。只要适当地利用，生物质能也是一种宝贵的可再生能源，关键在于生物质能燃料如何产生。

地球上的生物资源极其丰富。据估计，全球陆生、水生植物产生的生物质有 1725 亿吨，其中陆生植物 1175 亿吨，水生植物 550 亿吨。除包括森林、草类、农作物等初级生产物之外，还有人畜禽类粪便、工农业有机废物、废水、城市垃圾等次级生物能源。这些生物质所具有的能量，相当于全世界能源总耗量的 10 倍。目前的利用率仅在 1％～3％ 之间。到 20 世纪 80 年代中期，生物能在世界能源消费量中约占 14％，其中发展中国家占 13％。因为这些国家的人口大部分居住在农村，以薪柴、农作物秸秆和牲畜的干粪便为燃料。

生物能的利用，一部分是直接燃烧，另一部分用生化方法和热化方法转换成气体、液体和固体等燃料。一般说来，生物能多指转换所得的燃料以沼气为主。中国的沼气建设已走上稳步发展的道路，到 20 世纪 80 年代中期，建成了正规化沼气池 450 万个，年产沼气量约可折合 10 亿立方米的优质天然气。沼气发电机组已研制成功，全国有大、中型沼气池 1000 多处，沼气动力站 541 处，沼气发电站 1074 处。

此外，玉米、甘蔗、木材、木薯、农业加工后废物，通过发酵可以制取酒精，巴西已走在前列；还可以通过热分解汽化工艺，把木材、皮橡胶和农业废物等固体生物质转化为可燃气体。总之，生物能也是颇有发展前途的能源。

5. 核能

核能又称为原子能，是指原子核结构发生变化时所释放的能量，是 20 世纪发现的一种新能源。从相对论的质能关系式 $E = mc^2$ 可见，微小的质量亏损可能带来巨大的能量。物体内部蕴含着巨大的静能，通过核反应就可以把原子内的静能（原子能）释放出来。重元素的原子核发生的分裂反应称核裂变，释放出的能量称为裂变能。轻元素的原子核发生的聚合反应称核聚变，释放出的能量称为聚变能。

（1）核裂变

核裂变是通过具有放射性的重元素进行的。我们用热中子轰击铀元素的原子核，使其分裂为两个新的原子核，并产生 2～3 个快中子。快中子通过慢化剂的作用减速为热中子，再去轰击其他的铀原子核并使其分裂。这样形成的连续裂变反应就称为链式分裂反应。链式反应的速度极快，两次

149

反应的间隔时间只有 50 万亿分之一秒。在这个过程中可以释放巨大的能量,1 个铀原子裂变可放出大约 2 亿电子伏特的能量。

据估计,世界上已探明的铀等核燃料所能释放出的能量大约相当于地壳中已探明的煤炭、石油和天然气所拥有的能量的 20 倍以上。因此,广泛发展核电站、利用核能发电,可以节约大量煤炭、石油和天然气。核能在现代能源构成中已占有重要地位。

核电站是利用原子核裂变反应所释放的核能来发电的装置。核反应堆是可以进行核裂变反应、对其输出功率能进行安全控制的装置,是核电站的核心。核电站的工作原理,就是将核反应堆内所产生的热能,引到外部转换为电能。这种原子能发电站同火电站相比,具有很多优点。如,消耗燃料少,一座 100 万千瓦的火电站每年耗煤 300 万吨,相同功率的原子能发电站每年仅需 30～40 吨浓缩铀;经济效益高,核电站每度电的发电成本比火电站要低 20％～50％。

当然,核燃料资源也是有限的。经探测表明,地球上具有可开采价值的铀矿资源估计不超过 400 万吨,折合能量与地球上的石油资源的能量差不多。若按目前的方式使用,大约只能用几十年。为解决核燃料不足问题,现在正在采用快中子反应堆的办法获得新的核燃料。

核能除了用于集中发电外,还可用于装备潜艇等直接用作动力。

核能利用的安全问题不容忽视。一般来说,核反应并不具备爆炸条件,放射性剂量也不大。即使在核电站附近居住的居民,所接受的放射剂量也只相当于经常看电视或每年吸 1/4 支烟的毒害,是微不足道的。据专家估计,对于同等发电量,烧煤的热电站引起的致癌数目比核电站高出 50～1000 倍,遗传效应影响也要高出 100 倍。就此而言,核电的危害大大低于煤电。当然,也不能忽视核电站排出的废气、废水、废渣对环境造成的污染,尤其要防止核泄漏事故的发生。如,前苏联 1986 年发生的切尔诺贝利核电站泄漏事故,所释放的辐射量相当于日本广岛原子弹爆炸量的 200 多倍,造成的人员伤亡和环境污染等巨大影响。因此,核能的利用要切实注意安全,以防万一。

(2) 核聚变

核聚变是在超高温条件下,轻元素的原子核聚合为较重原子核的过程,在这个过程中会释放出巨大的能量。因为这种反应必须在极高的温度下才能发生,所以又称为热核反应。例如,在几亿度的高温条件下,两个氘(氢的同位素)核可以合成一个氦核,伴随着巨大能量的放出。

核聚变释放的能量远远超过了核裂变。同核裂变相比,核聚变反应所产生的放射性污染要小得多,因此氘基本上可看作是清洁能源。而且,将来的受控核聚变反应堆会比现在的核裂变反应堆安全得多,因为核聚变反应堆不会产生大量强放射性物质,而且核聚变燃料用量极少,每秒钟只须投入1克;停止投入燃料,核聚变反应堆就能迅速关闭,不致发生重大事故。

核聚变消耗的是氘和氚。其中氘是天然存在的,海水中含有大量的氘,每升海水中约含有 0.03 克氘,海洋面积占地球面积的 71%,地球的海洋里共含 45 万亿吨氘。氘是取之不尽、用之不竭的。所以,如果用海水中的氘作为聚变核燃料,可以使用上百亿年。核聚变技术的经济效益可以这样形象的表述:1 升海水可以当作 300 升汽油来使用。氚可以用储量丰富的锂在反应堆中生成。氘-氚将作为第一代聚变反应堆燃料。氘-氚将作为第二代聚变反应堆燃料,它不用较麻烦的氚,只用氘就行了,但它的点火条件比氘-氚燃料还要高些。

热核反应的关键是超高温,需要十分苛刻的条件,目前在地球上只有原子弹爆炸时的中心温度能达到这样的要求。氢弹就是一种热核反应装置,是氘和氚的热核聚变反应。然而,这种巨大能量是在一瞬间释放出来,无法控制,只能制造炸弹作破坏之用,目前尚难和平利用。只有使聚变能持续受控地释放出来,并转换成电能或其他形式的能量,即实现受控热核聚变,才能加以广泛利用。此项技术目前还处于研究阶段,虽经几十年努力,至今尚未成功,但具有广阔的应用前景。

能源是整个世界发展和经济增长的最基本的驱动力,是人类赖以生存的基础。值得注意的是,自工业革命以来,能源安全问题就开始出现,且逐渐与政治、经济安全紧密联系在一起。两次世界大战中,能源跃升为影响战争结局、决定国家命运的重要因素。能源危机也伴随着政治、经济的冲突。同样,新能源技术也必将成为改变世界政治经济格局的重要因素。但新能源的开发也可能面临新的污染情况出现,应该防微杜渐。

第六节　空间技术

空间技术是探索、开发和利用宇宙空间的技术,航天技术与空间技术是同义词。由于地球引力的作用,人们跳跃或攀登都需要消耗体力,所以在很长的历史岁月中,人本质上生活在二维世界中。1903 年,俄国的齐奥尔科夫斯基在其《乘火箭飞船探测宇宙》一文中提出,火箭是人类探测宇宙的基本工具。1957 年 10 月 4 日,前苏联成功发射了第一颗人造卫星,揭开了人类航天时代的序幕,人类从此步入了太空时代。

从历史上看,人类的活动范围经历了从陆地到海洋,从海洋到大气层,再从大气层到外层空间的逐步扩展过程。外层空间是地球稠密大气层以外广袤的空间区域,简称空间或太空。如果说陆地是人类的第一环境,海洋是人类的第二环境,大气层是人类的第三环境,那么,外层空间就是人类的第四环境。因为该第四环境可达到无穷远的宇宙深处,故而又称宇宙空间。

在人类的第四环境中,蕴藏着极其丰富的空间资源,包括各种位置资源、环境资源和物质资源等。仅就近地的外空领域来看,可利用的空间资源就有:相对地面的高位置资源;高真空、高洁净、强辐射、微重力、超低温等环境资源;太阳能、月球及其行星资源等。利用空间的特殊条件,可以开发建立"天空实验室"、"空间工厂"等。可见,人类对第四环境的认识和开发利用将具有巨大的意义。

空间技术是高度综合的高技术,是许多最新科学技术的集成,其中包括喷气技术、电子技术、自动化技术、遥感技术及材料科学、计算科学、数学、物理、化学等。此外,空间技术是对国家现代化和社会进步具有宏观作用的科学技术。所以,国际航天关系已进入多极竞争、合作开发阶段,但未来的国际航天关系仍然存在合作、竞争、对抗的多重关系。

一、空间技术的基本原理

航天系统基本上由三大部分组成:一是空间飞行器,如卫星、飞船、探测器;二是运载工具,如火箭、航天飞机以及航天发射场;三是地面支持系统,如地面站、测控系统、用户系统等。

1. 三个宇宙速度

人类要飞离地球,关键是摆脱地球引力的束缚。要超越地球的引力,关键又在于速度。根据不同的要求,进入不同的轨道空间运行,飞行器必须达到三个宇宙速度。

第一宇宙速度 7.9 公里/秒。这个速度可保证物体绕地球运转,而不致于被地球的引力拉回到地面,当物体本身的离心力与地球的引力平衡时,它就会绕地球旋转。人造卫星必须达到这个速度。

第二宇宙速度 11.2 公里/秒。当运动物体达到这个速度时,就会沿抛物线轨道脱离地球引力,到其他行星上去,从地球引力场进入太阳引力场,成为围绕太阳旋转的人造行星。行星际探测器必须达到这个速度。

第三宇宙速度 16.7 公里/秒。当运动物体达到这个速度时,就会沿双曲线轨道离开太阳系,到银河系中的其他星系去。

虽然第三宇宙速度理论上可以实现太阳系以外的航天活动,但是太阳系太大,假如其半径以十万个天文单位(天文单位就是地球到太阳的距离)作计算,现代航天器以第三宇宙速度飞行,则需要飞行 2～3 万年才能飞出太阳系。进行太阳系以外的通讯,信号来回一次需要一年多时间。所以,以现在的技术讨论太阳系以外的航天活动还为时尚早,相关宇航活动的实现还有待于物理学相对论的重大发展。

2. 运载火箭

能够使空间飞行器达到宇宙速度的工具,是运载火箭。最早的火箭技术诞生于中国,公元 970 年,冯继昇首先提出火箭制造的方法,并进行了试验。现代火箭是依靠发动机产生的反作用力向前推进的飞行器。火箭装有推进剂(燃烧剂与氧化剂的合称),所以它能在无空气的环境中工作。当发动机启动后,推进剂便在燃烧室中燃烧,从发动机尾部喷射出高速、高温、高压的气体,产生巨大的反作用力,把火箭推向前进。如果要使航天器减速,则可以向前喷气。由于火箭不依赖空气的作用,所以可以在外层空间飞行。

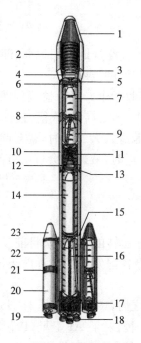

1. 整流罩　2. 搭载的卫星
3. 卫星支架(卫星分配器)
4. 火箭支架　5. ETS 固体发动机
6. 仪器舱　7. 二级氧化剂箱
8. 箱间段　9. 二级燃烧剂箱
10. 级间段　11. 二级游动发动机
12. 二级主发动机　13. 燃气排气孔
14. 一级氧化剂箱　15. 箱间段
16. 一级燃烧剂箱　17. 尾段
18. 一级发动机　19. 助推器发动机
20. 助推器燃烧剂箱　21. 箱间段
22. 助推器氧化剂箱
23. 助推器端头帽

图 3-1 "长二捆"型运载火箭

飞行器是能离开地面飞行的器械,包括航空器、航天器、航宇器、火箭导弹等。航空器又称大气飞行器,是能在地球大气层内飞行的飞行器,如气球、飞艇、飞机等。航天器又称空间飞行器,是在地球大气层外、太阳系地球表面 100 公里以上空间飞行的飞行器,分为无人航天器和载人航天器两类。如人造地球卫星、载人飞船、航天飞机、空间探测器等。航宇器是在太阳系外的恒星空间飞行的飞行器,目前尚处于理论研究阶段。导弹是装有战斗部(弹头)、依靠自身动力装置推进、由制导系统控制航向无人驾驶飞行器。导弹的动力来自空气发动机或火箭发动机,靠火箭发动机发动的导弹主要在大气层外飞行,如弹道式导弹。

现代航空航天技术所用的运载火箭是多级火箭。首先是第一级火箭的发动机点火起飞,它的推进器消耗完后,其空壳自行脱落;接着第二级火箭的发动机点火,继续加速,依此类推。同时,火箭的重量不断减少,可以节约能源。

中国"长征"系列运载火箭(图 3 - 1)发展迅速,其中"长征四号乙"运载火箭,已达到较高国际水准。2008 年"神七"成功升天,这也是中国"长征"系列运载火箭已完成的第 109 次飞行。中国是世界上第三个掌握一箭多星发射技术的国家,并进入国际商业发射市场。

3. 飞行器回收原理

飞行器回收就是飞行器在空间完成任务后安全地返回地面,即通常所说的"软着陆"。回收同发射一样,都是难度很大的技术。

首先是对在运行轨道上的飞行器发出回收指令。飞行器接到回收指令后,就会调整状态,并将回收舱与仪器舱分开。然后启动火箭,使回收舱离升原来的运行轨道,进入返回轨道。当回收舱进入大气层时,就会调整飞行方向与地平线之间的夹角。回收舱离地面较近时,减速伞会自动打开,使回收舱缓慢着陆,或由直升飞机在空中回收。

二、人造地球卫星

人造地球卫星是人类制造的能围绕地球运转的装置,是目前发射历史最长、数量最多、用途最广的航天器。在世界各国发射的各种航天器中,卫星数量约占据 90%。

在前苏联 1957 年发射了"同伴者"卫星之后,1958 年 1 月 31 日,美国发射了"探险者"卫星;1966 年 11 月 26 日,法国发射了 AI 卫星;1970 年 2 月 14 日日本发射了"大隅"卫星。1970 年 4 月 24 日,中国发射了自行研制的

"东方红一号"卫星,成为第五个发射卫星的国家,开始了自己的航天史。

　　人造卫星按用途可分为三大类:科学实验卫星、技术试验卫星和应用卫星。科学卫星是用于科学探测和研究的卫星,主要包括空间物理探测卫星和天文卫星,用来研究高层大气、地球辐射带、地球磁层、宇宙线、太阳辐射等,并可以观测其他星体。技术试验卫星是进行新技术试验或为应用卫星进行试验的卫星。如新原理、新材料、新仪器等能否使用,必须在天上进行试验。应用卫星是直接为人类服务的卫星,在卫星中是数量最大、种类最多、应用最广,效益最高的。应用卫星又分三大类,即通信卫星、遥感卫星、导航卫星。还可以进一步细分,如遥感卫星又可以分成资源卫星和气象卫星两类。此外,应用卫星也可以按民用和军用进行分类。

　　人造地球卫星按运行轨道的高度不同可以分为三种:轨道高度为200~2000 千米的低轨道卫星;轨道高度为 2000~20000 千米的中高轨道卫星;轨道高度为 35786 千米的位于赤道上空的地球静止轨道卫星。

　　人造卫星的运行轨道通常有三种类型:地球同步轨道、太阳同步轨道、极地轨道。地球同步轨道中有一种十分特殊的轨道,即地球静止轨道。地球同步轨道可以有无数条,而地球静止轨道只有一条。通信卫星、广播卫星一般采用第一种轨道;地球资源卫星一般采用第二或第三种轨道;侦察卫星常采用第三种轨道;气象卫星则这三种轨道都可采用。

　　现在,中国已初步形成了六大卫星系列,即返回式遥感卫星系列、"东方红"通信广播卫星系列、"风云"气象卫星系列、"实践"科学探测与技术试验卫星系列、地球资源卫星系列、"北斗星"导航卫星系列。从 2000 年 10 月到2003 年 5 月,中国共发射了 3 颗"北斗星"导航定位卫星。现在汽车上有GPS 定位导航,就是利用导航卫星。有些高档手机上也有 GPS 接收功能,可以作导航仪使用。现在 GPS 应用很广泛,特别在国家抗洪等非常时期,可以做到光纤不通,短波通,短波不通卫星通。2007 年 2 月 3 日,"长征三号甲"运载火箭第 95 次升空,又将"北斗星"导航试验卫星送入太空。

　　截止到 2005 年 10 月,中国已成功发射了近百颗国产卫星、6 艘飞船、27颗国外卫星。现在已能开发和运行控制能够应用于全球范围的高性能卫星,且在卫星观测资料的传播方面占据世界重要地位。从 20 世纪 80 年代起,中国卫星从试验转向应用阶段,发展迅速,为经济建设发挥了作用,在各省市自治区的 20 多个部门都得到广泛利用。其中包括邮电、通讯、电视广播、教育、金融、农林、气象、海洋、环境与资源、地矿、交通、水利电力及军事部门。卫星的利用产生了很大的社会效益。

1. 通信卫星

通信卫星是用来进行远距离无线电通信的卫星。它运行的轨道在地球上空约 36000 公里的高度，轨道平面与地球赤道面重合，其绕地球运行周期与地球自转周期相同。因此从地面上看，人造地球卫星好像固定在空间的某一个点上，每 24 小时绕地球旋转一圈。一颗通信卫星可以在地球表面大约三分之一的地区实行通信。三颗通信卫星可适当定位构成一个同步卫星系统，能在全世界绝大部分地区实行通信。

通信卫星又分很多种，有固定通信卫星、移动通信卫星、数据通信卫星，还有电视直播卫星及音频广播卫星等。还可以细分，如固定通信卫星又分为国际通信卫星、国内通信卫星。国际通信卫星覆盖面比较广，美国的各类比赛都是通过国际卫星转播，现在已经发展到了第十代。国内通信卫星就是区域性的，比如中国的"东方红三号"等，都属于国内的区域通信卫星。

卫星通讯是空间技术和通信技术相结合的产物。卫星通讯具有距离远、覆盖范围大、通信容量大、通讯质量好、用途广、可靠性高、抗干扰能力强、机动灵活性也比较理想等优点。目前全世界 2/3 以上的国际电话业务和全部洲际电视转播业务都是由通信卫星完成的。它的用途也日益拓宽，如利用通信卫星开展电视教育、电报、传真、数据传输、资料检索与传送、国际会议、救灾、计算机联网等项业务。

移动通信卫星是指用户可以移动，移动通信卫星的地面站可以移动。比如海事卫星最早用在轮船上，轮船在航行中通过海事卫星进行通信，尤其在遇到紧急情况下进行通信。一般的卫星都是在地球静止轨道上，但地球静止轨道只能容纳 200 多颗卫星，而且这个位置比较远，所以在 20 世纪 90 年代又出现了一种新的移动通信卫星，在近地轨道运行。比如"铱星"系统有 66 颗卫星，其优点是高一点或低一点都不影响通信，同时信号衰减非常小，所以在地面用手机就可以进行通信。但其覆盖面比较小，所以需用 66 颗卫星组成的星群，卫星之间有电路，采用接力的方式。但它太贵，所以一般供美国军方和探险家使用，可以在包括南极和北极在内的地球上任何一个地方打电话。

中国在 1988 年 3 月 7 日发射的"东方红二号甲"卫星，是中国第一代实用通信卫星，也是一颗双自旋稳定的地球静止轨道通信卫星。该卫星现已发射 3 颗。"东方红三号"卫星于 1997 年 5 月 12 日发射。到目前，中国已发射了三代通信卫星。第一代通信卫星是 1984 年发射的 2 颗通信卫星和 1986 年 2 月 1 日发射的"东方红二号"实用型通信广播卫星。第二代通信卫星是"东方红二号甲"通信卫星,分别于 1988 年 3 月 7 日、1988 年 12 月 22 日、1990 年 2 月 4 日和 1991 年 11 月 28 日发射了 4 颗。它们是双自旋稳定的地球静止轨道通信卫星,载有 4 台 C 波段转发器。第三代通信卫星是 1997 年 5 月 12 日发射的"东方红三号"地球静止轨道通信卫星,该卫星是中国迄今为止发射的通信卫星中,性能最先进、技术最复杂、难度最大的卫星,达到了国际同类卫星的先进水平。

成立于 2006 年 12 月的中国直播卫星有限公司,资源规模在亚洲仅次于日本 JSAT。现已拥有"中卫 1 号"、"鑫诺 1 号"、"鑫诺 3 号"、"中星 6B"、"中星 9 号"等 5 颗通信卫星(其中 4 颗在轨卫星),"鑫诺 4 号"(是对 3 号的补充)也将发射投入运营。2007 年 6 月 7 日、7 月 5 日,中国"鑫诺 3 号"卫星和"中星 6B"卫星相继发射升空,分别进入预定的地球轨道。这两颗卫星的成功发射和运行正常,旨在确保中国广播电视的传播,将构成中国广播电视新一代安全卫星传输网络。"中星 6B"卫星本是"中星 6 号"的替代星,由于"鑫诺 2 号"发射出意外,又承担了广播电视传送任务,成为通信广播卫星。直播卫星公司正在建设新的"鑫诺 5 号"(将为 1 号的接替星)、"鑫诺 6 号"和"中卫 2 号"卫星。预计到 2010 年底,将有 7 颗卫星在轨运营。

2008 年 6 月 9 日 20 时 15 分,"长征三号乙"运载火箭开启长征系列的第 107 发射,"中星 9 号"广播电视直播卫星成功进入超地球同步转移轨道。这是汶川大地震发生后西昌卫星发射中心的首次航天发射,卫星投入使用后,正值北京奥运会召开,保证了数千万家庭直接收看奥运盛况。"中星 9 号"直播卫星是中国从法国引进的广播电视直播卫星,将开启中国直播卫星时代。这颗造价高达 1 亿欧元、重达 4.5 吨、设计寿命 15 年的卫星,装载 22 个 Ku 频段转发器,采用广播电视直播卫星业务专用频段,将定点于东经 92.2 度轨道位置,卫星波束覆盖中国全部国土,与将发射的"鑫诺 4 号"直播卫星一起,构建中国第一代广播电视卫星直播空间段系统,具有 150～200 套标准清晰度和高清晰度电视节目的传输能力。广大居民可使用 0.45～0.6 米小型天线直接接收卫星广播电视节目。由于该卫星在覆盖效率方面的绝对优势,可使广大偏僻乡村收看到卫星直播节目。

2. 地球资源卫星

地球资源卫星是专门用于对地球资源进行综合考察的人造地球卫星。地球资源卫星上装有反束光导电视摄像仪、固体相机、多光谱扫描仪等各种遥感探测仪器。地球上的各种物质都具有吸收、辐射、散射或反射一定程度的电磁波,我们可以用各种探测仪器遥感地面物体辐射、散射或反射出来的电磁波信号,经过处理后使其转化为我们的眼睛可以直接识别的图像,以达到对地面资源作出准确判断的目的。地球资源卫星利用遥感技术可以从空间探测地下矿藏、海洋资源、地下水源、农业资源、水产资源、水利资源,并能预报农作物的收成和火山爆发、地震、洪水、森林大火等自然灾害。

资源卫星的优点是飞得高、看得远、速度快、效率高。例如绘制一幅中国地图,用航空摄影方法需要拍 100 万张照片,需 10 年左右时间才能完成。而采用地球资源卫星提供的照片,只需 500 张,仅用约 20 分钟时间即可完成。一颗资源卫星每天可以围绕地球运转 14 圈,每 18 天就可以把地球表面全部拍摄一遍。无论是世界上的哪个角落,都可以获得丰富可靠的资料。

世界第一颗资源卫星是美国的"陆地一号",现在已经发展到了第七代。法国资源卫星也比较先进,发展到了第五代。中国和巴西合作,先后于 1999 年 10 月和 2003 年 10 月成功发射了中巴第一颗、第二颗"资源一号"卫星,2007 年中巴第三颗"资源一号"卫星又成功送入太空。该星装有多光谱 CCD 相机、高分辨率相机、宽视场成像仪、空间环境监测系统和数据收集传输系统等有效载荷,可向中国、巴西和世界其他具有接收能力的国家和地区实时发送可见光、多光谱遥感图像信息,可广泛应用于农作物估产、环境保护与监测、城市规划和国土资源勘测等领域。

中国"资源二号"卫星是传输型遥感卫星,主要用于国土资源勘查、环境监测与保护、城市规划、农作物估产、防灾减灾和空间科学试验等领域。曾于 2000 年 9 月 1 日和 2002 年 10 月 27 日分别发射这种型号卫星的 01 星和 02 星,这两颗卫星至今仍在轨正常运行,已发回了大量数据。03 星的总体性能和技术水平与前两颗相比,有了改进和提高。由此,太空中将呈现中国"资源二号""三星高照"的态势。

"资源三号"卫星研制工程正在紧锣密鼓的进行过程中,将实现立体测图作业和无人机摄影测量等,其最终任务就是要实现立体测绘的功能,测制 1∶5 万电子地图。

3. 气象卫星

气象卫星是用于观测、探测和研究气象的人造地球卫星。天气是全球现象,天气多变,与多种因素有关。长期以来,气象预报主要是靠经验和局部地区的资料,所以准确度不高。气象卫星的应用大大提高了气象预报的准确性,并能提供大范围的气象预报。

气象卫星根据轨道不同分为两种,极地轨道气象卫星和地球静止轨道气象卫星。极轨气象卫星围着地球两极进行飞行,主要用以全球观测。中国的"风云一号"就是极轨气象卫星,一天可以观测全球两次。静止轨道气象卫星作为对地球大气进行遥感观测的重要工具,对减灾防灾和地球环境变化的监视具有十分重要的意义。中国的"风云二号"跟通信卫星一样,主要是实时观测中国地区,可以连续观测,为气象、海洋、农业、林业、水、航空、航海、环境保护等领域提供了大量的公益性和专业性服务,并产生巨大社会和经济效益。

世界上同时拥有两种气象卫星的国家有三个,分别是美国、俄罗斯、中国。现在,欧洲航天局和欧洲气象卫星组织也正积极联合开发研制气象卫星,已成功发射了地球同步轨道气象卫星,正待发射极地轨道气象卫星,并将与美国国家海洋和大气管理局的极地轨道卫星构成完整的极地气象监测体系,提高全世界的气象预报水平。

世界上第一颗气象卫星是美国发射的。中国从20世纪70年代起开始研制气象卫星,也已发射了4颗"风云一号"极轨气象卫星、4颗"风云二号"静止轨道气象卫星。2008年又成功发射了"风云三号"气象卫星,这是新一代的极轨气象卫星的首发星,共装载11个遥感仪器,运转一年,已累计绕地5122多圈,完成730多次全球观测。"风云三号"A星在遥感能力上实现了从单一遥感成像到地球环境综合探测、从光学遥感到微波遥感、从公里级分辨率到百米级分辨率、从国内接收到极地接收的四大技术新突破。"风云三号"A星的发射和应用标志着中国气象卫星的总体技术水平进入了国际的先进行列,标志着中国在气象卫星数据资源的拥有上也进入了强国行列。目前在轨运行的为"风云一号"D星、"风云二号"C星和D星、"风云三号"A星共4颗气象卫星。"风云三号"B星预计将在2010年发射。中国的第二代地球静止气象卫星"风云四号"2009年已进入立项阶段,计划于2013年底左右发射。目前,中国包括气象卫星在内,在天运行的卫星共有30多颗。

4. 科学实验卫星

科学实验卫星是专门用于科学技术研究的人造卫星,主要包括天文观测卫星、地磁场研究卫星、重力卫星、大气层粒子研究卫星、海洋勘测卫星等。由于科学实验卫星处于宇宙空间这个特殊位置,所以可提供在地面上很难或无法获得的资料。目前科学实验卫星可以观测空间太阳辐射、宇宙线、高能粒子等自然现象,并进行天文学、空间物理学、地球科学等领域研究。

中国首项月球探测计划"嫦娥工程",于2003年3月1日启动,分三个阶段实施,首先发射环绕月球的卫星,深入了解月球。"嫦娥一号"月球探测卫星由卫星平台和有效载荷两大部分组成,是由我国自主研制并于 2007 年 10 月 24 日在四川西昌卫星发射中心成功发射,运行在距月球表面 200 千米的圆形极轨道上执行科学探测任务。2009 年 3 月 1 日 16 时 13 分,"嫦娥一号"卫星在有效控制下成功撞击月球,为中国月球探测的一期工程画上了圆满句号。"嫦娥二号"卫星将于 2010 年前后发射。

中国的"实践"卫星系列主要是空间物理探测卫星。首颗卫星"东方红一号"的任务是进行卫星技术试验,探测电离层和大气密度。不到一年的时间内,1971 年 3 月 3 日成功发射了"实践一号"卫星。1981 年 9 月 20 日进行一箭三星技术试验,又成功发射了"实践二号"、"实践二号 A"和"实践二号 B"三颗卫星。随后,利用火箭首飞试验的机会,1994 年 2 月 8 日成功发射了"实践四号"卫星,主要用于地球同步转移轨道上的辐射环境与辐射效应测量的科学技术试验。1999 年 5 月 10 日发射的"实践五号"卫星,进入高度为 870 公里的近圆形太阳同步轨道。这是新一代科学探测与技术试验卫星,以适应多种不同空间科学和技术试验的更高要求,用以提高卫星技术为国民经济和空间科学研究服务的水平。2004 年 9 月 9 日,用"长征四号乙"运载火箭同时将两颗"实践六号"A 星和 B 星成功地送入了太空,这是空间环境探测卫星。2005 年 7 月 6 日 6 时 40 分,中国自行研制的"长征二号丁"运载火箭将"实践七号"科学试验卫星成功送入太空预定轨道。2006 年 9 月 9 日 15 时,"实践八号"育种卫星发射升空,这是首颗专门为航天育种研制的返回式科学技术试验卫星。它在近地点 187 公里、远地点 463 公里的近地轨道共运行 355 小时,航程 900 多万公里,圆满完成了诱变育种实验和机理研究等空间运行试验任务。经过 15 天太空飞行的"实践八号"育种卫星回收舱,准确落入四川遂宁预定回收区域。回收舱保持完好,并由有关部门成功回收。2008 年,"实践九号"科学探测与技术实践卫星现已进入研发阶段,近年内有望上天,将大大提高中国对灾害的长期监测预报能力和减灾救灾水平。

三、载人航天技术

载人航天是 30 年来航天成就的重要组成部分,载人航天技术难度大,需要投入更多的资金,因此载人宇宙飞行常被看作具有划时代意义的重大事件,举世瞩目。但载人航天并没有经济效益,主要是政治影响。美国和前苏联都竞相发展载人飞船,主要为争夺世界第一。如,第一个宇航员上天、第一个女宇航员上天、第一个上月球、第一个在太空中停留时间最长等。

1. 宇宙飞船

宇宙飞船是航行于空间的载人航天器。它一般有轨道舱、返回舱、设备舱和逃逸救生火箭等四部分构成。飞船完成航行任务后,宇航员乘坐返回舱返回地面。

宇宙飞船主要有两类:绕地球飞行的宇宙飞船和登月飞船。

绕地球飞行的宇宙飞船的主要任务是研究人在宇宙飞行中的状况、飞船对接、飞船着陆等问题,为人类远离地球的航行作准备。

前苏联在第一颗人造卫星上天后不久,即着手载人航天计划,这就是"东方号"计划。该计划1958年末获批准,1959年初开始设计,从可行性研究到1961年4月12日"东方1号"载人飞船上天,只花了2年半的时间,比美国的首次载人轨道飞行早了10个月。"东方1号"飞船绕地球一周,历时108分钟。后因1964年末美国载有2名航天员的"双子星座"飞船成功发射入轨,为与之相抗衡,前苏联开始"上升号"的研制与飞行试验。其主要任务是试验承载多人的飞船系统,考查航天员之间的配合能力,并试验舱外活动的能力。该计划从1964年10月至1965年3月历时五个月,进行了两次载人飞行。此后又进行"联盟号"飞船研制,是继"东方号"和"上升号"之后的一种新型的载人飞船,主要任务是给空间站运送人员和少量物资。"联盟号"载人飞船于1967年4月23日进行第一次发射,后发展为"联盟"、"联盟T"、"联盟TM"、"联盟TMA"4个序列。

在前苏联"东方号"飞船上天的同一年,1961年5月25日,美国总统向国会提出在10年的时间内实现载人登月并安全返回的目标,此即"阿波罗登月计划"。其目的在于把人送上月球,实现对月球的实地考察,并为载人行星探险做技术准备。该计划始于1961年5月,结束于1972年12月,历时11年7个月。"阿波罗飞船"由指挥舱、服务舱和登月舱3部分组成,已相继进行过6次无人亚轨道和环地轨道飞行、一次环地飞行、3次载人环月飞行,最后才正式进行登月飞行。1968年10月11日发射的"阿波罗-7"是第一次载人(3名航天员)飞行。自"阿波罗-7"起到"阿波罗-17"为止,美国共发射了11艘载人阿波罗飞船。"阿波罗17号"是人类第六次也是迄今为止最后一次成功登月的太空航行,为阿波罗计划画上了句号。

1992年,中国开始启动载人航天工程。这是继"两弹一星"之后、中国航天事业创立以来,规模最庞大、系统最复杂、技术难度最大、可靠性和安全性要求最高的高技术工程。1999年11月,"神舟一号"试验飞船发射并回收成功,中国载人航天技术取得重大突破。之后又成功地发射并回收了3

艘"神舟"号无人试验飞船,为实现载人飞行奠定了坚实基础。2003 年 10 月 15 日至 16 日,"神舟五号"载人飞船把我首位航天员成功地送入太空并安全返回,实现中华民族千年飞天的梦想,是中国航天史上又一新里程碑。2005 年 10 月,"神舟六号"载人飞船实现了"两人五天"的载人航天飞行,首次进行了有人参与的空间试验活动。2008 年 9 月 25 日"神舟七号"载人飞船发射升空,共计飞行 2 天 20 小时 28 分钟。此次飞行实现了多项技术的重大突破,一是航天员人数增至 3 人;二是实现了中国航天员首次太空行走;三是在飞船进入预定轨道后会择机释放了一颗伴飞小卫星。

2. 空间站

空间站是不停地环绕地球运行的载人飞行器,这种空间基地,不但提供卫星停靠的场所,还进行科研与生产。它一般有生活舱、工作舱、服务舱和对接舱四部分组成,其运行轨道一般在地球上空 200 公里左右。科学家利用空间站的特殊位置来研究人类对空间环境的适应性,对天体与地球进行观测,以及军事侦察、新材料试制和生物实验等课题。

20 世纪 70 年代前苏联先后发射"礼炮 1 号"至"礼炮 5 号"第一代空间站。"礼炮 1 号"在轨道上先后同"联盟 10 号"和"联盟 11 号"载人飞船进行对接。这些空间站只有一个供载人飞船对接的舱口,燃料与物资的补给有限,因而寿命都不长。1977 年 9 月 29 日和 1982 年 1 月 19 日,前苏联发射了"礼炮 6 号"和"礼炮 7 号"两个空间站,有了两个对接舱口,寿命大为延长,被看作是第二代空间站。1986 年 2 月 20 日,前苏联发射第三代空间站"和平号",是前苏联永久性载人站的核心舱体。

1973 年 5 月,美国发射一个总长 36 米、重 96 吨、工作容积 327 立方米的大型空间站。它在轨道上运行了 6 年多,先后接纳了 3 组共 9 名宇航员。

由于空间站的投资很大,给计划实施造成困难。如美国的"自由号"空间站开始计划 80 亿美元建成,后来增至 300 亿还不够,大概要花费 1000 亿美元,后无法进展下去。后来各国就达成协议,联合建立空间站。由美、俄、日、加等合作建设的国际空间站始建于 1998 年,是世界航天领域最大规模的科技合作项目,也是航天史上第一个由各国合作建设的载人空间站。该空间站开始是 13 个国家,后来发展到 16 个成员国。中国也希望能够参加国际空间站计划,成为第 17 位合作伙伴。

现在,空间站的发展暂时还不能承受太多的人去工作与生活,人也不会承受那么复杂的环境。利用智能机器人技术去进行相关的空间开发将是一个重要发展趋势。

四、行星际探测器

行星际探测器是从地球上向太阳系其他行星发射的探测仪器。行星际探测器一般由轨道舱和降落舱组成。轨道舱装有保障向行星航行的仪器，降落舱装有在行星着陆后考察行星的仪器。其主要探测内容为太阳系的现状、演化与起源、太阳系化学变化的过程、太阳系其他行星与地球的比较、生命的起源，并为将来开发和利用行星资源创造条件。

要向其他行星发射探测器，必须要有强大推力的运载火箭，飞行器要达到第二宇宙速度，所需能量比发射同样重的人造地球卫星多三倍。飞行器要求高度的可靠性和较长的寿命，并有超远程的通讯能力。飞船还必须有高度自动化装置。例如，从金星发出的无线电信号要经过 4 分钟才能到达地球，我们不可能从地球上去控制金星探测器的软着陆，这一切都必须依靠飞船上的自动装置去完成。

1960 年 2 月，美国发射"先驱者 5 号"，首次对金星进行探测。1970 年12 月，前苏联的"金星 7 号"在金星上成功软着陆。美国又发射"水手 4 号"对火星、木星进行探测。1997 年 7 月，美国"探路者号"飞船在火星着陆，并于 7 月 6 日在火星上成功安放探测车。1997 年 10 月 15 日，美国的"卡西尼"土星探测器开始历时 7 年、行程 35 亿公里的土星之行，有的探测器已越过海王星、冥王星轨道。

这些探测器为我们发回了大量的照片和数据，从中我们发现了木星环、木星和土星的新卫星等。

五、航天飞机

航天飞机是一种可重复使用的有翼式载人飞行器，是一种飞往太空并能返回地面的有人驾驶的空间运输工具。其外形类似普通飞机，其具有飞船不可比拟的优越性。航天飞机由轨道器、外贮箱、助推器三个部分构成。轨道器是宇航员及科学家工作与生活的空间。外贮箱为轨道器三台主发动机贮存和输送液氢和液氧推进剂。助推器是推动航天飞机上升的动力源。

航天飞机兼有运载火箭、载人飞船和飞机三者的功能。它可以把各种飞行器送入地球轨道，可发射、回收或修理卫星，为空间站输送物资，定期接送宇航员和研究人员，并进行多种科学考察。航天飞机具有运载量大，可装载各种卫星、飞船、实验室和多名工作人员。它缩短了在地面上的发射准备时间，为非专业人员进入太空创造了条件，并可反复使用。

163

1981 年 4 月,美国首次发射"哥伦比亚号"航天飞机。1988 年 11 月,前苏联"暴风雪号"航天飞机试飞成功。1992 年,中国载人航天计划工程正式制定,提出了研制和运行以空间站为核心的载人航天系统,而天地往返系统确定为宇宙飞船,即后来的"神舟"号。

据有关专家报告,中国研发航天运输系统选择的技术道路和美国、俄罗斯等国家均不相同。俄罗斯重在发展飞船,而美国在很长一段时间内将航天飞机作为研发重点,他们的航天飞机系统其实只有两部分可重复使用,即航天飞机机体和固体火箭助推器。但美国搞的航天飞机系统复杂、功能复杂、设计复杂,而且包揽许多可以用无人航天器进行的任务,导致维护费用高、容易发生事故等高代价,经济上很不合理。此外,据航天专家的报告,他们提出一种立足于新一代运载火箭主要技术的串联式两级入轨重复使用运载器方案。该方案的主要特点是采用两级方案,降低了对发动机、材料等技术的指标要求,从而可以立足于新一代运载火箭的成熟技术,技术基础较好。这是适合中国国情的可重复使用运载器的起步方案。这类可重复使用天地往返运输系统,可降低发射费用、提高可靠性、缩短发射周期;且采用空中发射、水平起飞等新型发射方式,可提供强大的机动能力,从而达到快速、机动、可靠、廉价地进入空间的目标。此外,该技术提供了大批量快速发射卫星的手段,在战时能够快速建立、重构空间卫星体系,其优异性能还可以作为空间作战飞行器,完成空间侦察、通信、作战任务;而和平时期将作为商用运载器,可显著提高商业发射的竞争能力。

美国首次载人航天的"水星"计划,是一人进入太空;第二个"双子星座"计划,是两人乘航天飞机升空;"阿波罗"计划就实现了载人登月。中国的"神舟"六号和七号已实现了和美国相似的前两个步骤,下一步就将是载人登月。

第七节　海洋技术

地球表面 71% 是海洋,海洋是海和洋的统称。远离大陆且面积广阔的水域称作洋,一般是从大陆坡到海洋盆地这一范围,占海洋总面积的 89%,靠近大陆且面积较小的水域称作海。海洋是生命的摇篮,蓝色的宝库,它蕴藏着极其丰富的矿产资源、生物资源、化学资源、淡水资源和空间资源,具有极大的开发潜力。海洋技术是研究开发利用海洋资源和保护海洋环境的技术,主要包括海底矿产资源开发、海洋生物捕捞及养殖、海水化学资源提取、海洋淡水资源开发、海洋能源资源开发、海洋空间利用等技术。

随着海洋科学技术、尤其是海洋高新技术的迅速发展,借助于海洋监测技术的发展与海洋卫星的应用,新的可供开发利用的海洋资源不断发现,由此不断催生新兴海洋产业,并随之衍生出一系列新型海洋产业群。如,海洋生物技术的发展,将促进新型海洋农牧业的发展;海上平台等海洋工程建筑技术,将使海洋空间成为海底仓库、海底通道、海上城市等。

中国是个陆地大国,又是个海洋大国。中国国土的陆地面积是960万平方公里,还有300万平方公里可管辖的海洋国土。中国的海洋国土由黄海、渤海、东海和南海组成。中国海岸线长度为1.8万公里,居世界第四位;大陆架面积位居世界第五位,200海里专属经济区面积为世界第十位。增强海洋意识,重视开发利用海洋资源对中国的现代化建设和经济发展十分重要。

一、海底矿产资源开发技术

海洋的海底地层中,矿产资源十分丰富,凡是陆地上有的矿种,海洋里几乎都可以找到,且是陆地上的几十倍甚至上千倍。由于陆地资源大量开采,日趋短缺、枯竭,严重地阻碍了经济的持续发展。开发海洋中蕴藏的极其丰富的矿产资源,就成为解决这一危机的必由之路。目前,在海洋矿产资源中,最有经济意义、最有发展前景的是海洋油气资源、大洋锰结核和海滨砂矿资源。

1. 海底石油与天然气

石油、天然气是一个多世纪以来人类消耗的主要能源,当前世界油气资源勘探开发已逐步由陆地转向海洋,海洋油气资源高效勘探开发等相关技术也有重大发展。目前,在国际海洋油气勘探领域,大面积三维地震、叠前深度偏移、多波地震等技术以及直接指示石油烃类的非地震勘探技术发展很快,引领海上油气勘探的前沿技术。

大陆架是陆地在海中的延续,大约在一万多年前也曾经是陆地的一部分。世界上大陆架的面积约有2700多万平方千米。大陆架和深海(如海沟带)之间,还有一段很陡的斜坡,称为大陆坡。已发现大陆坡也有大量的油气资源,将成为探寻海洋油气宝藏的重要场所。大陆坡的面积比大陆架还要大,有3800多万平方千米。两者合计,相当于陆地沉积岩盆地面积的两倍。海洋的这些区域具有形成油气积聚层需要的最好的地质条件,覆盖着非常厚的沉积物,油矿、气矿一般与这样的地带相联。

石油和天然气是海底最重要的矿产。据估测,海底石油的储量为1350亿吨,天然气为140万亿立方米,分别占世界石油和天然气总储量的45％和50％。1887年,在美国加利福尼亚海岸数米深的海域钻探了世界上第一口海上探井,拉开了海洋石油勘探的序幕。但直到20世纪70年代之前,海洋石油产量仍微不足道,海洋石油年产量分别只占石油年总产量的7％～15％,80年代达到25％,2000年达到50％左右。60年代以来,从事海上石油勘探的国家已达100多个,勘探足迹遍及南极洲以外的所有大陆架,钻探深度已超过2000米,钻井总数已超过3000口,总产量30多年来增长了20倍。

中国的渤海、黄海和东海的大陆架极其宽阔,上面铺盖着亿万年来的沉积物,蕴藏着极为丰富的石油和天然气资源。经初步普查,已发现300多个可供勘探的沉积盆地,面积大约有450多万平方公里,其中海相沉积层面积约250万平方公里。中国近海已发现的大型含油气盆地有10个,渤海盆地、北黄海盆地、南黄海盆地、东海盆地、台湾西部盆地、南海珠江口盆地、琉东南盆地、北部湾盆地、莺歌海盆地和台湾浅滩盆地;已探明的各种类型的储油构造400多个。

中国的海洋石油工业已经取得了令人瞩目的成果。21世纪以来,渤海、东海、南海西部、南海东部等四大海洋石油基地已初具规模,现已约占全国石油年产量的1/6左右。随着“海上高分辨率地震勘探技术”等高新科技在地质勘探中的应用,得以更深刻地认识海域地质构造,由此提出了新的油气成藏理论。根据这一新理论,发现了储油量可观的渤海油田群。中国大陆架的海底石油产量远景看好,很有可能成为将来的“石油海”。

海洋石油、天然气开采有以下几个发展趋向。一是普遍重视地质和地球物理调查,开展对海洋地质学基础理论的研究,为矿源的预测提供科学根据。二是逐步由调查船单点调查走向由卫星、潜艇、海上浮标和水下实验室联合组成的立体观测,并由国内各部门之间的合作向国际间合作发展。三是勘采区域重点将由大陆架向大洋近海地区发展。为此,法、日等国正在发展深海勘探和采油技术。

2. 锰结核

锰结核又称锰团块、锰矿瘤。它呈黑色或褐色,大的像大豆,小的像豌豆,个别大的直径在1米以上,其结构形态类似洋葱。锰结核主要分布于水深3000～5000米海底的红粘土和硅质软泥的表面层。它广泛分布于三大洋,特别是太平洋,蕴藏量很丰富。根据世界各国调查资料统计,世界洋底锰结核总储量为 3 万亿吨,仅太平洋就有 1.7 万亿吨。而且,锰结核总储量还在以每年 1000 万吨的速度增长。

通过化学分析,锰结核中含有丰富的锰,此外还含铁、铜、钴、镍等 20 多种有用金属,其中金属元素铜、钴、镍的含量和品位都达到工业要求。锰结核矿产资源在经济上的战略意义,促使各国加快相关科学技术的发展以实现对它的开采。围绕锰结核开发的国际斗争也日渐激烈,日本已成功地用气吸法把锰结核从大洋底吸上来,最高开采速度达每小时 40 吨。

1983 年以来,中国"向阳红 16 号"科学考察船在太平洋进行了多次锰结核调查,采集了大量底质样品和锰结核标本,取得了重大成就。该船于 1993 年不幸被外国货轮撞沉。1994 年 3 月底,中国又派出"向阳红 9 号"赴太平洋继续考察。

3. 海滨砂矿

在砂质海岸带的岸边和水下堆积着大量的海砂,它本身就是重要的建筑原料。同时在堆积过程中,不同比重的砂粒又被分选富集起来,形成海滨砂矿,其中钛、锆、铈、镧、钍等是制造原子反应堆的重要原料。从海滨砂矿中还能筛选出黄金、石英、金刚石以及含有大量稀有元素的金红石、锆石、金刚石等,它们是生产半导体工业、航天工业、核电工业等所必需的单晶硅、金属钛、核燃料钍等的重要原料。

二、海洋生物资源开发技术

随着海洋生物技术这一全新学科的发展,使海洋生物资源开发研究成为 21 世纪海洋研究开发的重要领域。目前,该领域主要沿着三个应用方向迅速发展。一是海水养殖,旨在提升传统产业,促使海水养殖业在优良品种培育、病害防治、规模化生产等诸多方面出现跨越式的发展;二是海洋天然产物开发,主要探索开发高附加值的海洋新资源,促进海洋新药、高分子材料和功能特殊的海洋生物活性物质产业化开发;三是海洋环境保护,以保证海洋环境的可持续利用和产业的可持续发展。

海洋生物资源异常丰富,整个地球生物生产力的 88% 产自海洋。据计算,全球海洋浮游生物的年生产量为 5000 亿吨。在不破坏生态平衡的情况下,每年可向人类提供 300 亿人口食用的水产品。海洋将成为提供蛋白质与其他生活物资的主要来源地。

海洋生物技术的发展与海洋探查技术的应用,使海洋生物资源开发利用发展迅速,这将使海洋自然生产力得到极大发展。如,耐盐滩涂生物基因

167

技术,将使广阔的滨海盐碱滩涂资源成为良田,催生海洋农业;海洋鱼类的深海网箱养殖技术,把海水养殖活动向水深 30～40 米推进,催生海洋养殖业;利用生物洄游习性,用人工放流苗种技术进行"放牧"式养殖,催生海洋牧业。

目前,海洋生物资源的开发利用程度仅为海洋初级生产力的万分之三左右,因此利用高科技,进行海洋生物资源开发已是一项极为迫切的任务。

1. 深海远洋捕捞

目前,海洋渔业总捕获量的 92％来自仅占海洋面积 8％的大陆架水域。特别是温带沿岸的海域,更是世界渔业发展的集中地。但是,过度捕捞和自然变异已导致近海渔业资源枯竭。为了缓和这个危机,捕鱼业必须向深海远洋发展。

而要向深海远洋发展,不仅要有现代化的大型捕捞船、冷藏加工船和运输船队,还要有一整套新的探测技术。美国首先将遥感技术应用于渔业,并发射了渔业卫星,来侦察鱼群。一种带有计算机的围网不仅可以监测鱼群游弋的速度、方向和位置,还能计算出渔船捕鱼的合适网位,极大地提高捕鱼效率。日本向市场投放一种新发明的大而轻的围网,含有发光的网线、在黑暗的海水发光以吸引鱼类入网,并能有效地防止入网鱼类逃逸。人们还利用鱼类生活习性,发明了光诱和声诱等多种诱捕技术,促使捕捞设备和技术飞速发展,捕捞作业逐渐由近海向深海远洋扩展。中国也在积极发展新型大功率拖网加工船、围网船的设计和建造技术,促进深海渔业发展。

2. 海洋增养殖

海洋传统渔业资源的衰退,尤其是 200 海里专属经济区的建立,使得即便是远洋捕捞也要受到资源量的限制。海水养殖成为当前海洋水产业发展的一个重要途径,并向农牧化发展。

海洋增养殖就是人为地创造海洋经济生物生长所需要的环境条件,同时对这些生物进行必要的改造,提高它们的质量和产量。海洋农业化是指把海洋(包括海滩)围起来搞池养、围养等,导致工厂化生产,建立综合海产品养殖场。海洋牧业化是指把鱼苗放进大海或人工海洋牧场,通过放养和其他技术措施让鱼苗定期回游,然后捕捞,以充分利用海洋的自然生产能力。许多发达国家利用浅海水域和滩涂开辟"海洋农场"和"海洋牧场",配备现代自动化电子设备系统,应用水下电视遥测、电子计算机管理等先进技术手段,在人工礁养鱼、密集养鱼、深海网箱养鱼、工厂化养鱼、人工放养鱼以及人工养殖海藻、紫菜等有经济价值的海洋植物方面,规模巨大,效益显著。

海洋水产农牧化潜力很大。据统计,世界沿海滩涂面积有 44 亿公顷,大部分位于热带和亚热带,是发展海洋水产养殖业的良好场所。据水产专家估计,利用上述沿海滩涂的 10% 发展养殖业,就能生产 1 亿吨海产品。

中国近海水深在 200 米以内的大陆架至少有 22 亿亩,另有浅海和滩涂2.1 亿亩,其中适宜发展增养殖业的浅海滩涂约 2000 万亩。2 亩海面所提供的蛋白质相当 1 亩良田,如果海面和滩涂都能利用起来,将对解决中国粮食、蛋白质的供应起很大作用。江苏等省份在筛选培育耐盐植物,以期在滩涂上种植,目前已取得了可喜成果。

3. 海洋药物研究

海洋中的生物为了生存繁衍,在自然竞争中取胜,便形成了各自独特的结构和奇妙的生理功能,体内生成各种各样的化合物。随着科学技术的发展,人们研究发现这些化合物在治疗疾病方面具有不可替代的作用。例如,海藻和不少动物可以加工成药品;珊瑚中有一种高等哺乳动物才有的激素——前列腺素,可以用来治疗溃疡病、老年性动脉硬化、高血压等。

由于海洋环境的光照、营养等特殊条件,使很多海洋生物都能产生或带有杀真菌、抗癌、抗病毒、抗凝血、镇痛、生长抑制、心动抑制以及抗细菌等活性物质。因此从海洋生物中提取、分离海洋天然产物,研究具有特异生物活性的物质,已日益引起世界上药物学、细菌学、化学、海洋学等学科领域科学家的极大兴趣。

20 世纪 80 年代以来,美、日、英、法、俄、澳等国相继推出"海洋生物开发计划"、"海洋蓝宝石计划"、"海洋生物技术计划"等。从世界各国在海洋领域的战略决策看,海水养殖、海洋生物代谢产物开发和海洋环境保护已成为当前海洋生物技术开发的三大热点。中国的海洋生物资源开发利用技术也日益受到重视,目前主要关注海水养殖优良品种选育和苗种繁育领域中的一些重要的生物科学和技术问题,包括养殖品种生殖发育和生长调控研究,尤其是海水养殖新品种培育、海洋天然产物生源材料的大规模培养等重要技术研究。

此外,深海生物基因资源的研究开发在国外已有十余年,中国尚处于起步和探索阶段。随着"十五"深海基因资源研究实验室建立,正在建立深海极端微环境随机基因库、信息库等,已开始研发具有国际先进水平的深海基因分子操作技术,筛选具有重要开发价值的深海基因,并逐步开展其产业化研究,以确立中国在该领域的国际地位。

　　中国近年来十分关注近岸海域环境污染加速扩展、大规模富营养化和赤潮灾害、近岸海域生态环境破坏、污染物来源及海洋生态环境效应等海洋生态环境问题。相关的海洋环境保护与生态环境修复技术正在日益引起国家关注。比如，海洋生态环境应用基础性研究、海洋环境污染预防和控制技术、海洋环境污染的生物修复技术、入海污染物处置工程技术等方面的高技术及关键技术；海洋环境容量及其利用技术和生态系统行为与环境影响等方面研究；建立若干海洋环境保护与生态环境修复示范区，建立海洋生态环境基础信息系统、物种资源信息系统、环境质量和生态健康标准体系等。其中，优先关注的相关问题包括污染损害的环境变异和生态系统演替过程、海域自净与容纳能力、海洋生态环境可持续利用能力、生态环境修复工程技术、环境灾害的应急处置技术、海洋生态环境管理技术等。

三、海洋化学资源开发技术

　　世界上已发现的 100 多种化学元素中，海洋中就占近 80 种，其中 17 种元素是陆地上所稀缺的。海水中含盐 2200 万立方公里，平铺于地面，可厚达 150 米；海水含铀 40 亿吨，为陆地含量的 4000 倍。从宏观上看，海水所含化学资源量很大。但从实践上考虑，各种元素在海水中的浓度很低，在目前的技术条件下，提取成本太高，经济效益过低。因此除了对盐、卤素、镁、钾的提炼制备外，其他大部分资源尚待开发。

　　1. 海水制盐业

　　海水含盐丰富，每 1000 克海水中含有 30 克左右的食盐。食盐不仅是人们生活所必需，也是化学工业不可缺少的原料。目前，海盐约占世界食盐消费量的 1/3。

　　海水制盐的特点是：第一，基建投资少、成本低，经济效益好。第二，海盐生产靠日晒，节约能源。如中国海盐平均每吨耗电只有 12 度，而四川井盐每吨耗天然气 154 立方米，耗电 70 度。第三，海盐质量好，又便于运输，与沿海地区人口密集、工业集中，用盐量大相适应。

　　中国海盐生产发展很快，现在沿海 11 个省、自治区、直辖市都有盐田，盐田面积比建国初期有了大幅度增长。所生产的海盐质量也不断提高，品种越来越多。除原盐外，已投入批量生产的有洗涤盐、粉碎洗涤盐、精制盐、加碘盐、餐桌盐、肠衣盐、蛋黄盐和滩晒细盐，并在试制调味盐、饲畜用盐砖等。

2. 海水提铀

海水中铀的储量大约是 45 亿吨，每升海水中约含 3.3 微克的铀，人们从海水中提铀，主要是采用吸附剂。吸附剂的种类很多，目前吸附性能最好的是无机吸附剂——钛酸，此外还有有机吸附剂和神奇的生物吸附剂。由于海水中铀占的比例只有十亿分之三，使用目前的吸附剂提取，要得到 1 吨铀，至少得处理 3 亿吨海水。因此，海水提铀目前仍处于实验阶段。日本2000 年建成年产 1000 吨的海水提铀工厂，英国科学家提出了建立年提铀量 1000 吨的海水提铀系统的设想。

中国于 1966 年开始海水提铀的研究工作，70 年代初已得到一定数量的铀化合物，是世界上从海水中提取铀较多的国家，工艺试验也处于世界领先地位。

3. 海水提溴

溴是一种贵重的制药原料，也是防爆剂、染料、照相材料、农药、塑料及某些合金纤维的耐燃剂、灭火剂等化工产品的辅助原料。海洋是元素溴的"故乡"，地球上 99％以上的溴都在海水里。海水中溴含量约为 6.5‰，总储量达 100 万亿吨。自 1934 年美国首次从海水中提溴成功，海水提溴工业发展很快。

中国生产的溴主要从井盐和海盐苦卤中提取，目前海水提溴的研究工作已取得重要成功。1967 年开始用"空气吹出法"进行海水直接提溴，1968年获得成功。现在青岛、连云港、广西的北海等地相继建立了提溴工厂，进行试验生产。"树脂吸附法"海水提溴也于 1972 年试验成功。

4. 海水提镁

镁是重要的工业原料。它可以用作冶金工业的还原剂、脱氧剂和轻质铝合金结构材料等。

镁是海水中含量较高的金属元素，800 吨海水可以提取 1 吨金属镁。海水中的镁，主要以氯化镁和硫酸镁的形式存在，每立方公里海水含 320 万吨氯化镁、120 万吨硫酸镁。大规模的海水提镁是将石灰乳加入海水，沉淀出氢氧化镁，注入盐酸，再转化成无水氯化镁，然后通过电解得到金属镁。现在世界上海水提镁年产量只有几万吨。美国、日本、挪威、意大利等十几个国家都有大规模的海水镁砂生产厂，年产量几百万吨，占世界镁砂总产量的 1/3。

5. 海水提钾

钾元素在海水中占第六位，共有 600 万亿吨。海水中提钾主要用来制

171

造钾肥,氯化钾就是从海水中提取的肥料。钾肥肥效快,易被植物吸收,不易流失。钾肥能使农作物茎秆长得强壮,防止倒伏,促进开花结实,增强抗寒、抗病虫害能力。此外,钾在工业上可用于制造不易受化学药品腐蚀的含钾玻璃,常用于制造化学仪器和装饰品。钾还可以制造软皂,可用作洗涤剂。钾铝矾(明矾)可用作净水剂。

中国正积极开展零排放盐田卤水综合利用新工艺研究和海水提取微量元素的基础性研究,并加大海水化学资源的深加工技术研究力度,推进实现产业化。

四、海洋淡水资源开发技术

地球表面覆盖着 71% 的水,但总储水量的 97.2% 是海水,淡水资源极少且不断受到污染,不少地区淡水资源日益紧张。全球已有 70 多个国家从事海水淡化技术研究。海水淡化技术是把海水、苦咸水等含盐量高的水转化为生产、生活用水的一门新兴技术。其方法主要有蒸馏法、反渗透法、电渗析法和冷冻法。

1. 蒸馏法

蒸馏法是把海水加热,使之变成蒸气,再将蒸气冷却、回收得到淡水。全世界海水淡化产量的 90% 是用蒸馏法生产的。目前,世界上日产 100 吨以上的蒸馏法淡化工厂就有 1000 多个。多级蒸发法是蒸馏法中比较先进的方法。使用这种方法时,先将海水加热、加压,在比较大的压力下送入第一个蒸发室作第一次蒸发,然后,再用小于一级蒸发的压力送入第二蒸发室第二次蒸发。如此一级一级蒸发下去,可得到大量淡水。蒸馏法的缺点是耗热多、投资大、成本高,因此只适用于盛产石油的中东国家。

2. 反渗透法

反渗透法是在淡化器里面放置一个很大的半渗透膜(一般用特殊树脂制成),这种隔膜只能让淡水通过,而溶解在海水的盐分和杂质均通不过。这样,用压力泵向淡化器里打进海水时,只要施加比渗透压强大的压力,淡水就可通过隔膜。如此不断循环地通过这种半渗透膜,淡水就生产出来。许多能源缺乏的国家多用此法生产淡水。

3. 电渗析法

电渗析法是在两个电极板之间,交替排列着阴离子交换膜和阳离子交换膜,通电后,海水中的盐类分解成阴离子和阳离子,并分别通过这两种薄膜聚到相反的两边去,剩下的便是没有盐分的淡水。中国已在西沙群岛建成日产淡水 200 吨的电渗析海水淡化装置。

4. 冷冻淡化法

冷冻淡化法是人们从自然界中受到启示而发明的,人们发现,浮在大洋上的大冰山都是淡水,因此人们在海水中添加制冷剂,使海水凝结成冰,盐分不能结冰而保留下来,再把冰融化,就得到了淡水。但用这种方法融化后的淡水仍有咸味。人们还巧妙地把冷冻生产淡水和天然气液化结合起来,利用天然气液化的负热使海水结冰,再从冰块里得到大量的淡水。

中国的海水直接利用技术在"十五"以来有重要发展。蒸馏法海水淡化在跟踪国外海水淡化技术的基础上,已形成具有自主知识产权的海水淡化工程技术。膜法海水淡化反渗透技术研究,正在接近国际先进水平。目前,所进行的研究主要是加强无污染绿色海水直接利用技术的研究;加强相关新技术、新工艺、关键技术及其机理、方法等基础研究;进行生活用海水示范工程研究;加快不同海域海水循环冷却示范工程建设,并力争实现海水循环冷却技术的产业化。

五、海洋能源开发技术

海洋也是一个庞大的能源库,在 13.7 亿立方公里的海水中,蕴藏着巨大的能源资源。潮汐、波浪、洋流、温差和盐度差等都是一个个惊人的能源宝库,海洋能即包括潮汐能、波浪能、海流能、海水温差能、海水盐度差等各种不同形式的能源。潮汐能来自于星体运动中的万有引力作用;波浪能、海流能都属机械能;海水温差能属热能;海水盐度差能是化学能。据统计,潮汐能约 30 亿千瓦;海洋波浪能约 700 亿千瓦;海流能约 50 亿千瓦;海水温差能的理论蕴藏量约 500 亿千瓦;海水盐度差能约 300 亿千瓦。据目前开发使用自然资源速度来预测,陆地上的能源只够人类使用几百年;而海洋中蕴藏的能源资源却是取之不尽、用之不竭的。因此,开发海洋能具有独特的意义。

海洋能属可再生能源,可保证给予人类长期稳定的能源供给,而且,海洋能开发对环境无污染,能保护大气,防止气候和生态恶化,满足社会发展的全面要求。海洋能源开发技术是把各种海洋能转换成电能或其他形式的能的技术。现在,波浪能、海水温差能等均可以用于发电。法国、美国、瑞典等国从二十世纪六七十年代开始,就已进行了这方面的尝试。

1. 海洋潮汐能

潮汐是由于月亮和太阳的引力以及地球自转的共同作用而形成的海水

规律性活动。潮汐被视为是无污染的新能源。潮汐的浪尖与浪底形成的差叫潮差,平均潮差高于 5 米即可建造潮汐发电厂。潮汐能电厂有许多优点,它不需要占用额外的土地,发电量稳定,能准确估算出功率大小,而且使用寿命长达 75 年～100 年。潮汐发电原理与一般水力发电大同小异,所不同的是,潮水有涨有落,因而潮汐电站不能像一般水电站那样连续发电。20世纪 60 年代发明的双向贯流式水轮发电机,实现了涨潮和落潮时的连续发电,比单向发电机的发电量提高了 20%～40%。潮汐发电站一般建在通道狭窄、水流湍急、潮差较大的海湾或海峡,所以可供选择的坝址有限,可开发的潮汐能也就受到限制。

潮汐发电有不同类型:① 单库单向型,只能在落潮时发电;② 单库双向型,在涨潮、落潮时都能发电;③ 双库双向型,可以连续发电,但经济上不合算,尚未见实际应用。

中国有漫长、曲折的海岸线,地跨温带、亚热带和热带三大气候带,有丰富的海洋能资源,有不少海湾和河口可供兴建潮汐电站。在 20 世纪 50 年代的全民大办电力之时,沿海不少地方就曾经在有潮的小河港汊上建立很多小型潮汐电站。1980 年,中国在浙江省温岭建成了江厦潮汐电站,揭开了中国较大规模建设潮汐电站的序幕。这是国内第一座双向潮汐电站,也是目前世界上较大的一座双向潮汐电站。到 80 年代中期,中国已陆续建成并运转了多座潮汐电站,主要分布在浙江、江苏、广东、广西、山东等省,有效地缓解了国民经济建设对电力的需求。

2. 海洋波浪能

海洋的波浪具有十分惊人的能量。有人估计,波高 1 米的海浪每 10 秒钟冲击一次海岸时,每千米海岸所受的冲击力换算为功率可高达 1 万千瓦。

目前,部分导航的浮标、灯塔和遥测浮标的工作电源可以通过海浪发电而自给自足。日本研制成功的"海明"号海浪发电浮船是目前世界上最大的海浪发电装置,装机容量达 2000 千瓦。目前许多国家正在研制大型波浪发电装置,日、英、美等国正在积极研制功率在 5000 千瓦以上的大型海浪发电装置。中国的海浪资源相当丰富,仅海岸线的海流能蕴藏量就可达 1.5 亿千瓦,现已研究成功了小型波浪发电机,未来利用海浪发电的前景喜人。

3. 海水温差能

利用海水表层的热水和深层的冷水两者的温差来发电,叫温差发电。据统计,全球 140 亿吨海水中仅热带海洋水温下降 1℃,就能释放出 1200 亿千瓦的能量。

在热带,表层海水吸收太阳的辐射热,温度一般可达 26℃～30℃,而在 600～1000 米的深层海水,很少对流,仍保持 4℃～6℃。按热机工作原理, 把表层海水作热源,深层海水作冷源,就可以驱动汽轮发电机发电。中国南海的面积为 360 万平方公里,表层海水年平均温度在 27℃以上,适宜海水温差发电。海水温差发电能量大,发电稳定,不受时间限制,但成本高、自身耗电多,净剩电少,发电效率受地区限制,仍需继续研究。

六、海洋空间资源开发技术

海洋空间利用是指为了发展生产和改善生活的需要,把海上、海中和海底的空间用作交通、生产、贮藏、军事、居住和娱乐场所的海洋开发活动。人类利用海洋空间已有相当长的历史,早在 2000 多年前就有了海上交通。现代由于海洋土木工程技术、建筑工程技术,特别是建筑材料的不断提高、改进,以及城市化和工业化的迅速发展导致陆上用地日趋紧张,使人们更加重视海洋空间的利用。利用海洋空间的最大特点就是不占用陆地,安全性、隐蔽性好,而且还可以减少污染。

1. 海洋运输

海洋运输是人类最早开发的海洋空间,已有 2000 多年历史。随着船舶制造业的发展、船舶自动化程度的提高和现代化导航设备、港口设施的建立,海洋运输业发展迅速。二战以来,世界海运量以每年 8％以上的速度增长。在航空运输已很发达的今天,海洋运输以其运输量大,运费低廉而仍占重要地位。据统计,目前世界海运量占整个国际运输量的 70％～80％。为了降低货运成本,摆脱货运受气候制约这一因素,有的国家正着手设计水下海运航线。

2. 海上设施

海上设施是指建在海面上的各种机场、油库、工厂、城市。

海上机场有三种类型:填平浅海建造人造岛,在岛上建的机场称为填筑式机场,如日本的长崎机场、英国伦敦的第三机场;在海底打入钢柱,在钢柱上建造桥墩,在桥墩上建的机场称为栈桥式机场,如美国纽约的拉瓜迪亚机场;靠半潜式巨大钢制浮体支撑的机场,称为浮动式机场,如日本的关西机场。

海上油库也叫海上油罐,主要有漂浮式和着底式两类。漂浮式油库最大的是美国设在迪拜的圆柱式储油库,可储油 8 万立方米。着底式油库最大的在挪威,储油量达 67 万立方米,顶部还设有起重机和直升飞机场。

海上工厂是一些国家为了充分开发利用海洋资源而在海上设立的工厂和电站,不少都建在大型平底船上。如美国北泽西州附近的海上原子能发电厂、巴西亚马逊河口的海上纸浆厂。

海上城市是随着海上各种设施的日渐增多而出现的。如日本的神户人工岛就是一座海上城市,它位于水深 12 米的海面上,1966 年开工,历时 15 年建成。荷兰的人造三角洲也是一座海上城市。美、英、德、法等国都准备建成海上城市,向海洋移民。日本还提出"日本列岛环状线"方案,计划在离岸 50 千米的海面上,建筑一个总长 8000 千米的绕日本列岛的钢铁大堤,堤上设有海洋热能电站、高速公路、淡水工厂和港口设施等。堤内为平均 100 米深的水域,可以用做海洋牧场、水上飞机场、水上娱乐场等。

3. 海底设施

海底设施是指海底隧道、海底管道、海底军事基地和海底工厂、海底城市等。

海底隧道用于沟通港湾和海峡两岸的交通,如美国的旧金山湾海底隧道。海底管道主要用于输送石油、石油制品和天然气,如英国北海布伦油田到苏格兰的输气管道,全长 451.8 公里。海底军事基地主要是指建立海底潜艇基地,设置海底导弹,建立海底反潜警报系统等。由于海底是人造卫星的盲区,所以海底军事基地能摆脱军事侦察卫星的跟踪。

海底工厂和海底城市是人类继海上工厂、海上城市后开发海洋所研究的又一重大课题,美国、日本等国都已着手研究建造海底工厂与城市的问题。美国的发展目标主要是实现开发利用 6000 米深海海底的能力。日本计划在离东京 120 公里的海域、深度为 200 米处设置"海洋通讯城"。但是,人类要建设能长期工作、生活的海底工厂或城市,还需要解决许多难题,如材料、施工技术、日常管理、能源供应、水压等问题。

七、海洋信息技术

海洋信息技术是海洋科学近年来发展的新兴领域。21 世纪是"海洋世纪",世界经济的一体化和沿海国家海洋经济的振兴,都需要海洋信息作为基础,以支持政府宏观调控和科学决策。从科技发展角度考虑,地球科学的信息化已从卫星遥感技术、地理信息系统、信息高速公路发展到"数字地球"的时代。相应的,建立中国海洋信息系统,发展"数字海洋",已成为海洋信息化的必由之路。

海洋信息技术是指借助电子海图、3S(GPS、GIS、RS)、数字地球等现代信息技术来研究海洋特征从而实现信息共享与利用。比如，在航运方面，建设交通运输信息网、水上安全监督信息网等航海信息服务网。在航海安全等方面，采用全球定位系统(GPS)、地理信息系统(GIS)和船舶交通管理系统(VTS)等信息技术，积极推进智能运输系统的研究建设，实现智能船舶导航，由此推进海洋交通信息技术的产业化。

1. 电子海图显示与信息系统(ECDIS)

传统的航海图书资料(海图、航海通告、无线电信号表、灯标表等)都是纸质印刷，通过邮寄和分发等方式送递给各船，修改工作繁杂，延误时间较长，容易出错。由于海图资料和数据陈旧导致海事事故发生的例子举不胜举。电子海图与信息系统的使用，可使航海图书资料及时更新、更加准确，为船舶自动航行奠定基础。

2. 自动识别(AIS)系统

海洋物标的判断正确性直接关系到避让的有效性和船舶自动化程度。目前，识别物标手段已从普通的雷达发展到现在将要大面积投入使用的自动识别系统(automatic radar plotting aids)。AIS能自动提供和接收对运载体航行安全十分有价值的岸台、船舶和飞机的信息，包括船舶的识别号、种类、位置、航向航速、航行状态以及其他安全信息，从而提高航行的安全性。

3. 全球卫星定位(GPS)、地理信息技术(GIS)及遥感信息技术(RS)

数字地球框架下的空间信息系统可以为数据或信息的采集、处理以及管理等提供保证。

数据是信息的载体。数据采集、处理、管理以及数据的复杂性与信息的实时性是未来海上交通信息系统面临的最大难题。数字地球(数字海洋)框架下的空间信息系统主要支持技术GPS、GIS、RS，可以为数据或信息的采集、处理以及管理等提供保证。

全球卫星定位(global position system)系统能在全球范围内提供高精度的位置、速度和时间信息，故能实时提供高精度的海洋地理实体(船舶、岛屿等)的位置信息。遥感信息技术(remote sensing)作为空间数据采集手段，所获数据无论在质量上还是在数量上均远远超过传统的测量手段所获得的海洋数据，已成为交通信息系统的重要数据源与数据更新途径。地理信息技术(geographic information system)则对由GPS和RS等获得的数据进行集成、存储、检索、分析等，从而使航运网站、VTS中心、船舶、港口等能够实时获取、更新并发布大量三维、高分辨率的全天候海上环境信息，为船舶的航行安全提供保障。

4. 互联网与"数字海洋"

随着网络技术和无线电通信技术的飞速发展和广泛应用,航海信息技术逐渐形成以"海上数字交通"为标志的新格局,为海上运输安全提供有力保障。"数字海洋"是"数字地球"在海洋中的具体应用,它以空间位置为主线,对三维海洋的多分辨率的数据进行处理。"数字海洋"对未来航海必将产生重大影响。利用"数字海洋"中的多维建模和虚拟现实技术构建"数字港口";利用网络地理信息系统,以实现三维海洋信息的全球共享。

中国正在大力推进海洋信息咨询服务业的社会化、产业化,逐步建立海洋信息综合服务体系,使其成为促进海洋经济发展的新兴产业;进一步整合利用海洋信息技术和资源,建设"数字海洋",实现多功能、多用户、高精度、数字化的信息服务;依托海洋信息服务公共平台,努力实现海洋资源、环境、经济和管理信息化,加快海洋产业集聚,推动海洋产业跨越式发展。

中国海洋信息技术的发展目标为:开展海洋空间基础设施建设,大力推进中国海洋信息化和海洋信息共享进程;建立中比例尺海洋基础地理信息系统,提高海洋基础信息利用程度和应用水平;应用高科技信息技术,开发出一批科技含量高、应用目标明确且极具推广价值的海洋信息服务产品。具体目标是:完成中国海洋信息元数据网络服务工程建设;完成"中国海洋空间数据框架"、"中国海洋空间信息数据转换标准"的制定,开发和建立"中国海洋空间数据交换中心原型";建成"1：25 万中国海洋基础地理信息系统";提供可为海洋管理应用的海洋信息可视化产品。

第八节　高新技术在军事上的应用

高新技术从其诞生之日起,就被率先应用于军事。第二次世界大战中,正是由于战场上取得胜利的迫切需求,促使一批从欧洲逃往美国的科学家萌发了利用原子核能制造有巨大威力炸弹的想法,特别是几位受到法西斯反犹太政策迫害的杰出科学家如费米、爱因斯坦、特勒等人发挥了重要作用。1939 年 8 月,爱因斯坦给美国总统罗斯福写了一封亲笔信,说明原子核裂变研究的一些新成果可用于制造一种新型的、极强有力的炸弹。这个意见很快引起美国政府的重视。于是,一种由国家出资、军方直接领导管理的新的科研体制应运而生。研制小组用了 5 年多时间,终于研制出第一颗原子弹并成功试爆。战争还需要大量的数学计算,这就激发了另一些科学家研制电子计算机。所以,原子弹、电子计算机等一大批高新科技成果产生于二战后期并不是偶然的。

高新技术在军事上的应用被称为军事高新技术,它是建立在现代科学技术成就的基础上,处于当代科技前沿,对军队武器装备发展起重大推动作用的高技术领域、分支的总称。主要包括军事信息技术,军用新材料、新能源技术,军事生物技术,军事太空、海洋开发技术等。由于军事高新技术的广泛应用,引发当代军事理论、军事技术装备、军队体制编制、军队指挥管理、军事人才等方面系统而深刻的变革,称为新军事变革。

一、当代军事高新技术特点

1. 高创新性,更新换代快

古代战争使用的大刀、长矛、剑、戟、锤、鞭等18般兵器统称冷兵器,这类兵器在战场上风行了几千年,直到13世纪,中国人发明的火药通过阿拉伯人传入西方。14世纪,欧洲最早的近代实验科学启蒙思想家罗吉尔、培根等人已经注意到,中国传入的火药经过改进可以进一步用于军事。火药与近代工业技术相结合,开创了军事技术的"热兵器"时代,到二战前后机械化的完成为终结,这一代军事技术延续了几百年。

从20世纪70年代开始的信息化军事装备开创了高新技术应用于军事的新时期,平均每10～15年就有新一代装备出现。21世纪初,战场上已经使用了被称为"第四代"的高技术兵器,如美军F-22(猛禽)战斗机,具有隐身、防空能力的作战舰艇等。融入更多前沿新技术的第五代军事装备正在研制中。我军已经独立开发、研制出一批达到并局部超过西方第三代的高技术军事装备,如歼-10(见图3-2)作战飞机、隐身巡航导弹、信息化指挥平台等,大大缩短了我军和国际先进水平的差距。

当代高技术的创新性成为首要特点,战争双方都试图抢先掌握对方所没有的"杀手锏",作为争夺中制胜的关键。如在1991年的海湾战争和2003年的伊拉克战争中,美军首先破坏伊方的指挥通信设施,施放电磁干扰,使伊方成为"瞎子",无法获得美军行动的信息,造成信息高度不对称性。夺取信息优势就是战场制胜的关键。

2. 高智能化

提高军队装备和作战自动化水平的关键是智能化。如军队指挥自动化(C4ISR)系统采用以电子计算机为核心的技术装备与指挥人员相结合,对部队和武器实施指挥与控制,实现人机一体化,指挥、控制、通信和情报处理一体化,极大地提高了战场信息的获取和处理、部队的指挥和控制、各部分

图 3-2 歼-10 战斗机

之间的协同配合等方面的能力,对于提高指挥效能,增强部队整体战斗力起
"神经中枢"作用。军队武器装备的智能化萌发于 20 世纪 70 年代初的"灵
巧炸弹",即美国在越南战场投入使用的用激光和电视制导的炸弹。这种装
有计算机系统的炸弹能根据预先输入的目标信息,在投掷中自动锁定目标,
根据反馈回来的目标位置的信号,自动修正自己的行为,从而使命中率一下
子提高到 80% 以上。此后,凡运用智能装置使武器装备具有自动反应能力
的系统均可称为智能武器,如由微机操纵、具有自动寻的和广角度搜索能力
的导弹,具有自动驾驶、自动识别、自动搜索情报、自动绘制地图和自动射击
功能的无人驾驶坦克以及其他完全依靠人工智能操纵的巡航导弹(见图
3-3)和智能飞机等。现代巡航导弹在人工智能操场纵下具有全高度、全天
候的行动能力,可以在复杂气候条件下和起伏不平的地形上空掠地突防。
20 世纪 80 年代出现的"军用机器人"可以在指挥中心的控制下执行突击、
侦察、排雷、进入辐射区、深水作业等危险、特殊任务,它们在未来的战争中
可能发挥更大作用,如组成机器人兵团等。

3. 高效能性

提高武器装备作战效能的基本途径是采用精确制导技术提高武器的命
中率;同时,也可以通过武器弹头的毁伤能力提高打击效能。目前使用的新

图 3-3　巡航导弹

一代精确制导武器通常采用非核弹头,可以达到圆概率误差为零的精度,即落点到靶心的距离小于弹头的杀伤半径,比非制导武器的命中精度提高了一个量级以上。

　　将高科技应用于军事,使武器的打击能力大大提高,如导弹采用多弹头分导,炸弹、炮弹采用集束式(子母弹)技术,可以成倍地提高它们的爆炸力和打击力。12 管火箭炮采用子母弹技术,每个弹头可装 644 个子弹头,每个子弹头的爆炸力相当于一枚手榴弹,总的覆盖面积达 6 万平方米,相当于 6 个足球场大小,足以消灭一个炮兵连。子母弹技术用于航空炸弹,一个母弹中含数个小炸弹,可以摧毁 1500 辆坦克和车辆。如果用普通的 500 磅炸弹,完成这样的打击摧毁任务需要出动飞机 2200 架次,采用集束式炸弹只需要出动 50～60 架次。防御中使用的布雷技术,采用布雷车作业后,效率比人工提高 8～9 倍;且可以使用多种布雷方法,很快地构成远、中、近程反坦克地雷体系,形成敌方坦克难以逾越的"屏障"。

　　4. 高机动性

　　现代兵器的机动能力和机动速度比过去有了一个质的飞跃。远程导弹的平均速度达到每秒 4000 米以上,发射到 1 万千米以外的目标只需要 30 多分钟。二次大战期间,部队运动的平均速度每昼夜只有几十千米,现在,181

地面部队普遍实现了摩托化、装甲化，机动速度达每小时 70～80 千米。陆军装备着直升机和远程运输机后，机动速度可达到每小时 150 千米以上，使远程奔袭作战成为现实，近中距离突防作战立体化。现代作战飞机速度达到 3 马赫以上，舰艇的航行速度达到 35～40 节（海里/小时），新发展起来的水翼船和气垫船，速度可达 50～100 节。战争中从发现目标到火力展开的反应由过去的几小时缩短为几十分钟，从而加大了战争的突然性。

现代军事技术的高机动性还可以通过提高自身的隐蔽能力而得到加强。导弹发射装置由固定改为机动化后，其生存能力大大提高。由地面运载、发射改为由潜艇运载发射，其机动能力和隐蔽还可以进一步提高。潜艇若采用核动力装置，水下续航能力超过 40 海里，下潜深度超过 750 米，航速可达到 40 节。各种隐形材料使用在飞机、导弹、坦克、舰艇上，使其机动能力和生存能力进一步提高。

5. 高知识性

21 世纪是知识军事时代，知识成为军队战斗力的重要组成要素，也成为夺取战场胜利的主要力量。从这个意义上说，古代军事是"体力军事"。但即使在那个时代，知识和智能也可决定战争全局的胜负。如《三国演义》中的诸葛亮指挥千军万马靠的是头脑中的知识、思想和谋略，而这一点，正是刘备、关羽、张飞等人所欠缺的，他们从多次的失败中才认识到诸葛亮不可替代的作用。

21 世纪的知识军事其知识指的高新技术知识为骨干的知识体系，如信息技术、航空航天技术、生物工程技术等。这些知识怎样成为军事力量或直接战斗力呢？

首先，通过战争主体——军人的高知识化。从当代军队的兵源构成看，高学历人员的比例迅速增加，科技人员的比例空前提高，军队已成为高知识职业群体。美国军官是以硕士研究生为主，学士学位以下的军官只占 1％，士兵的学历以大专为主。由于知识、智能密集，军人名额减少，战斗力和威慑力反而上升。

其次是军事装备和作战手段知识化，美军的数字化士兵（见图 3－4）普遍装备着电视摄像仪和微电脑的数字化头盔、灵巧电脑操控键盘、装有红外瞄准仪的自动步枪等。单个士兵可以随时把自己发现的战场信息通过军用卫星发送到指挥中心，包括自己获取、贮存的战场图像、数字资料；可以根据需要随时召来武装直升机、精确制导炸弹等。单兵通过 C4ISR 系统构成一个整体，从而大大提高了军队的战斗力。

高知识人才和高知识技术装备必须有机结合,二者缺一不可,军事指挥人才、参谋人才、军事科技人才和专业军士都要求博与专统一,在知识结构上要求现代科学技术知识和军事高科技知识合一、指挥与研究统一、多军兵种知识合成。

6. 高度综合化、多元化

高技术战争是天、地、海、空、水下一体的多维战争,高科技的应用是多领域、多元化、综合性的。一方面,军事高技术创造了一些全新的武器装备,如核武器、航天兵器、激光武器、智能武器等;另一方面,高技术渗透到常规武器技术中,使传统武器装备发生了质的飞跃,实现了军用技术的多代交错和多元构成。如对老一代的战略轰炸机进行

图 3-4　数字化士兵

改造,使其航速加快,航程更远,载弹量加大,投掷和火力系统自动化程度提高,隐蔽性能改进,作战能力和生存能力都有很大提高;海军舰艇、陆军火炮和轻武器经过改造,也已今非昔比。多领域、多层次的技术综合,多军兵种、多系列的武器装备协调配合,形成总体优势,是高技术战场制胜的重要因素。

二、军事高技术的核心领域

1. 军事微电子技术——新军事技术革命的动力核心

微电子技术是使电子元器件和由它组成的电子设备微型化的技术,其核心是集成电路技术。目前,这项技术已发展到 30.4 平方毫米面积上集成1.4 亿个元器件的水平,继续发展的空间已不大。因为,元器件的尺寸一旦小于 0.1 微米(1 微米 $=1\times10^{-6}$ 米),粒子波动的量子效应就不可忽视,微电子技术的理论基础就不再有效。所以,这是一门已经发展到极限的实用技术。军事微电子技术具有把军事装备成百上千倍地缩小的魔力。它把坦克、飞机、军舰、导弹、卫星等武器装备自身的电子设备系统体积变小,重量变轻。更重要的是,它使大大缩小了体积、减轻了重量的高效能电子计算机

183

得以安装到飞机、导弹、卫星甚至炸弹上,使这些武器具有自动处理信息的能力,成为信息化弹药。军事微电子技术是武器装备小型化的主要技术途径,同时也是计算机技术、光电子技术、航天技术得以综合运用,或改造旧的武器装备,或研制新型武器装备,以提高武器性能的技术基础。

2. 军事计算机、数字通信和网络技术——新军事技术革命在武器装备应用中的"神经系统"

计算机是信息能力的核心,也是武器装备向信息化发展的基础。目前,计算机的运算速度已达到每秒 10 万亿次以上,信息存储达到 562 M 字节。光电子技术同计算机技术的结合,可望研制出光电子计算机,运算速度可以以几何级数的量级不断得到提高。因此,计算机技术仍有着广阔的发展前景。计算机的这种极强的运算能力能够使其在软件程序的设定下,对纷繁复杂的情况迅速做出准确地判断和最佳的处理,因而成为指挥、作战自动化和智能化装备的核心部件。单个计算机的作用难以发挥到极致,因此,现代计算机的应用通常是联网工作。

数字通信技术不但解决了与计算机的连接问题,而且还具有传输快、容量大、距离远、失真小、抗干扰能力强、保密性能好,不同形式的信息(音、像、图、文)可以按相同的数字信号传输等多方面的优点,导致了通信技术的革命。数字通信已成为西方发达国家军事通信的主要手段,美军正借着此技术对军队和战场进行数字化改造。

网络是计算机之间交换信息和交互工作的通路。网络技术使同时工作的成千上万台计算机之间能够方便地交换信息、交互工作。网络化意味着任意地点、任意种类和任意数量的计算机上的运行程序能在任意时刻进行交互运行,从而大大扩展了计算机施展作用空间。计算机在通信技术保障下实现网络化,就可以在不同军兵种之间及军兵种内部的不同作战单元之间实现运用自如的数据传递、信息共享,达到协同一致。计算机、通信和网络是互相依存、三位一体的技术。计算机的迅猛发展,以卫星为转发器、以光缆为传输介质的数字通信技术的不断进步,使网络技术有着诱人的发展前景。

数据链是网络技术的扩展。在网络技术中,随着应用技术渗透到各个领域,数据链越来越成为重要的内容。数据链最初用于海军,随着电子技术发展,数据链不断被赋予新的内涵。从广义上讲,数据链是指链接现代战场各作战单元和武器平台的数据信息传输、处理、交换和分发的系统,也可以理解为是一种系统集成。数据链同样由硬设备、空中信道和软协议等部分组成。硬设备一般有相应的信道机、调制解调器、网络控制器和保密机、数据终端等;软协议一般指有信道协议、通信规程和应用协议等;中远程数据链的空中信道一般有短波信道、卫星通信信道等,近程数据链的空中信道一般有 VHF、UHF 信道等。根据作战需要和军兵种使用特点,可以有专用数据链(如对空数据链、对海数据链、地面武器平台和指挥所数据链等)和用于三军协同作战的网状数据链等,使各作战单元共享战场信息资源,实时地提供完整的战场态势,实现通信系统和指挥自动化系统完美的结合。因此,数据链不是一般意义上的通信系统。它必须具有强有力的抗干扰能力、电子反侦察能力、信息保密、高速传输、实时感知和综合业务能力、完善的通信协议等,涉及到整个数字化战场信息设施的建设。

3. 军事光电子技术——新军事技术革命在武器装备应用中的"外周系统"

光电子技术是电子技术同光学技术相结合形成的一门新技术。它利用光进行信息的发送、探测、传输、交换、存储、处理和重现,主要包括激光技术、红外技术、光纤技术、光计算技术等。光纤通信、光电计算机和激光制导等重要的光电子技术成果已在军事领域获得了广泛的运用,近年来,光电子技术在探测、夜视、预警和研制新型武器装备方面也已经取得重大突破。这其中包括光电探测器是对光(可见光、红外光等等)敏感的器件,当前主要有可见光照相机、多光谱照相机、激光扫描像机、红外扫描装置、电视摄像机、合成孔径雷达、预警雷达等,将它们放置在飞机或卫星上,它们能够将敏感的光辐射就转为电信号,提供目标成像。为提高成像质量,人们对各种光电探测器提出了"扩大视场角、改善分辨率、增强敏感度、增加数据量"的技术要求,实现这些技术要求的途径主要是增加线列探测器的基本单元数,简称"元"。采用万元像素的可见光电荷耦合探测器(CCD)拍摄的图像,地面分辨率为 2 米左右,目前,国外军用 CCD 探测器已有 4096×4096 即 1600 多万元阵列,很快即将达到 6000×6000 即 3600 万元的阵列,拍摄图像的地面分辨可达到厘米级。

红外技术可以将物体自身发出的热或反射的夜晚自然光转化为电信号,将经增幅处理的电信号送达荧光屏等成像显示装置,即可使人在全黑或激光条件下看清物体。常用的夜视技术装备有微光视仪、红外热成像仪、红外激光成像雷达等。在夜间,微光夜视仪距达 800 米,红外热成像仪视距达 3000 米,并能探测到 20 公里内的飞机和 100 公里内的舰船,红外激光雷达兼有测距、测速和成像三种功能,目前测距精度小于 1.5 米,测速分辨率约为 1 米/秒,成像距离约为 3～5 公里,已广泛地用于飞机夜间导航。这些技术性能远未达到其探测能力的极限,还有很大的发展空间。在众多的夜视技术中,红外热成像技术代表着夜视技术的尖端。正是红外热成像技术的进步,使传统的夜战概念转化为 24 小时全天候作战的新概念。

红外技术还广泛地应用于军事预警领域。预警是实施导弹拦截或反空袭的前提条件。同雷达预警相比,红外预警具有独特的优点,能识别大面积、大纵深范围内混杂在假目标中的真导弹或真飞机,能探测掠地或掠海超低空飞行的导弹或飞机。美军预警卫星采用 6000 元像素红外焦平面阵列的红外望远镜,能在地球同步轨道上探测地面导弹的发射。正在研制的新型凝视红外传感器具有 5000 万元像素焦平面阵列,每个像素覆盖 1 平方公里地面,可对地球 1/2 地区进行实时监视,从理论上讲,只需要 2 颗卫星即可建立全球预警系统。

与光电探测技术成对立形态发展的是军事隐身技术。隐身技术是传统的伪装技术向高技术化的发展,是第二次世界大战后军事技术领域的一项重大突破,一度被称为王牌技术。由于现代战场上主要有雷达、红外、可见光、电子和声波等侦察探测系统,因此,隐身技术也相应地表现为反雷达、反红外、反可见光、反电子和反声波探测等形式。目前,反雷达、反红外隐身技术在隐身技术中居于主导地位,主要用于轰炸机、巡航导弹等进攻性武器的突防上。当前,探测与反探测的斗争已成为军事技术斗争的一个重要内容。

光电子技术同纳米技术结合将导致大量微型间谍武器的产生。纳米技术是在 100 纳米甚至更小的尺度内去操纵单个分子、原子乃至电子,来制造具有特殊功能的元器件或机器。这样,纳米技术就在微电子技术的极限之外,在军事装备微型化方取得了重大突破。目前,美国俄亥俄州的科学家运用纳米技术已研制出了体积只有 1/200 立方厘米的微型发动机。这种体积极小的发动机为制造各种微型可运动的间谍武器奠定了基础。

4. 军事航天技术——新军事技术革命在武器装备应用中的"骨骼系统"

这项技术是由运载火箭技术、航天器技术和航天器测控技术组成的综合性工程技术。

航天技术应用于军事领域可以在太空部署各种人造卫星、载人航天器及武器系统,执行空间监视、侦察、预警、通信、导航定位以及反卫星、反弹道导弹等项军事任务。所以,军事航天技术是军事指挥控制技术的重要组成部分,是实现远距离通信传输的主要手段。

三、当代新军事技术变革

当代新军事变革有加速发展的趋势,我们必须正视这一现实,加强我国国防和军队的现代化建设,否则,还有可能进一步拉大我军和国际先进技术水平的差距。当代新军事变革也是迄今人类历史上影响最广泛、最深刻的一次,这一变革的总体趋势和鲜明的特征有以下几方面。

1. 信息化武器装备成为军队作战能力的关键因素

无论是陆军、海军还是空军,无论是主战装备还是保障装备,都朝着信息化方向发展,各种主要作战平台都具信息获取、处理、横向组网、信息攻防能力,能够发射后自动跟踪并精确打击目标;作战指挥通过 C4ISR 系统实现了自动化;已经发展出专门用于电子战、网络战等信息战的武器装备和技术手段。到 2020 年前后,美军的主战武器装备将全部实现信息化,其他发达国家在这一方面也会达到相当高的水平。

信息战的目的不再是"消灭敌人有生力量"或占领对方土地,而是迫使敌人屈服,尽量减少伤亡。如运用高科技手段,实行信息化威慑和空中精确打击,使敌方电力中断,交通阻断,经济瘫痪,战争能力严重削弱,军队没有还手之力,只能认输。

信息战的效能大大高于传统常规战争,如在伊拉克战争中,美英联军采用以网络中心战为主的新的信息战方式牢牢控制了战争的"五权":一是地域控制权,把战争控制在伊拉克境内;二是时向控制权,运用信息化手段夺取全天候优势,尤其是夜战主动权,使战争进程缩短为 41 天;三是电磁控制权,运用电磁战手段,使对方变成"瞎子"、"聋子";四是天空控制权,不让伊军飞机起飞;五是武器使用权,把战争手段控制在非核武器范围内。这就是使战争附带伤亡大幅减少。

信息战的焦点是争夺制信息权。机械化战争争夺的是制空权、制海权、制陆权,拼的弹药、钢铁和物资资源。而信息战主要依靠信息的收集、整理、传递、控制和使用,重点打击对方的信息系统,夺取对网络和电磁频谱的控制权,是控制战争全局的关键。

2. 作战思想发生重大变革

首先,战争进程"一体化"。传统战争中战略、战役、战术层次已经趋向重迭,战斗(战术)、战役的结局很可能就是战争的结局,特别是精确制导武器和空中力量的超常发展,可以使用较少的兵力,通过几次甚至一次作战对重要目标的摧毁性打击即可达成过去需要很大投入多次作战才能达成的战

187

役目标。1986年美军"黄金峡谷"行动突袭利比亚,运用远程突袭作战,出动100多架次飞机,经过几次空中加油,飞行1万多公里,对利比亚5个重要战略目标进行摧毁性打击,可以称得上"战术级兵力,战役级行动,战略级目的"。

其次,破坏敌作战系统结构成为主要作战目标。在信息战中,战争系统的"大脑"和"心脏"是C4ISR系统,它是各种作战要素结合成的整体。当其中的某一关节点遭到破坏时,虽然其他作战要素还在,但整个作战系统却丧失了功能。如轰炸敌方指挥通信中心,采取"斩首行动",即可达到让敌方作战系统降低效能甚至瘫痪的目的。

再次,集中兵力首先是集中信息和火力,实行海空天地一体联合作战。

3. 作战行动出现了新样式

一是非对称作战。由于各国军队之间存在技术代差,综合国力有很大差别,掌握信息优势的国家掌握着战争主动权,信息劣势国家难以与之正面对抗,从而构成双方的不对称态势。

二是非接触作战。大量使用精确制导武器,可以利用隐性的网络作战平台,以空中、太空中的侦察和指挥设置引导对目标攻击,使用信息化弹药实施超视距攻击,从而可以不接触敌人而进行战争。在较大规模的战争中,这种战法主要用于摧毁对方维持战争潜力和实施战争的能力;在一般性冲突中,这种战法主要用于实施定点性的"外科手术式打击",其优点是不受作战方向限制,作战效能高,附带损失小,可减少己方人员伤亡,速战速决。

三是非线式作战。传统战争是沿战线推进的,战场的交战半径从几十公里到数百公里,战场逐次向纵深推进。信息化战争中,进攻和防御都是全纵深同时作战,把地面、空中和海上的远程火力和信息战力量联合起来,从陆、海、空、天、电磁五维战场上,对敌方全纵深的重要目标同时不停顿、全天候突击。这种战法改变了传统战场前后方的概念,信息化战争更具有全局性、整体性。作战突破首先要突破对方的电子防线,才能夺取信息主动权;作战的重点是多军兵种联合火力打击,空间作战对于控制战场主动权意义越来越重要,未来战争中将出现外层空间的攻防战。

四是全频谱行动。这里所说的"频谱"不是物理学中的电磁频率谱系,"全频谱"引申为军队的全部系列、全部范围协同动作。在信息化战争或非战争行动中,均有可能综合运用不同类型的进攻、防御、稳定和支援行动。在一定任务区内,一支部队可能实施进攻行动,而另一支部队在进行稳定和支援行动。在执行抗震救灾这样的非战争行动中,不仅有后勤人员出动,而且有指挥作战人员,运输、通信、心理战部队投入。

五是网络中心战。将军队中所有的侦察探测系统、通信联络系统、指挥控制系统和武器系统通过互联网络组成一个以计算机为中心的信息系统。各级作战人员均通过网络体系了解战场趋势、交流作战信息、指挥与实施作战行动的作战样式。这个网络体系由"无缝隙"的数据链连接成探测网络、交战网络和通信网络,组成战场神经网络,使各部队共享信息、协调行动,最有效地把信息优势转变为作战行动优势。美军在阿富汗战争中以 6 千多名特种部队分散作战为主,但通过网络中心协同作战,最大限度地发挥了各个分队的作战效能,实现了预期的目标。

世界性的新军事技术变革对于推进我军的现代化、信息化既是严峻的挑战,又是难得的机遇。为了抓住机遇,迎接这一挑战,我军调整、完善了新时期的军事战略方针,明确要把军事斗争准备的基点放在打赢信息化条件下的局部战争;通过实施科技强军、人才强军策略,实现我军由数量规模型向质量效能型、由人力密集型向科技密集型转变,实现跨越式发展。

要以提高我国军事科技自主创新能力为核心,包括原始创新、系统集成创新、综合吸收基础上的再创新,高度关注未来可能出现的重大新技术,加强对新概念武器研制,争取研发出具有自主知识产权的战略性、前瞻性、关键性技术和装备,锻造出我军信息化作战的"杀手锏"。与此同时,还要强化我军新时期新阶段的使命意识,创新军事思想观念,强化党对军队绝对领导,实现跨越式发展、信息制胜、科技主导、改革创新观念的目标。创新军事理论,优化体制编制,大力培养高素质新型军事人才,为军事斗争准备和实现我军现代化提供可靠的人才基础。

第四章 人、自然与社会

我们人类生活在地球上,吃的、穿的、住的、用的虽然都是由人的劳动创造出来的,但构成这些物质产品的原材料,实现这些物质转化的能量归根到底是由自然界提供的。就连我们人类本身,也是自然界的产物。人、自然与社会是系统关系。恩格斯早就告诫人们,人与自然的关系决不能像征服异族的统治者那样,决不像站在自然界以外的人那样,相反,我们连同我们的肉体、头脑都是属于自然界的。因而,人的发展、社会的发展依托于对自然的适应和保护。

科学发展观与构建和谐社会的指导思想,是以人与自然和谐为理论前提和物质基础的。我国建设全面小康社会和现代化目标的实现,无论国家建设的总体目标还是一个村镇、城市建设的具体目标,都要认真思考和处理好人与自然的和谐关系。

第一节 人口资源与环境

西欧、北欧、北美等发达国家的自然环境与数十年前相比有了明显改观,不少地方天蓝水清,绿地绵延,甚至保留着大片原始森林。这些改变与20世纪50年代以来人们对工业化造成的人口、资源、环境问题的反思有直接联系。20世纪80年代以来,可持续发展观念得到世界各国认同,但世界人口的加速增长、不时爆发的能源危机、形形色色的环境污染、生物物种濒危甚至灭绝事件对人们的警示,都表明这是全人类当前共同面临的最紧迫问题之一。说到底,当今全世界的首要问题是发展问题,而唯有走科学发展即可持续发展之路才能实现全人类的共同、均衡、和谐发展。

一、人口问题

1. 全球人口发展提出的问题

2000年,世界人口已突破60亿。按照目前的平均增长速度,到下个世纪地球人口将超过100亿,由于医学科技发展和生产力的进步,人口数量的绝对增长呈加速化趋势。公元元年,世界总人口 2～3 亿。到 15 世纪末增长一倍,达到 4 个亿。但后来只用 300 年就实现了第二个翻番,1800 年全球人口达到 9 亿,1987 年就达到 50 亿。

在古代极低的生产力条件下,人口增加同农业经济发展是正相关的,劳动力增长则农业得到发展。封建社会为农业经济社会,农业发展则国家强盛。今天的情况正相反,经济发达国家人口增长相对平缓,而人口增长快的国家却愈益贫穷。这是因为,发展中国家尚未实现工业化,人口过快增长使人均拥有的自然资源量减少,必然会影响资源型经济的发展。如非洲人口增长最快,人均粮食产量下降,饥荒时有发生。对于发达国家,人口增长导致就业紧张,失业率上升。其次,人口增长过快导致基础建设压力过大,教育、医疗、住房、交通、社会保障和服务等趋于紧张。

马克思主义认为,人与自然应当协调发展,人类的两种生产也要彼此协调。一种是物质生活资料的生产,解决吃穿行和生产工具;另一种是人自身的生产,即种群的繁衍。这两种生产相互依存、互为条件。人有二重性,既是生产者又是消费者;既是社会生产的要素和动力,又是生产的目的和归宿。可持续发展原理坚持"以人为本"。一方面,人作为生产者,劳动人口的数量和质量要同生产资料的数量、技术水平相适应;另一方面,人作为消费者,其数量、消费水平又要同社会所能提供的生活资料相适应。进入工业化社会后,科学技术和文化知识应用上升为第一生产力,劳动力的数量是次要的,而劳动者的素质成为首要因素。

2. 我国人口形势和科学对策

2006 年末我国总人口 13.1448 亿人,比上一年末增加 692 万人,增长率已下降到 0.5% 左右。根据国家发展战略研究课题组 2007 年发布的《国家人口发展战略研究报告》预测,由于我国政府长期坚持计划生育、控制人口的基本国策,自 20 世纪 90 年代中期以来,我国人口总和生产率稳定在 1.8% 左右。据此测算,我国总人口在 2010 和 2020 年分别达到 13.8 亿和 14.5 亿左右。峰值人口将在 2053 年前后达到 15 亿人左右。21 世纪,我国处于 15～64 岁的劳动年龄人口有 9 亿～10 亿人,比发达国家劳动人口总和还多,从数量上看,不会出现劳动力短缺的问题。人口状况比过去的预测有了一定程度的改善,但也还存在一些突出问题。

一是人口总量持续增长会影响全面建设小康社会目标的实现。我国人口在未来 30 年还将净增 2 亿人左右,人口与资源、环境的矛盾将持续紧张。我国以占全球 7% 的土地,承载占世界 22% 的人口,人均土地占有量已达到极限值——1.3 亩。当 21 世纪 30 年代接近人口峰值时,上述矛盾更为突出,如果再考虑人口老龄化的问题,国家为安排新增劳动力就业和退休人员的社会保障,有关财政支出会逐步加大。

二是人口素质难以适应日趋激化的综合国力竞争。人口素质是影响我国走科学发展道路、实现新型工业化的主要因素。我国人口素质问题包括健康素质、科学文化素质和道德素质,这几个方面都亟待提高,如我国每年新生的先天残废儿童数高达 80～120 万,约占每年出生人口总数的 4%～6%。各种地方病患者、智力残疾者、心理精神病患者总量也很多。从科学文化素质方面看,据 2000 年调查,我国 15 岁以上人口平均受教育仅 7.85 年,大专以上学历的比例仅有 4.65%,每百万人口中从事研发的人为 545 人,农村劳动力中小学以下文化的接近半数。社会劳动人口中理想信念失落,道德失范,诚信缺失,社会责任感缺乏等问题日渐凸显。这些人口素质问题影响了社会文明与和谐,影响高端生产力的提升,制约有限资源的利用效率,不利于转变经济发展方式和国家综合竞争力的提高。

三是人口结构矛盾影响社会的和谐与稳定。这主要是人口老龄化加速,60 岁以上的老年人 1.43 亿,占总人口 11%,老人数为世界最多,预计到 2020 年将近 2.34 亿人,老龄人口比例升至 16%。考虑到近半数老人在农村,而农村社会养老保障体制尚不健全,庞大的老年人口将存在贫困化、边缘化问题。其次,出生人口性别比例失衡。再次,人口的区域、产业间分布不合理。大量剩余劳动力滞留农村,城乡之间、地区之间、行业间收入差距拉大必然影响社会的和谐稳定。

四是人口调控和管理难度不断加大,低生育水平仍有反弹风险。如人口流动、迁移规模庞大。在加速城镇化过程中,今后 20 年将有 3 亿农村人口转为城镇人口,计划生育管理难度加大。中西部地区、贫困人口群体生育率高,计划生育管理难度大。现阶段的生育水平仍不稳定,群众的生育愿望、社会文化背景同国家生育政策要求仍有很大差距,多数地区人口增长有反弹可能。

针对上述问题,我国政府将以科学发展观为指导,重点解决人口素质、结构和分布问题,实施人才强国战略。着力开发人力资源是统筹解决人口数量增长,稳定低生育率,突破资源约束,促进科学发展的关键。

3. 开发人力资源和提高人口素质

(1)人力资源的量和质

人力资源和人口是两个不同的概念,人力资源是指在一定社会发展阶段,对人类社会和人本身发展产生积极作用的人类能力。一般说来,人力资源是全部人口中能以正当、理智的劳动创造财富,推动社会向前发展,并取得相应报酬的那部分人口的总称。因此,人力资源只是全部人口中的一部分。

我国人口的科学素质偏低。1992 年,国家科委和中国科协组织了一次关于中国公众对科学技术的态度、理解和科学知识陈旧程度的严格调查,采用发达国家常用的递进式提问法,围绕当代科学的 9 个问题调查人们科学知识、科学精神、科学思维方法等素养。统计结果表明,中国公众具备科学素养的人占 0.3%。我国公众科学素质存在的问题,还集中反映在创造性素质和实践素质上。1999 年初,教育部、共青团中央和中国科协科学普及所对全国青少年的创造性素质状况做了一次调查,调查对象包括全国 31 个省市 1.6 万名大中学生和香港特别行政区 3000 名大中学生。调查结果显示,无论是内地还是香港,多数被调查者受思维定势影响,存在过于严谨、尊崇权威的倾向。对于自己表示怀疑的事物,有将近一半的学生表示自己会选择"沉默"的态度。中国青少年的另一个弱项是动手能力差。如果孩子在家里拆装闹钟,40% 的家长会予以警告、斥责而不是给以鼓励;48% 的家长对孩子提出的问题表示不耐烦;85.6% 的学校认为升学率的提高是学校最重要的事情。综合评估内地大中学生,具有初步创造人格和创造力特征的占 4.7%,香港占 14.9%。针对这种情况,江泽民同志在全国教育工作会议上讲话指出,我们的教育必须"以提高国民素质为根本宗旨,以培养学生的创新精神和实践能力为重点"。提倡素质教育和创新教育以来,我国青少年和公众的科学素质逐年有所提高,如 2006 年的抽样调查表明,公众具备科学素养的人占 2.3%,但与发达国家之间的差距还是很大的。

人力资源包含质和量两个方面。人口只反映人力资源量的方面;人力资源的质则反映在人的素质上。我国人力资源开发的根本思路是把数量优势转变为质量优势。在两者的关系中,质量偏低是矛盾的主要方面。

（2）提高人的素质

教育学中所说的"素质"是指人在先天生理基础上,在后天环境影响下,通过个体自身的认识和参加社会实践养成的比较稳定的,对人的长远发展起基本作用的素养和品质,如心理素质、政治思想素质、道德素质、智力素质等。人的素质也是适应社会、适应自然各方面潜能的总和,是人力资源质的主要表现。无论是从未来世界的竞争形势还是从我国现代化建设的现实需要来看,提高民族素质和人力资源的素质都是取得成功的关键。

首先,从全球竞争的形势看,当今世界的竞争归根到底是综合国力的竞争,实质是知识总量、人才素质和科技实力的竞争。发达国家已经通过工业化、技术化进入后工业化社会和知识经济阶段。知识经济是相对于工业社会的资源经济而言;相对于资源经济以大量耗费资源和能源、大量环境污染和生态破坏为代价的发展方式而言,知识经济是一种全新的发展方式。它以知识和信息的生产、分配、传播、使用为基础,以创造性的人力资源为依托,以高科技产业和智力产业为支柱。相对而言,知识经济的发展和相应的社会发展较少依靠劳动力、资本、原料和能源,而主要依靠知识要素。由于知识价值的提升,人力资源的开发,特别是人力资源创造能力的开发在经济和社会可持续发展中具有特殊的价值。

在知识经济时代,个人和社会群体所拥有的知识与创新能力成为最重要的资本,成为提高劳动生产率和社会竞争力的首要因素,也成为评价人的素质、权衡人才价值的根本尺度。在这种情况下,自然资源的稀缺和人均资源量不足已经不构成对人的生存和发展的主要威胁;人们将能够凭借知识和创造力的优势,主动地调控人与自然、人与社会的关系。一方面,人们可以从对物质环境的深度开发与循环利用中解决传统资源危机的矛盾;另一方面,人们通过在全球范围内甚至在地外空间寻求资源调剂的新途径,从而满足人们日益增长的物质、文化需求。由此可见,解决资源有限性与可持续发展之间矛盾的根本出路是提高人的素质。

其次,从社会发展的需要看,发展中国家要解决人口增长快于经济增长速度的问题,也必须在降低人口增长速度的前提下,着眼于提高人的素质。二战后,凡是实行了这种发展战略的发展中国家,都成功地刺激了经济的增长,改善了贫穷现象和社会收入不平等的程度。当人口高速度的增长放慢之后,需要抚育的年轻一代人数减少,孩子的保健、食品、抚育等方面的需求减少,可以把更多的积蓄用于各种投资和劳动力培训,这些投资可直接推动社会劳动生产率提高,增加社会产出,改善生活条件。从这一规律出发,我国实施科教兴国战略和可持续发展战略的指导思想是:"要充分估量未来科学技术特别是高技术发展对综合国力、社会经济结构和人民生活的巨大影响,把加速科技进步放在经济社会发展的关键地位,使经济建设真正转到依靠科技进步和提高劳动者素质的轨道上来"①。

人口素质问题已经成为当前制约我国现代化建设发展的首要问题。在

---

① 江泽民:《高举邓小平理论伟大旗帜,把建设有中国特色社会主义事业全面推向 21 世纪》,人民出版社,1991 年,第 30 页。

一段时期里,能源、材料等基础工业供应不足,交通基础设施落后等问题长期制约着我国经济的发展。通过我国现代化建设的发展,这些原有的"瓶颈"因素已经有了很大改观,而人口素质的滞后却进一步凸显出来。因而,可持续发展观念的中心问题是人自身的发展。可持续发展不仅是人类发展观念的变革,也是人类价值观念的变革。在市场经济条件下,如何实现个人价值与社会价值的统一、人类生存与人的发展的统一,对人的发展和社会进步至关重要。人的自我价值是人的实践活动对自身需要的满足,即自身存在和发展的意义;而人的社会价值是人的行为对社会和他人的意义,即个人对社会的贡献。在人的发展过程中,人的素质、受教育水平和人的创造能力决定着人的价值的实现,也决定人的发展和社会进步。面对知识经济时代的挑战,要求人们要有良好的思想道德素质、较高的科学文化素养、健康的身心素质,善于用新的观念引导自己的行为,实现自身发展与社会可持续发展的统一。

(3) 创造性素质的形成与培养

所谓创造性素质是指人所具有的提出新思想、新观念、新理论,发现和创造新事物的特殊品质、素养和能力。它包括创造性思维活动和创造性实践活动。由于创造性活动是人类特有的自觉、能动行为,是以一定的知识、经验为基础的智慧活动,所以创造性思维是创造活动的关键和核心。

创造性活动是一种复杂劳动,如科学发现、技术发明、技术革新、文学创作、艺术创新等。可以根据创造活动的内容、形式、新颖性的强弱、价值的高低和难易程度把创造性区分为革命性、开创性和富有新意等不同层次和等级。凡属于创造的活动,都具有一些共同特征。

一是成果的新颖性。这是创造性活动最根本的特征。不论是创造性的科学理论还是技术上的发明,必须包含前人所没有的首创内容,或使用前人所没有的首创形式。人类的智慧成果之所以能不断丰富,人类文明之所以能不断进步,关键在于人类用创造性劳动不断开辟新的认识视野,创制新的实践手段,开创新的实践对象。因而,新颖性是区别创造性和模仿性、重复性的根本标志。由于这种特征,创造性成果的价值不一定马上就能被多数所认识,持有传统观点人如果用旧的评价标准去衡量,可能认为创新性强的事物是"叛逆"、"反常",从而持否定态度;还有一些人因为不理解而表示怀疑和冷淡。只有在经过实践检验,新旧事物反复比较,经过教育、宣传之后,创造性的事物才能走向社会。

二是目标的开拓性。创造性活动是一种指向未来的活动,它的目标是突破以前认识的局限,把认识和实践活动延伸跨越到前人所没有达到的范围,在认识和实践的广度或深度上有新的进展。开拓性的创造性活动由于其目标预设的超前性,提出的观点和理论往往是从对传统观点、学说的质疑、批判和否定开始的。它通过一些新概念、新原理的建立,新学科、新分支的形成向人们揭示了一些前所未知的客观事物及其规律,从而丰富科学认识的宝库。

三是方法的探索性。创造性活动是对未知事物的认识和实践,不可能一开始就有完全明确的道路和方法。在通向创造性目标的过程中,创造性劳动者一般用试探性的方法尝试性解决问题。在这个过程中,可能会经历挫折和失败。即使在新的学说基本完成后,在没有经过实践反复检验证明为正确之前,一般称之为假说。假说中可能包含一些带有猜测性的、不成熟的观点和结论,还需要进一步检查、验证、修改、完善,逐渐成为成熟的真理体系。因而,创造性活动不能走前人的老路,而要独辟蹊径,不怕失败,勇于探索。

四是价值观念的独立性。创造性人才必须用独立的价值观念评价自己所从事的工作,即要"独具慧眼",看到新事物所具有的真理价值、利益价值和审美价值。因为价值评价与主体有关,与其他社会性活动不同的是对创造性事物的评价不是求同性取向,而是求异性取向,因而不能为评价者的利益关系所驱使,采取以多数人的评价为标准。从事创造性活动的人如果没有独到的个人见解,没有高度的自信,而是习惯性地追随潮流、屈服于"权威",往往就不能达到创造性的目标。

人才的创造性素质往往以某种形式表现出来,在教育过程中,要善于识别和保护合理的创造性萌芽,促使其中某些消极的方面向积极的方面转化,防止简单化的做法。

创造性思维的行为特征常常表现为:思维的深刻性、专注性,观察、思考问题超常集中注意力,不容易受外界事物的干扰;思维的求异性,喜欢换一个角度观察、分析事物,理解、解决问题,提出别人没有想到的问题;思维的活跃性,善于想像、敢于猜测未知的答案,喜欢尝试不同的方法和思路去解决疑难问题。

创造性素质的萌芽还不等于稳定的素质,在家庭教育、社会教育和学校教育中,都要十分重视对青少年和儿童创造性素质的培育。

(4)创造性教学

经过心理学家的长期研究,认为要区分智能性素质与创造性素质。智能素质高的学生通常表现为：学习认真、勤奋，上课注意听讲，遵守规章制度，自我控制能力强，善于处理人际关系。这样的学生通常会被认为是"好学生"。创造素质高的学生却表现为：不承认权威、脱离传统价值观念的倾向，喜欢批评教科书的内容和和老师的话，喜欢发现并提出问题等。这样的学生常常由于"不听话"而被认为是"有问题的学生"，不能给予客观的评价。教师要善于发现学生身上创造性的萌芽，如学生和观察事物专心致志，努力完成学习；善于运用类推进行表述，有穷根究底的习惯；敢于向权威的观点挑战，提出自己的见解；能敏锐地观察并提出问题，独立自主地决定学习上的研究课题；能重新组合事物和思想，愿意把所发现的东西告诉别人等。要爱护创造性的萌芽，并热情地予以培养。

首先，要注意培养创造性的思考能力。培养学生观察思考问题的专注性、深刻性，鼓励他们自由发挥想像，大胆提出自己新的想法，做出新的词语组合或新的表达方式，提出对问题新的解法。鼓励求异性思考，欢迎他们对老师的讲课和教科书提出不同意见。在教学实践中，要注意创造性思维的基本技能训练，如尝试新的组合，设计新的实践，发现相似事物之间的细微差别；启发学生丰富的想像力等。

其次，要引导学生靠掌握创造性的学习方法。如在读书时不仅要记忆和掌握书中现成的结论，而且要追问得出这种结论的原因，敢于对已有的结论提出质疑，并思考做出不同结论的可能性。启发学生不仅要掌握书中的已有知识，还要进一步掌握并学会运用得出这些知识的方法，如得出新概念的归纳法、抽象思维方法，得出推论的推理方法，产生新思想的类比方法、直觉推理方法等。

再次，要努力培养学生对知识和创造性活动的兴趣，培养他们热爱自然、崇尚科学、渴求知识、探索真理的情感和人生追求，爱护并激发他们了解未知事物的好奇心；鼓励他们搜集自然标本，自觉进行观测、记录，独立进行小实验、小发明，组织小型社会活动。

最后，要努力创造良好的环境氛围，有利于创造性素质的养成。如师生之间、学生相互之间尊重人格、尊重别人的创造表现，容忍不同意见；形成相互交流、相互鼓动的气氛；对尝试新事物中的失败不要太介意，更不要嘲弄、打击失败者。在教学设施和教学手段上，要从有利于培养创造性素质出发，逐步进行改进和改革，尽可能采用富于启发、激励性的教学手段引发学生对知识和创造活动的自觉追求。

要培养学生的创造性素质，教师和家长的创造性教育无疑起一种示范作用,这对教育的科学和艺术提出了更高的要求。从传统教育向素质教育的转变不仅是教育观的革命,也是教学实践的持续创新过程。随着知识经济时代的来临,教育作为信息业和智力产业的重要部门,其内容和形式都在迅速更新,这对教育工作者的自身的创造性素质提出了更高的要求。要求人们把教育工作看成是一项具有高度创造性的劳动;它的成果不仅反映在新的知识和智能产品的创造上,还反映在作为知识和财富创造之源的人才塑造中。

二、自然资源与环境问题

1. 自然资源的有限性

在现代社会生活中我们常常听到资源、能源"危机"问题,这到底是怎么一回事呢?难道人类生活中不可缺少的石油、天然气、金属、动植物等,真的在数百年甚至几十年内就会面临枯竭吗?这要求我们认真思考自然资源这个概念和"危机"的本质。

资源是个动态发展的概念。什么样的自然物能成为可供人类开发利用的资源,这与人类的认识水平和实践能力有关。可以说,在整个人类社会发展的历史上,从来就没有过长期处在生产和生活所必需的自然资源无限丰裕、取用不竭的"黄金时代"。如果没有自然界持续不断的挑战,也许人类的进化和社会的发展反而会停滞。

人类所必需的自然资源如阳光、水、土壤、矿物、生物资源等,最初都是天然的存在物。不同历史时代,社会生产力和科学技术发展到什么程度决定人们对资源认识、利用和开发的广度及深度。

人类在石器时代生活了 200 多万年,从会利用、制造粗糙的石球、切割器、刮削器发展到会加工较为细致的石刀、石斧、石镞。在那个时代里,人们只能利用现成的生物资源作为生活资料的来源,其生产方式是采集和渔猎。这种生产能力虽然是低水平的,但也会对资源和环境产生破坏作用。当时人类的活动带有很大的原始性、盲目性,在天然食物来源丰足的时候,人类自身的繁衍加快,遇到周围环境中的生物资源消耗殆尽的情况时,人类原始群落才不得不迁徙,甚至大批死亡,直到与新的环境资源生长基本平衡为止。这种开发、利用资源的方式是粗放的、浅层次的。

大约 1 万年前的新石器时期,人类开始进入农牧社会。这时,人们逐步学会驯养、培育生物资源,少量地开发利用森林、草场、土地、水源和矿物资源。人类总体发展规模不是很大,这在很大程度上是由饥荒、战争、灾害、疫病等因素造成的。在这一时期,较发达的农业文明对资源和天然环境的干预已经相当突出。原始农业大量采用"刀耕火种"技术,人们大量砍伐、焚烧山林,把草木灰作为肥料。耕种几年之后,土地的肥力用尽,人们就被迫放弃,再转移到其他地区去毁林开荒。如此反复弃耕,造成对天然植被的严重破坏,水土流失日益严重。开发最早的古老农业区都出现了明显的土地退化现象。古埃及的尼罗河两岸、美索不达米亚、希腊、小亚细亚和印度河流域,都由于失去森林而逐渐成为不毛之地。中国黄河中上游的黄土高原,在1万多年前半坡人生活时期还是山林密布、野兽出没的理想狩猎场所,如今只有绵延不断的黄土和沙石。这些教训告诉我们,自然环境的承受能力是有限的,人类过度的开发往往会造成意想不到的后果。随着社会的进步和发展,人类逐渐感受到资源减少和退化的压力。

工业文明的生产是以大量耗费资源和能源为代价的规模化生产为代表的。地球上的生物资源、矿物质资源、一次性能源和土地、淡水资源都是有限的,而现在全世界每年开采的煤炭、石油、铁矿石都有几十亿吨,照这样的速度开采下去,少则几十年、多则上百年,地球上的现有资源和能源将被消耗殆尽,剩下的部分变得难以开采。目前矿井深度达到3~4千米,有的钻井深达10多千米,开采成本愈来愈高,造成能源和材料的价格上涨。20世纪70年代,从石油涨价开始,人们产生了能源和资源短缺的"危机"感。

造成工业化社会资源与能源危机的原因:

首先,由于工业化的过度开发。工业经济兴起和发展的200多年,其支柱产业开始是纺织、食品、煤炭、冶金,然后是电力、化工、机械制造,再后来是汽车、精密仪器和石油化工等。这些产业的生产及其产品的使用都要大量消耗矿产、森林、土地、淡水资源。例如,每生产1吨钢材至少要剥离5吨砂石,其余的部分都作为废弃物被遗留在环境中,这还没有计算生产中的大量废水和废气。工业化生产的特点是集中化、专业化、标准化、规模化、一次性;这种生产方式有效地刺激着需求,使西方工业化国家步入"高消费"阶段。另一方面,由此所引起的资源和能源危机、环境问题也开始突现出来。

其次,工业化社会中的低技术和无序化生产也是造成能源和资源危机的重要原因。工业化国家都经历了从劳动密集型生产向资本、技术密集型生产为主过渡的阶段。在工业化的最初阶段,生产效率仍然比较低。比如,瓦特改进后的蒸汽机虽然比老式的纽可门蒸汽机的耗煤量减少了四分之三,但其热效率也只有百分之十几。在其他生产中对资源和材料的浪费也很严重。在殖民主义时期,资本主义生产可以从殖民地国家获取廉价的原材料和其他资源,生产的目的是为获取更多的剩余价值。在当时,资源和能

199

源还没有成为严重问题。正是这种掠夺式的生产不仅加剧了世界范围内贫富分化，造成了发展中国家的发展滞后，也导致了资源和能源的过度消耗。

第三，人口过快增长和社会价值观念的误导。工业化社会占主导地位的价值观念是对财富的追求。这种欲望激发了人们对利润、扩大资本规模和生产规模的无止境追逐。19世纪末，在世界汽车拥有量达到1万辆的50年后，就奇迹般地增加到2亿多辆，由于汽车废气排放所造成的大气污染事件频频发生。生产者往往只考虑到私人和本企业的经济利益，忽略了公众和社会的利益，也不顾及生产对自然环境影响，更加剧了资源和能源的耗费。

第四，机械自然观的影响。机械自然观把人和自然对立起来，过分强调科学技术对自然的征服作用。只强调局部范围内的效率，实施以机械为中心的管理；只考虑眼前的短暂利益和发展目标，实行"竭泽而渔"式生产。这种自然观是对原始的和古代自然观的一种否定，在一定程度上提升了人的地位，但并没有从根本上克服人类生产的盲目性。正如恩格斯所说："我们不要过分陶醉于我们对自然界的胜利，对于每一次这样的胜利，自然界都报复了我们。"①能源和资源危机就是这种发展模式所造成的负面效应之一。

解决资源与能源危机的出路：

首先，依靠科学技术，转变发展模式，实现人与自然环境的和谐统一。到工业社会后期，人们所指的资源和能源"危机"主要是指人的认识、实践能力所及的传统的资源能源范围。在后工业社会，由于科学技术的新发展，人类开始开发原子核、电子层次的资源和能源，到深海、地球深层甚至地球外去寻求新的资源和能源。由于认识和开发能力的提高，传统的资源和非资源（废物）之间的界限被打破，从而为二次开发和循环利用资源开辟了思路。

在知识经济时代，高新科技发展使人们认识到信息资源的巨大开发价值，引发了人类开发、利用资源的一次革命。信息资源是联系资源系统的中介，大量开发和利用信息资源不仅使人类对资源的开发达到新的深度和广度，而且使人类对资源的开发利用全面化、综合化、合理化、高效化。20世纪70年代，有的钢铁企业用计算机自动控制炼钢程序、时间和用料，使氧气的顶吹效率提高了30%，每炉钢的冶炼时间大大缩短，月产量提高了数倍。

其次，必须树立资源系统的动态平衡观念。人类自身也是自然资源系统的有机组成部分，因而，人类自身的活动和发展对资源的平衡起关键作

---

　　① 恩格斯：《自然辩证法》，人民出版社，1971年，第158页。

用。人类社会系统中的资源包括人力资源和文化资源：人力资源由体力资源、智力(知识、技能)资源和非智力资源等若干方面构成；文化资源则包括人文文化资源、科技资源和管理资源等。在知识经济时代，广义的、系统的人力资源不仅是指其中某一个方面，更要将人力资源理解为上述诸方面的系统总和，尤其是人的知识创新能力和人对自然的适应、调控能力。只要真正发挥人对自身以及对自然环境的认识潜力和调节、控制潜力，就能通过人类的自觉活动，按照人与环境和谐的生态规律、恢复、重建人与自然在发展中的平衡关系。

2. 自然资源的合理开发和利用

一要节约资源。在生产过程中如何节约资源是个大问题。用高新技术改革生产手段和改造陈旧的生产工艺、生产设施是有效节约资源和能源的现实途径。

实现生产的自动化、智能化对节约资源有关键意义。在大量耗费能源和原材料的制造业中，无论是过程控制型生产还是加工型生产，均可以通过计算机自动控制优化生产过程，实现节约化。如钢铁、化工、塑料等生产过程要对原料进行连续加工。在生产中，需要控制许多开关、高压阀门、温控仪表和投料配料系统，当采用计算机系统对其实现自动控制后，不仅原材料大大节省，生产效率显著提高，而且产品的质量也得到提高。采用数控机床和灵活制造系统进行加工制造，会比人类手脑并用的操作更灵活、更精确，因而也更节省。在现代农业生产中，自动化、智能化控制系统也大有作为，如自动温控和吸湿的谷仓，自动计算水量的喷灌系统，自动计算浓度和药量的农药配制机械，都能使资源、能源和材料的消耗大大减少。

二要有效配置。资源的合理配置机制可以使资源在宏观上分配、使用更理智，从而实现效用最大化。既要以市场调控为基础实现资源的优化配置，又要加强和改善政府的宏观调控功能，弥补市场调控的滞后性、盲目性和自发性。

三是循环利用。资源的循环利用就是采用生态工艺，以循环方式在生产过程中实现资源的充分和合理利用。

对于某些可利用资源通过回收处理二次利用，也可以变废为宝，如塑料、纸张、金属、木材、纤维等都可以回收。生活或工业废水经处理后可作为工业、清洁用水。发达国家已开始试验用垃圾作为发电的原料，建造"垃圾发电厂"；在宇宙飞船内可以把绝大部分生活的"废物"转化成为淡水、有机营养物质和氧气。这些循环利用方式可以减少对环境的污染，实现资源的

201

再利用,但一般要耗费相当大的投资和能量。在"环保型"工业设计中,防污、治污工程所占用的投资一般占工程预算的 15％~30％。

四是综合利用。自然资源天然储存和存在方式往往是综合性的,而对它们的商业开发和利用的直接目标多半是单一的。在工业化社会中,这种开发会造成很大的浪费并加重环境污染。如我国攀枝花钢铁公司所开采的铁矿石中,伴生有多种宝贵的稀有金属,单是钛的储量就超过世界其他地方钛储量的总和。金属钛具有比重小、强度高、耐高温、抗腐蚀性强的优点,在现代科技和国防上有广泛的应用,是一种性能优越的隐形材料。如果不进行综合开发利用,珍贵的钛资源就会作为炉渣等废料被弃置。有的铁矿、有色金属矿伴有硫矿,如果只开采利用金属矿,弃置的硫就以二氧化硫的状态进入大气,成为酸雨的重要来源。如果进行综合开发,不仅技术上是可行的,而且可以收到双倍的效益。

在农业生产中,对宝贵的土地、水源、肥料、能源、阳光、海岸、山林等进行综合开发利用,既是节省资源、提高效益的根本途径,也是保护资源、改善环境的有效途径。资源的保护和综合开发利用应成为新的资源战略和资源管理思想的核心,在生产过程中把生产与环保有机结合,通过对传统意义上"废料"的综合开发利用,充分实现资源的经济价值和社会效用,最大限度地减少有害废弃物的排放,把投入生产过程的资源尽可能充分地转化为产品,从而实现经济建设与环境建设、经济效益与环境效益的统一。

五是深度开发。对有限资源开发的深度和价值升值水平,是一个国家和时代的科学技术及人的素质高低的重要标志。从这个意义上说,我国由于人口众多,人均资源量少所造成的严峻局面,从根本来说还是科学技术水平和人的素质问题。当今世界最富有、人均国民生产总值最高的国家如瑞士、挪威、日本等,也都是天然资源贫乏的国家。但由于科学技术水平和劳动力素质高,社会对资源、环境的管理水平都居于世界前列。以石油资源的开发利用为例:把原油经过化学加工转化为轻油和重油,它的价值至少增长 1 倍。如果把原油裂变后生成烯、烃类化工原料,其价值可增值 10 倍;如果再进一步提炼、合成医药等深加工产品,其价值就可以增值上百倍。

第二节　科学发展观引导我国自然与社会和谐建设

党的十六大以来,以胡锦涛同志为总书记的党中央站在历史和时代的高度,从党和国家新世纪、新阶段事业发展的全局出发,深入分析我国发展的阶段性特征,提出以人为本,全面、协调可持续发展的科学发展观。这是我们党领导社会主义现代化建设指导思想的新发展,既继承前人,凝结着几代中国共产党人的智慧和心血,又勇于创新,展示出与时俱进的理论品格。科学发展观提出社会主义经济、政治、文化和社会"四位一体"全面发展思想;提出统筹人与自然和谐发展思想;提出经济发展和人口、资源、环境相协调,建设资源节约型、环境友好型社会的可持续发展思想;提出建设创新型国家、学习型社会,建设生态文明的思想。"既要金山银山,又要绿水青山"成为当代中国人的发展理念。2008 年 8 月,我国北京成功举办第 29 届夏季奥运会,以"科学奥运、人文奥运、绿色奥运"理念展示了当代中国科学发展观的实践。

一、科学发展观与我国经济社会可持续发展

1. 科学发展观与可持续发展理论

早在 20 世纪 80 年代,国际社会为了应对传统发展模式提出的问题和挑战,提出了建设"可持续发展社会"的理论,主要途径是控制人口增长,保护资源环境和开发可再生能源。1983 年,联合国成立世界环境与发展委员会。1987 年,该委员会组织出版了《我们共同的未来》研究报告,该书定义:"可持续发展是既能满足当代人的需求,又不对后代人满足其需要的能力构成危害的发展。"其实质是探求一种人与人之间、人与自然之间、系统与环境之间、系统相互之间,互利共生、系统进化的持续、高速、稳定发展模式。这一理论很快受到世界各国的重视。1992 年 6 月,世界 183 个国家和地区、102 位国家和政府首脑在巴西里约热内卢召开了"环境与发展大会",发表了《环境与发展宣言》、《21 世纪议程》等重要文件,标志着可持续发展模式进入国际性实践阶段。

1994 年 3 月,中国政府编发了《中国 21 世纪议程——中国 21 世纪人口、资源、环境与发展白皮书》,把可持续发展列入我国经济和社会发展的长远规划。

可持续发展主要遵循以下三个原则:

一是公平性原则。首先体现不同地区、不同国家、不同民族享受自然资

源和占有财富的公平性。同一国家、地区内不同利益集团之间也应体现公平性,地球资源、环境是人类共有的财富。其次是不同时代人们之间的公平,只有节约循环使用资源,保护并持续优化自然环境,我们的子孙才能平等享用基本相同的资源环境条件。

二是可持续性原则。人们按照可以持续不断发展的要求调节自己的生活方式,在保持生态平衡许可的范围内进行生产和生活。比如说,不能为了个人赚钱而乱伐森林、大量捕杀野生动物或海洋鱼类,不能污染、浪费淡水或其他公共资源。生产过程要求最大限度地节省资源、能源,提高质量、效益,追求生态价值。社会生产发展的速度、规模要同资源、环境的支撑能力相适应。我国在 20 世纪 50 年代"大跃进"中就违反了可持续性原则,造成人力、物力的巨大浪费,直接导致经济的虚火过热以及其后的严重衰退。

三是共同性原则。我们只有一个地球,这是人类共同的家园。实现人与自然和谐发展目标,必须全球联合行动。比如治理温室气体排放导致的全球气温升高单靠哪一个国家是无济于事的。但从总体上看,发达国家工业化进程时间长、规模大,对资源、环境的影响更大一些,同时国家经济实力与技术水平也更强一些,应当而且有能力对全球人口资源、环境问题治理承担更大的责任。

科学发展观吸收、包含了可持续发展思想,它是我们党和政府根据我国国情和时代需要提出的新的发展模式和马克思主义的社会发展理论。我国社会主义现代化建设,经历了 20 世纪中叶"左"的思潮影响下走过的弯路,经历了七、八十年代粗放型发展的探索过程,到 20 世纪末,确立了社会主义市场经济体制,把科教兴国、可持续发展作为基本国策,在认识发展规律上不断深化,实践成效明显改善。在 21 世纪初,我国的发展面临空前有利的战略机遇期,又面临空前艰巨复杂的挑战。怎样破解发展难题,创新发展思路,总结新时期、新阶段我国经济社会发展的规律?这是科学发展观产生社会历史前提。

从发展动力看,科学发展观依靠科技进步和人的素质提高。正是由于科技含量偏低,机制创新不够以及人的素质等原因,才使我国经济长期未能转变粗放型发展方式的约束,加剧了人均资源紧缺性和资源开发使用浪费性的矛盾。如我国人均耕地 1.3 亩,是世界人均占有耕地的 1/2,但仍有不少耕地闲置,如省级以下开发区的土地闲置率达 40%。我国人均淡水占有量是世界平均值的 1/4,但单位产值用水量却是发达国家 10～20 倍,生产每千克粮食耗水为世界平均水平的 2～3 倍。按单位水耗创造的 GDP 值统计，我国是 0.7 美元，世界平均水平是 3.2 美元，日本是 10.5 美元。我国污水排放率高于世界平均水平的 4 倍，所以我国大江大河、内陆湖泊和沿海海面污染的状况并没有得到根本改善。

科学发展观与可持续发展理论是有共同性的：二者都坚持以人为本，主张控制人口，提高人口质量，保护资源环境；都主张发展的基本动力是科技进步和提高人的素质。同时科学发展观与可持续发展理论又有区别：二者的理论目标不同。可持续发展理论是针对世界范围内人与自然不和谐的问题，主要解决人与自然关系问题，本质上是一个经济发展模式。科学发展观则是针对当代中国社会主义现代化发展问题，是一个新世纪马克思主义社会发展理论。因此，理论的内容也不同，科学发展观不仅要解决我国发展中人与自然和谐问题，同时要解决一系列人与人、人与社会之间的关系问题。如转变经济发展方式，实现又好又快发展，走新型工业化道路，关注民生，统筹城乡、地区、经济与社会发展，统筹国内发展与对外开放的关系等，都超出了人与自然的关系，是由我国的特定国情和特定发展阶段决定的。

3. 科学发展观的本质和核心是"以人为本"

科学发展观"以人为本"的理念，是相对于传统发展观"以物为本"而言的。所谓"以人为本"就是经济、社会发展的目的是为了实现人的全面发展，人民群众是发展的主体；发展的动力是为了满足人民日益增长的物质文化需求，实现人民群众的根本利益，发挥人民群众的创造力；发展的成果由全体人民共享。资本主义工业化的发展模式则是"以物为本"，企业家办企业是为了最大限度地追求利润。他们在应用新技术的同时，却又千方百计地降低成本，让工人无止境地提高效率，加快生产过程的速度，把工人当成机器，结果人性的本质被否定了，人被"非人化"了。这种发展不仅造成贫富分化、劳资对立，使劳动者失去幸福感，而且大量地浪费廉价资源，对环境造成严重污染，引发了社会危机、资源环境危机和人的信仰危机。

"以人为本"体现了我们党的执政理念，是立党为公、执政为民的本质要求。前苏联共产党之所以失去政权，一个重要原因是他们过分地把注意力放在与西方进行军备竞赛、争夺强国地位和世界霸权上，人民生活水平实际提高不快，使经济发展陷于停滞。在 1991 年历史剧变的关键时刻，执政的共产党失去了人民群众的支持。历史和现实表明，一个政权或一个执政党，其前途和命运最终取决于人心向背，如果不能赢得广大人民群众的支持，必然要垮台。

"以人为本"就要把促进人的全面发展作为经济社会的最终目的。一方面,要使人的物质文化需求尽可能得到满足。例如要关注民生,使人民的生活水平、生活质量不断提高,人们的思想道德素质和科学文化素质不断提高。另一方面,要创造有利于人的全面发展和自我价值实现的社会环境。其中,经济的持续发展是基础,因为实现人的全面发展,要受到生产力发展水平和社会现实条件的制约,没有物质条件的进步,人的衣食住行、社会生产手段、社会交往、道德自觉、价值追求等都会受到制约。衣食住行、健康、安全等固然属于人们的较低层次的自然需要,但如果这些需求不满足,求知、审美、自我价值实现等创造性需求也难以产生并长期保持下去。社会民主和文化繁荣进步是人的全面发展的必要条件。"以人为本"就要尊重并保证人民的民主权利,激发人们的责任意识,塑造人们的社会主义核心价值观念,使人们保持昂扬奋进的精神状态。

"以人为本"就是要把发挥人的创造力作为发展的最根本的动力,建设创新型国家。自主创新能力是国家的核心竞争力,是我国实现可持续稳定发展的根本支撑。我国改革开放 30 多年来的经济快速增长,主要依靠劳动力、资本、资源、能源消耗等因素的驱动,长此以往,发展的成本将会增大,发展的相对优势将会减少,发展的活力将会下降。到 2007 年,我国经济发展对外技术依存度仍有 60%,自主创新比重只有 40%,而创新性国家经济发展中自主技术创新应占 70%以上。我们党提出,只有自主创新是民族进步的灵魂,是国家兴旺发达的不竭动力。真正的核心技术、前沿技术是买不来的,必须依靠自主创新,科技创新,人才为本。我们必须坚持尊重知识、尊重创造,树立人才是第一资源的观念;要振奋民族精神,增强全民族的创造活力;通过理论创新不断推进制度创新、文化创新,到 2020 年把我国基本建设成创新型国家。

4. 转变经济发展方式,走新型工业化道路

我国传统经济发展方式带有粗放型弊病。2006 年,在我国 GDP 构成中,第一、二、三产业所占有比重分别是 11.8%、48.7%和 39.5%,工业(制造业)仍然占了 GDP 总量的将近一半,而第三产业的比重尚不足 40%,这同发达国家 70%～80%的比重相比还有很大差距,表明在我国社会物质产品价值创造中,依赖知识、技术、信息仍然不占主导地位。

很多人到欧美发达国家旅游购物,不经意间买到的却是"Made in China"(中国制造)的商品。这种现象应当从两方面来看,一方面,说明了我国经济的开放度空前提高,顺应经济全球化及垂直产业分工趋势;发达国家企业把自身发展中形成的高成本、集聚一地的产业进行分解,把加工环节迁移

出来,利用中国廉价的劳动力和其他资源同自身的研发、设计、管理优势相结合,节约了成本,增长了效益,也促进了中国产业的提升,增加了中国制造业和相关产业的就业机会。到 2005 年 7 月,我国共批准外商投资企业 53 万多家,直接在外资企业就业的有 2400 万人,占城镇人口的 10%。价廉物美的中国商品行销世界,给各国消费者带来实际的好处,仅美国消费者每年从购买中国制造的商品中就节省 600 亿美元以上,相当于获得了一大笔购物补贴。这种分工和转移也促使中国经济融入世界经济体中,使中国快速发展的经济成为世界经济发展的重要驱动力,成为世界经济秩序的承载者;人们感受到"世界的发展离不开中国"。

另一方面,不断增加的"中国制造"也包含着落后的一面。因为在全球分工中,我国实际上被置于产业链中低端,国内企业在制造环节过度竞争,而高附加值的研发、设计、营销等环节却由外资垄断,导致生产性服务业发展滞后,阻碍产业的升级;中国制造的增长还导致污染集聚,资源过度消耗。中低端制造业片面扩张并不能迅速提升国家竞争力,反而会在国际市场上受制于人并导致低价竞争。发达国家往往以技术标准提升为理由,设置"创造性"的贸易壁垒,停止进口某些产品,使市场收缩,竞争激化,价格下跌。2004 年中国羊毛衫出口价格平均 7 美元 1 件,到 2005 年下降到了 3 美元。过去 10 年中(1996—2006 年),中国的鞋、球产品出口增长 50%,平均价格下降 20% 以上,稀有土产品、轿车、手机等产品的价格都在出口量增长的同时下降了。为了竞争,中国只得降低资源成本。如中国土地资源成本是日本的 1/10,韩国的 1/5;劳动力成本是日本的 1/22,韩国的 1/3。中国劳动者的合法权益受到一定程度的侵犯。

什么是新型工业化? 适合中国国情的新型工业化有四个特点:一是工业化同信息化等现代高科技发展紧密结合;二是经济发展同资源环境协调;三是城乡协调发展;四是资金技术密集型产业同劳动密集型产业相结合。

国际经济学界所主张的新型工业化是指 20 世纪 50 年代以后,对先行工业化国家传统发展模式进行反思后提出的。其特征是:

第一,以现代科学技术的广泛应用和持续创新为动力。早期的工业化是基于工匠传统的应用推广,以熟能生巧产生改良性技术进步,提高生产效率,产生最初的工场作坊和制造业。第一次、第二次工业革命基于近代科学技术的应用推广和不断改进。现代科学技术革命催生了大批新产业,新工艺、新材料、新能源和新的管理文化层出不穷,劳动生产率得到持续性提高。

第二,新型服务业超越工业迅速发展,形成服务业—工业一体化的新型工业。新型服务业不是指为人们吃穿服务的消费性服务业,而是为农业、制造业生产提供产前、产中、产后服务的生产性服务业,如教育培训、技术和产品研发、现代物流、金融保险、商务服务、信息服务等。这些服务业应运而生是为了降低产业的市场交易成本,同时也提高生产过程的效率,降低生产过程的总成本。由于生产高度社会化、市场化、规模化,企业的分工和交易活动复杂化、经常化、明细化,交易成本提高,通过制造业—服务一体化,使生产服务融合于工业生产全过程。如 IT 产业,如果没有完备的服务系统支撑是不可能走入千家万户,渗透到社会生活各个领域的。

第三,工业化同信息化融为一体。用现代通信、信息处理、人工智能同其他高科技手段相结合实现的工业化生产全过程,不仅效率空前提高,而且节约资源、能源,提高产品质量,减少了环境污染,改变了劳动方式,这是传统工业生产方式无法相比的。

第四,适度发展重化工业和采掘业,实现循环型生产。一个大国的经济体系没有自主的重化工业支撑,其生产和服务是难以满足市场需求的。比如,我国公众要提高生活水平,必然要搞大规模的住房、公路、铁路、航空、通信、教育、商业、生活服务等方面的基础设施建设,对钢铁、水泥、能源、材料等方面的消费量是很大的,没有强有力的重化工业支撑,经济发展必然受阻。中国香港、新加坡、新西兰那样的地区和国家受资源禀赋制约,可以依托国际市场解决对重化产品的需求,但对大国发展却没有这样的先例。现代重化工业要求高起点、高技术含量、综合开发、循环利用资源,把对环境的负面影响降到最低限度。

二、科学发展观与我国生态文明建设

1. 生态文明建设的紧迫性

生态文明是指人类在改造和利用客观物质世界的同时,不断克服因人类的活动对自然产生的负面影响,积极改善优化人与自然、人与社会及人与人之间的关系,建设有序的生态运行机制和良好的生态环境所取得的物质、精神和制度方面成果的总和。科学发展观对于我国生态文明建设具有指导意义:在现阶段,我国生态文明建设要立足于现实,面向未来,顺应当代国际社会重视生态保护,实现主体与客体、人与自然和谐互补及共同发展。

生态文明建设发源于人们应对生态危机、生态灾难对自身生存发展所造成的挑战。这个问题自古就有,生态灾难不仅造成社会经济问题,而且可能引发社会政治问题。远自上古传说时期,国君就深知治理环境、祛除天灾关系国家安危、社会安宁。据《史记》记载，"当帝尧之时，洪水滔天，浩浩环山套陵，下民其忧"。帝尧根据众人推荐，任命鲧负责治水，9 年仍不见成效，新执政的舜处死了鲧，任命鲧的儿子禹负责治水。禹用科学的方法做规划，搞设计，因地制宜，标本兼治，把治灾与发展生产相结合，如开通大江大河水系之间的疏导渠道，在南方湿热地区发展水田，种水稻。10 多年后，禹治水功成，天下太平。

纵观中华文明的历史足迹，经济和社会文明重心从西部、北部向东南方转移，同样不可否认生态演变因素的重要作用。气象史研究表明，从距今五六千年的仰韶文化到距今三千年的殷商王朝时期，黄河中游及整个北方冬季平均气温比现在高 3℃～5℃，即黄河流域气温大致同今天长江流域相同。近代以来，经历清王朝近三百年的统治，生产手段没有发生根本变革，而人口却增长了 8 倍。到咸丰年间，全国人口超过 4.3 亿，中国经济和社会危机随之爆发了。

生态建设和国家发展的关系是一个重大的战略问题，也是当代人类社会发展所面临的最大挑战之一。许多科学家已经发出警告，如果不及早采取共同行动拯救我们地球生态系统，人类文明可能毁于盲目的、过度的、无序化的"发展"之中。

当今全球性生态危机不仅表现在人与自然关系的严重失调，而且也扩展为新的社会危机和人与人之间关系的失调。发达资本主义国家对国际政治经济秩序的主导以及对发展中国家的剥削与控制，不仅造成巨大的贫富差距，同时也造成国家、民族和地区之间矛盾激化，是造成世界局势动荡不安的原因之一。发展中国家为了解决生存需求，缩小同先进国家的发展代差，不惜以牺牲自然环境为代价。尤其是在争夺资源和物质利益面前，一些人公然不顾社会公德，道德沦丧，贪污腐败，人情冷漠，信仰失落，失去对自然环境的热爱。人们在追逐物质享受同时，带来人与人、人与社会以及人和自身关系的危机。

我国环境问题的紧迫性主要表现在：全国 7 大水系都存在污染问题，其中淮河、海河、辽河、松花江水系污染严重，水资源短缺，全国有 300 多个城市缺水，占城市的一半以上。大气污染比较严重，部分工业污染气体排量仍在增加。如根据国家发布的《2006 年全国环境统计公报》，2006 年工业二氧化硫排放比上一年增加 3.1%，但工业烟尘及尘粉排放量比上一年分别减少 4%、11.3%。酸雨污染，汽车废气排放、噪声污染呈逐年增加趋势。城市生活垃圾每年约增长 6%～7%，共占用耕地 1000 万公顷，且污染已由城市扩展到乡村 1000 多万公顷土地受到污染危害。因环境问题造成的自然灾害日益频繁,如山体滑坡、崩塌、泥石流、地面沉降增多,造成损失加大。森林及植被破坏严重;1/4 的草原严重退化;土地荒漠化面积约占全国土地面积的 1/3,平均每年增加 6 万平方千米;生物多样性不断减少,约有15%~20%的动植物种受到威胁。

综合评估,2006 年我国因生态原因造成的经济损失约 6000 亿元,占我国财政收入的 9%左右。事实证明,过去长期存在的粗放型增长方式将演变成一场旷日持久、代价高昂的环境与经济增长的"博弈"。我们看到,一方面,由于煤炭需求迅速增长,不少火力发电厂煤储存告急,这种需求使煤炭开采利润增加,大量小煤矿不顾技术条件落后违规经营;另一方面,却是频繁发生、日益严重的煤矿安全事故给人民生命财产造成严重损失。如果不采取长效治理对策,我国经济增长和人民幸福指数将有很大一部分被生态问题抵消,我国的全面小康目标和现代化前景将被拖累,甚至可能落空。

2. 生态文明建设的内涵

首先,要确立生态价值观。在事物价值的构成上,不仅要计量、权衡其所创造或具有的物质(经济)价值、精神(文化)价值,而且要计量、权衡其生态价值。比如,一棵大树不仅具有木材积蓄价值、审美价值,而且具有涵养水土、净化空气、调节气候等方面的生态价值。从宏观上看,我们在计算 GDP 的时候,传统计算方法所给出的只有经济上的国内生产总值,至于生态改善等方面的价值投入与产出往往被忽视了。这是造成我国环境建设投入偏低,年年欠账的一个重要原因。据专家测算,2004 年我国治理环境污染的虚拟成本应为 GDP 的 1.8%,需要环保投资 1 万多亿元,占当年 GDP 的6.5%,而实际投入的环保资金只有 1400 亿元,只有应投环保资金的15%,这种亏欠造成 2004 年环境污染损失 5118.2 亿元,占 GDP 的 3.05%。这还没有计入环境污染造成的健康损失。2006 年,国家治理环境污染的投资达到 2567.8 亿元,占当年 GDP 的 1.23%,比上一年增长 7.5%。

生态价值观的实质是:在人与自然的关系上确立和谐共处的自然价值观,用伙伴关系取代主奴关系,用互补关系取代索取关系。生态自觉、生态关心成为处理人与自然关系中必须优先考虑的良知和人性。在人类生产生活方式上,告别物质主义或功利主义。片面追求经济增长和无节制消费的生活方式,造成对有限资源的掠夺性浪费,破坏了生态平衡,也无法使人类全体得到真正的富裕。在人与社会的关系上,树立科学的社会价值观,辩证认识和处理人的自然性与社会性统一,倡导社会公平意识。在人与物的关系上,确立"以人为本"的发展价值观,使人真正成为生态建设的责任主体,又是生态文明成果的享受者。

图 4-1　人与自然的和谐：江苏大丰麋鹿保护区

　　其次,在行动上要转变经济发展方式,走新型工业化道路。传统工业化是先污染后治理,发达国家都是工业化基本完成,进入"后工业社会"才开始把生态环境建设提上重要议事日程的。这时,国家已经有了较强的经济实力,产业结构升级基本完成,耗费资源多、污染环境比较严重的制造业开始大规模地向国外转移,如钢铁、采掘、石化、汽车、建筑材料、有色金属等都处于收缩阶段。本土生产部门主要通过研发、设计、信息、管理服务、金融等手段从高端控制国际化生产,从而以很少的资源环境代价获取高利润。

　　我国在现阶段却处于在大量接收海外直接投资、转移技术和生产设施的工业化中后期,在世界产业结构调整处于"世界工厂"的地位。虽然遍布全球的"中国制造"商品显示了我国经济实力增强,但同时也加大了我国应对生态环境问题的难度。美国人均 GDP 达到 1 万美元左右、日本人均 GDP 达到 8 千美元左右才着手重视环境治理,我国在人均 GDP 不到 1 千美元时就将这个问题提上了日程。全球化的产业大转移实际上也是全球化污染的转移,我们不仅要着眼于对污染的治理,而且要加速企业的改造,使企业尽快成为环境保护和治理的主体。

从全球化的眼光来看,要寻求环境保护对策,首先就要解决我国目前存在的国际贸易畸形发展,初级产品过多,恶性竞争的市场环境和资源利用不合理状态,环境保护不是一种技术职能,而是国家发展模式的变革,是实现企业以自身创新和技术进步为发展动力的转变,用高新技术改造产业特别是以消耗资源为支撑的传统农业和工业,使企业以环保和资源节约为发展的起点,造就绿色企业。

再次,要建设生态文化,转变传统思维方式和生活方式。生态文化的核心思想是有机整体论,是系统思维与和谐兼容的观念。这样的思维方式、行为方式变革改变传统的对立性、片面性、冲突性。如传统思维认为市场是战场,企业通过竞争求生存;企业与顾客、经销商,雇主和雇员之间会产生利益冲突。企业是一部大机器,管理是控制,管理者要有权威;企业要力求稳定,不得已才能改革。而生态文化的思维方式认为,企业是大家庭,办好企业是为实现共同愿景。管理是服务,管理者的责任是指明方向、设计合理的愿景;变革是成长的动力,是可持续发展的源泉。

3. 建设"环境友好型社会"

2004 年日本发表的《环境保护白皮书》首次明确提出"环境友好型社会"这一概念,表达可持续发展理念对环境建设的理想目标,之后为各国所认同。环境友好型社会是以环境资源承载力为基础,以自然规律为准则,以可持续社会经济文化政策为手段,致力于倡导和建设人与自然、人与人和谐的社会形态。具体到我国发展的现阶段,环境友好型社会的基本目标就是建立一种低消耗的生产体系,适度消费的生活体系,持续循环的资源体系,稳定高效的经济体系,不断创新的技术体系,开放有序的贸易金融体系,注重社会公平的分配体系和开明、进步的社会民主体系。

环境友好型社会的最大特点是实现经济发展和环境优化的双赢,实现社会经济活动对环境的负荷最小化,并将这种负荷和影响控制在资源供给能力和环境自净容量之内,形成良性循环。

在长期的进化过程中,自然环境中空气、土壤、水和生物构成的生态系统都有一定的自净化能力。生命系统各个子系统通过食物链构成相互依存、相互竞争的循环生产—消费系统,上一环节生产的废料可以成为下一环节的原料和营养,同时又为更下面的环节提供所需要的营养和原料。比如,植物生长都需要一定的氮、磷、钾和其他矿物质,这些物质存在于大气、水和土壤中,它们可能来源于人类的生活废料、动物的尸体或其他植物的腐叶等分解后产生的有机物和无机物。同时,它们又利用阳光合成动物、人类所必需的食物。在生态平衡的条件下,上述生产、消费过程是动态均衡的,如果某一子系统生产的某些物质增加了,其他环节或子系统也可以适度调节,以达到新的平衡状态。在前工业化时期,农村、山区的溪流、河水、池塘总是清澈见底,虽然每天有人在河边、塘边洗衣、洗菜,但这些污染可以被水藻、水草、鱼虾和水中微生物净化处理,反而成为鱼虾肥美的地方。

但是,当某些物质排放过多,超过环境的自净化能力,污染可能越积越浓,从而使水质富营养化。污染物分解中夺取水中氧,使水中鱼虾死亡,继而水发黑发臭,成为污染源。特别是工业废水和农药、化肥残留,含有很多对人和生物有毒的物质,对环境的污染和生态平衡的破坏作用更为严重。解决环境污染的最根本的办法是从源头上治理,即企业生产、居民生活和社会服务系统均实现对环境的“零排放”。达到这一目标有很多要求和途径,如发展环保产业,推行循环生产,杜绝各种浪费现象等。总之,这是一项惠及全社会又必须人人身体力行的系统工程。

怎样构建环境友好型社会?

首先,要以科学发展观为指导,创新中国传统的思想文化体系。马克思主义生态观主张“自然主义”的绿色文化,认为“我们这个世界面临着两大变革,即人同自然的和解以及人同自身的和解”。和解就是和谐。环境文化是致力于人与自然、人与人的和谐关系,致力于可持续发展的文化形态。环境文化兴起也是人类的一场新文化运动,是人类思想观念领域的深刻变革,是信息时代文化的重要组成部分,是对传统工业文明的反思和超越,是在更高层次上对自然法则的尊重和回归。马克思主义生态观、环境文化同中国现实国情相结合,产生了科学发展关于构建和谐社会的思想,必然产生整套关于以人为本,全面、协调可持续发展的发展观;产生关于诚信友爱、公平正义、民主法制的人际关系愿景;产生注重精神超越、激发人的自主创新活力的社会文化氛围,使一切有利于社会进步的创造愿望得到尊重,创造活动得到支持,创造成果得到肯定。

和谐社会的文化观既包括社会关系的和谐,也包括人与自然关系的和谐,体现了活力与秩序、科学与人文、人与自然的统一。

其次,我们要创新发展目标和发展方式。新的发展目标把环境提升到整个宏观经济决策的前端,把环境因素纳入国民经济与宏观决策中,包括我国资源现状、环境承载能力、生产力布局、资源配置和开发利用方式,提高经济发展的知识、信息含量,升级产业结构,实现资源能源低消耗、低污染排放和经济高效益,充分实现循环经济发展目标。

我们要迅速实施新能源战略。以核能、太阳能、风能、沼气为代表的新能源技术,已经在发达国家大量开发并获得成功,而我国新能源的发展速度和水平不仅远远低于大多数发达国家,甚至落后于印度、巴西。实施新能源战略要克服只算经济账,不算环保账的传统增长理念,这对国家新能源政策实施不利。我国在 20 世纪末叶已经制订了到 2010 年的新能源和可再生能源发展纲要,提出了新能源发展的战略目标和近期发展对策。在《中华人民共和国电力办法》、乘风计划、光明工程计划等具体行动方案中,更明确了我国新能源发展的规划和部署。

但从具体实施上,还需要解决三个方面的问题。

一是加强管理和统一规划力度,进一步强调、明确新能源和可再生能源在我国未来能源生产和消费结构中的优先地位,特别是在解决农村、山区、边远地区能源供给基地中,因地制宜地开发太阳能、风能、地热能、沼气、生物能。国家要加大在这方面的投资力度,部门、地区和企业也要用长远、发展的眼光看问题,积极筹措资金;积极主动地争取国际资金,为外商来华投资新能源建设创造有利条件;利用市场机制鼓励个人和集体大力兴办新能源产业。

二是解决开发应用的技术问题。坚持自主开发和引进技术相结合,积极开展对外技术合作和技术交流,有目的、有选择地引进国外先进技术。组织新能源开发研究项目的重点攻关和关键技术开发,解决新能源产业化的技术问题。

三是要进一步制定、完善相关扶持政策,创造有利的投资环境。

解决我国能源、资源中紧迫问题的直接见效方法是优化现有能源的生产、消费结构,节约与开发并举,提高能源利用效率,发展更洁净的开发与用煤技术。例如,天然气燃烧造成的污染只有石油的 1/40,煤炭的 1/800,而且价格比石油低,运输成本比石油、煤炭低,储量远大于石油,发达国家的能源消费结构,已形成石油、天然气、煤炭三足鼎立的局面,而我国的天然气消费所占的比重还不到 5%。我国能源在开采、运输、使用中浪费大,技术水平低,鼓励节能的体制、政策不健全,要从强化节能意识、改革管理体制、推进科技进步等方面推进节能革命,改变我国浪费能源、粗放开发、浅层次加工、消费方式低下的局面。

建设环境友好型社会还需要进行系统、全面的自然环境保护和社会建设,如治理江河、湖泊和近海水域,建设生态化森林和山区生态恢复;阻止土地沙化,改善干旱、半干旱地区的生态植被和气候;进一步控制农村人口增长,提高人口素质;实施人才强国战略,进一步开发人力资源等。总之,建设和谐社会、实现可持续发展是我们的历史性任务,能否建设成环境友好型社会、走可持续发展道路,关系到党的历史使命的完成和民族的兴衰,也是考验党的先进性和执政能力的历史性挑战。可以说,只有可持续发展的生产才是先进的生产力,可持续发展的文化才是先进的文化,可持续强盛的民族才是先进的民族,可持续执政的党才是先进的党。

第三节 现代科学技术与和谐文化建设

科学技术作为一种社会文化现象,同社会环境之间存在一种文化生态关系。在有利于科技发展社会环境下,各种创新的科学思想、技术发明纷纷涌现,社会生产力迅速发展,人们的思想比较解放,社会文化出现"百花齐放,百家争鸣"的繁荣局面,在中国历史上,春秋战国时期就是如此。从公元5世纪到15世纪,欧洲处于宗教神学统治和封建专利制度下,迷信思想盛行,科学技术发展受到严重阻滞。直到文艺复兴开始,近代科学技术才伴随着资本主义制度的兴起和工商业的发展而迅速发展起来,科学技术发展又反作用于社会,它既是生产力,又是一种文化,对于改变社会生产方式、生活方式和人们的思想观念、知识结构产生重大影响。

文化这个概念有广义和狭义之分,狭义的文化指社会上层建筑中观念形态部分,与社会经济、政治共存的关于人类社会生活的思想理论、道德风尚、文学艺术、教育科学等精神方面的内容。这是马克思主义理论通常指称的文化,如"中国特色社会主义文化"指的就是中国特色社会主义的思想上层建筑。

从文化这个词语最初的意义上说,文化就是自然的人化;自然界被打上人类劳动的印记,人就有了自主活动的成果,包括物质的和精神的。这样的文化含义就是广义的,它很类似于"文明"的概念。现代社会恰恰又需要对人类的物质和精神活动做综合的哲学思考,以便从总体上把握物质和精神的统一性,于是有了"文化人类学"。当代文化学指的文化是广义的,其核心是人们的思维方式、行为方式和价值观念。比如说古希腊文化、农业文化、工业文化、信息文化等就包括了对一定时代、一定民族物质和精神发展成果的综合认识。

一、科学技术的社会文化环境

1. 科学技术文化环境的构成

科学技术也像一个有生命的系统一样,它生长于一定的社会土壤中,受到社会环境和条件的制约。

科学技术的文化环境包括物质文化环境和精神文化环境两方面。物质文化环境包括:一定社会的物质生产手段、社会基础设施,社会经济发展水平和经济实力,社会对科学技术的投入能力等,这些因素决定了社会对科学技术发展的物质支撑能力。精神文化环境则是指:公众的科学知识水平,社会对科学技术价值的理解、热情,对科学方法和科学思维方式的把握等。在科学发展的每一个阶段,一定国家或地区科学技术发展的状况都同文化环境有不可分割的联系。

在东西方科学的萌芽时期,朴素唯物主义产生了。它认为自然界是物质的、有共同的物质本原,如原子、水、火、土、气、元气等,从而把自然界作为物质对象来研究。但当时的研究总的说来是整体性的,研究的方法主要依靠观察、经验和直觉推理,往往得出错误的结论。如古希腊天文学者托勒密根据日月东升西落的经验,断言天体都是绕地球转动,地球是宇宙的中心。当时人们相信的是"眼见为实"的朴素原则,对于自然界复杂的复合因果关系缺乏认识能力,从而为宗教迷信留下了地盘。中世纪宗教神学统治期间,科学的理性精神遭到窒息,科学技术的文化环境十分严酷,欧洲科学的发展形成一个断层。

近代科学革命的兴起开始于欧洲的文艺复兴运动,这实质上是人们思维方式和价值观念的变革,古希腊科学的理性精神得到恢复和发展。18世纪的工业革命进一步改善了科学技术发展的物质文化环境。这时,观察实验方法、逻辑思维方法发展起来,科学分门别类的研究走向成熟,科学成果的技术应用成为一种公众意识,从而加速了经典科学的发展。而在中国封建社会,鬼神迷信依旧盛行,农业社会的手工劳动方式只有缓慢的改进,因此,在技术上虽然积累了丰富的经验,人们认识事物的基本观念和方法没有产生革命性的飞跃,科学思想和生产技术也没有发生过真正的革命。因此,现代中国科学技术发展要关注解决优化科学技术发展的社会环境问题。

2. 科学技术对文化环境的依存性表现

第一,社会生产的发展及其需要是科学技术进步的强大动力。恩格斯说:

"经济上的需要曾经是,而且愈来愈是对自然界认识进展的主要动力。"①科学技术从其萌芽时代起,就是社会生产需要的产物。几何学产生于丈量土地的需要;力学的萌芽,主要来自创造和改进生产机械和造船、造战车的需要;天文学的产生则是制定历法、掌握季节变化和航海定位的需要。近代工业革命要求生产规格化、标准化、精确化、高效率,这种需要推动着实验科学的产生。

第二,社会生产实践中积累的经验知识是科学技术的源泉之一。在科学实验还没有作为一种独立的社会实践活动产生以前,科学经验事实的积累和科学认识活动的起点主要来源于人们的生产实践。在科学实验兴起之后,生产实践仍然是科学认识活动的起点。在科学实验兴起之后,生产实践仍然是科学认识的重要源泉之一。经典热力学的产生是在瓦特蒸汽机应用之后;机械能向热能的转化原理产生于对火炮生产中加工炮筒切削工艺中发热现象的观察与思考。在现代科学发展中,虽然实验的地位和作用更为重要,但由于高科技生产中科学、技术、生产一体化的发展,生产实践中发现的问题和获得的经验依然是新知识产生的重要源泉。

第三,社会生产提供的物质条件是科学技术活动的前提。科学技术工作者的培训、公众科学素质的提高,都需要相应的物质条件和经济手段。科学观察实验、获取及处理资料信息都需要较为先进的物质技术手段和设备,这些手段和设备都要由社会生产来提供。生产发展的程度和水平决定了它为科学技术提供的设备、手段达到何种水平,而设备、手段的数量和质量又决定了科学技术的规模和水平。社会生产对科学技术的支持,总体上反映了社会能为科学技术发展提供多少经费。

第四,一定社会的教育发展水平、高等教育大众化的程度、社会科技政策、占统治地位的哲学思想对科学技术发展也有重要影响。这些文化环境条件也被称为"软环境"。它决定科技人员队伍的后备力量的形成,公众对科学技术的支持和理解,科技人员的地位、待遇和管理机制等。软环境之所以对科学的发展起重要作用,因为科学技术本质上是人的创造,每一重大的科学技术革命总是以人的思想解放为先导。科学是一种知识体系,不论是从事科学研究、技术发明还是掌握科学技术并使之应用于实践,都需要一定的知识文化工具。教育既是培养科技人才的基地,也是传播和掌握科学的基本途径。在古代科学的朴素阶段,有一些重大科学发现和技术发明还有

---

① 《马克思恩格斯选集》第 4 卷,人民出版社,1972 年,第 484 页。

可能直接从实践中总结出来；在现代科学阶段，重大科学发现和技术发明都具有起点高、难度大、知识面广的特点，科技人才的知识、技能准备是从事创造性工作的基础，国家和民族之间的竞争愈来愈成为知识总量和人才创造力的竞争。基础教育的质量和普及程度、高等教育的质量和大众化水平对社会总体科学能力和人才创造潜力起关键作用。科技和教育实质上是社会知识工程的两根支柱，两者的发展休戚相关、荣枯相依，凡是科技发达的国家和民族，无一不是教育发达者。

以社会哲学思想为理论基础的社会意识形态体系，深刻地影响着人们的世界观、价值观、方法论，影响人们的思维方式和行为规范。在唯物主义思想和辩证思维占主导地位的社会中，实事求是精神和批判创新精神受到推崇，科学理性得到弘扬，以唯心主义和非理性主义为思想基础的种种反科学思潮和迷信现象必然要受到抵制和批判。崇尚科学、破除迷信渐渐成为一种社会风尚；学科学，用科学，按科学规律办事的行为规范深入人心，这无疑会成为促进科学发展的重要精神力量。

社会科技政策是科学技术发展的体制性因素。科学技术发展有自身的客观规律性。科技政策则是通过制度、体制和政府的行为作用于科技生产力，自觉地适应科学技术发展的要求，使其得到解放。如决定科技投入的多少，决定科学技术人才地位、待遇和科学技术劳动的社会结合方式等。

3. 科学技术对文化环境的改造

文化环境对科学技术发展的影响是多方面的，但文化环境并不是一成不变的。文化环境本质上是社会性的，它是由人建设并受到人的活动影响的。科学技术如同自然的植物群落一样，既是自然环境的产物，又对环境起改造作用。科学技术对社会文化环境的改造作用表现在以下几方面。

第一，科学技术通过推动社会生产力发展，丰富社会物质文明。科学技术不仅通过变革劳动者素质，变革劳动手段和劳动对象，改变社会生产力的面貌，而且通过知识、技能、管理、教育水平的提高成倍地放大生产力。发达国家目前经济增长中知识和技术进步的贡献达到 60％～80％。科技进步还开辟许多新的生产领域，创造新的经济增长点。

第二，科学技术推动社会关系的变革，如促使社会生产关系调整、改革和革命，促进工农之间、城乡之间、体力劳动和脑力劳动之间的差别不断缩小。

第三，科学技术推动人的文化素质提高，使人类的认识能力和对科学技术的应用能力上升到新水平。科学技术既是人类创造活动的成果，又是创造活动的工具,因此,科学技术的每一次革命性进步都使人的认识和实践能力产生一次飞跃。

第四,科学技术改善人类的物质文化生活,推动社会文明水平的进步。人类生活方式、生活环境的变化同生产方式的进步是不可分割的。在古代,游牧部落的生活方式同驯养动物相联系,开发土地、栽培农作物形成了农耕定居的生活方式。机器生产代替手工劳动后,社会生产的积累扩展了,协作密切了,小农经济自足、封闭的生活方式被打破了,商品交换带来了社会的开放化。在信息社会,信息的获取、传送、处理、反馈在人们生活中处于中心地位,社会生活从旧式的缓缓运动向着快节奏演变。

科学技术使人类改变了过去单调、重复的社会生活内容,新的事物和文化现象层出不穷;人们不仅从过去繁重的体力劳动中解放出来,而且逐步从一些重复性的脑力劳动中解放出来。为了适应高度创新性的社会生活特点,学习科学技术、掌握和更新知识已经成为人类生活的重要内容。许多新的生活内容如文化娱乐、旅游观光、人际交往等都同满足人的文化生活需求,提高人的文化层次有直接关系。

科学技术也改变着人们的价值追求。在封建社会,门第是权力的象征,在重视血缘继承关系的社会环境中,推崇血统、门第高贵的"官本位"意识必然造成对知识和技能的鄙薄,造成科技文化环境的恶化。资本主义工业化社会以追求利润最大化为目标,金钱和财富的价值被过分放大,知识经济对此做了一次否定。这种变化是不以人的意志为转移的。正是科学技术自身的发展改造了旧环境,创造了新环境,使社会环境适合自身发展的需要。正是在这个意义上,马克思主义"把科学首先看成是历史的有力杠杆,看成是最高意义上的革命力量。"①

二、科学精神和人文精神

1. 什么是科学精神

科学精神是蕴涵、贯穿于科学发展和科学活动中的精神力量;它反映在一定时代科学家和公众的科学实践及其他社会活动中;它通过科学思想、科学方法以及人们对科学价值的理解表现出来,如求实精神、理性精神、探索精神、创新精神等。

科学精神的核心是:追求、探索真理的实事求是精神和批判创新精神。

---

① 《马克思恩格斯全集》第 19 卷,人民出版社,1972 年,第 372 页。

在科学史上这些精神都是以不同形态表现出来的,直到今天,仍然是我们从事科学活动和其他社会劳动必须坚持和弘扬的。我们在进行科学研究和学习知识中,必须做到实事求是,不弄虚作假、不抄袭他人;在进行生产经营和其他社会交往中,不搞假冒伪劣等,也都是科学精神的表现。

近代科学精神兴起于欧洲 14—16 世纪的文艺复兴运动。这一场欧洲近代的文化和思想变革倡导复兴古希腊、古罗马的科学、文学和艺术中的人文主义、写实主义,提倡思想解放、人性解放,反对中世纪的禁欲主义、宗教清规戒律对人的束缚。其中,最具有根本性的文化变革是通过破除宗教迷信、唯心主义和形而上学,推崇科学的唯物主义实证原则、观察实验方法、逻辑理性思考,同时提倡人性的高尚、伟大,提倡人类追求公平、正义和幸福生活。这就是近代科学精神的主要内容。在其后几百年中,随着工业化的发展,科学的实证精神、观察实验方法和逻辑理性得到普及,与这种科学理性相联系的民主意识、法制精神、开放观念、效率效益观念深深渗透到工业文明中。一方面,它们对社会生产力的解放和文明进步起了巨大推动作用;另一方面,也暴露了它的局限性。这主要表现在,近代科学思想孤立地看待人与自然的关系,把科学精神和人文精神对立起来,在实践中造成人与自然、人与人、人与社会不和谐的后果。

18 世纪法国人文主义思想家卢梭曾激烈地批评说:"随着我们的科学和艺术趋于完善,我们的灵魂败坏了。……所有的科学,连道德学在内,都是生于人类的傲慢。"[①]19 世纪,德国思想界形成了一股把自然科学与人文科学对立起来的思潮。如逻辑实证主义把自然科学的实证方法和逻辑分析看成是唯一可靠的获取知识途径,自然科学知识是最精确、最可靠的知识;自然科学可以解决人类的一切问题,包括人生、心理、社会经济问题。这种唯科学主义思潮实际上是近代科学中"机械唯物论"机械、孤立、片面地看问题的表现。

辩证唯物主义产生后,它作为现代的思想精华推动着人们精神世界的深刻变革。马克思认为,在过去时代,自然科学同哲学、人文科学的结合还缺乏实践基础和认识能力,但是,自然科学通过工业发展和技术革命广泛进入人们的生活实践,改变着社会生活面貌,推动着人的思想解放,展示了人的本质力量,深化丰富了人对自身的认识,推动着人文科学的发展。从认识论的角度来看,自然科学和人文科学有共同基础,即它们以研究包括人在内

---

① 《18 世纪法国哲学》,北京大学哲学系编,商务印书馆,1963 年。

的整个自然界为对象,只有从自然界出发才是现实的科学。"自然科学往后将包括关于人的科学,正像关于人的科学包括自然科学一样,这将是一门科学。"①

2. 科学发展需要人文精神

人文精神是人类对自身生存意义和人生价值的关怀、肯定和珍重,是以人为对象,以人为中心的思想观念。通常表现为以人为本、崇尚人性,提倡人道主义和人类中心论的思想,主张以人的自由全面发展和自我完善作为社会发展的根本目标。

如果没有人文精神,没有人对自身生存意义的肯定,人类文明怎么能发展到今天的水平呢?可见,人文精神不仅蕴含于人文知识、人文科学中,而且蕴含于社会中,它是人类珍视生命、热爱人生、自我肯定、自我超越、自信自强的重要精神支柱,千百年来一直以不同形式存在和发展。直到今天,人文素质仍然是合格人才的必备素质。对于一个人来说,尽管你掌握了系统的一门科学知识,掌握了一定技能,但你却不理解人生的意义,不会和人打交道,不会表达自己的情感和思想,甚至没有理想信念,缺乏道德素养,不能鉴别美丑,你能够在社会自主生存、健康发展吗?你能实现幸福、成功的人生吗?

自古以来,人文精神同科学精神一样,一直为智者、贤人所思考、探求,同时,也为大众所向往、关注。

古希腊人不仅重视科学,而且重视人文学科。古希腊的人文精神主要表现为对修辞、论辩和语言学的研究,关于"人是万物尺度"的哲学以及对伦理、法制和城邦议事制度的研究,这些人文主义思想为近代欧洲文艺复兴提供了思想渊源。这些思想本质上都不是自然的,而是人化的,这种思索必然地把人们引向了"人类中心主义",后来被称为人道主义。这种精神肯定人性必然导致对神性至上的否定,同时要求人要自尊、自律,明白自己的行为规范和社会责任。近代欧洲科学革命和古典人文主义复兴几乎是同时发生的。当时的人文主义用美德、知识和爱情诠释"人性",构成真善美三位一体的人生价值观,推崇人性的平等和高贵,否定了神性的至尊,否定了封建专制的合理合法性,从而为资产阶级革命做了思想、舆论准备,并通过人的素质转变,为科学技术革命奠定了思想基础,迫使宗教神学做出了巨大的让步。

---

① 《马克思恩格斯全集》第42卷,人民出版社,1979年,128页。

　　从总体上看,人文精神是通过对科学主体——科学家和全社会人的作用来影响科学发展的。而科学创造和技术成果的发明、应用最终都要由科学家和全社会人的素质来决定;同时,人文因素也决定社会制度、社会体制建构、社会意识和社会文化氛围,这些因素都从不同层次、不同方面给科学发展以重大影响。人文精神的力量关系到人的解放和自我价值体系的确立,而科学也是人的解放的一种形式,是人创造价值的具体表现形式和衡量尺度之一,因而,二者有不可分割的内在联系。

　　具体地说,人文精神主要从下述几个方面为科学的发展提供动力和条件。

　　第一,人文精神导致人的思想解放和观念更新,使人们以新的观念和方法去认识世界,从而引发科学革命。科学认识是一种主体性很强的自觉认识活动,持有相近观点和方法的科学家对于同一现象背后的深层机制和动因的思考,在很大程度上仍受到他们哲学观念和思维方法的左右,从而形成不同学派的争论,这些矛盾作用都以不同形式推动着科学发展。

　　第二,人文因素决定人的价值观念,从而对科学发展产生重大影响。经济和科技发达国家和地区一般都拥有与之相适应的较为发达的人文环境和较优越的人文因素,通常用社会"人文指数"来表示,表现于人的文化素质、创新精神、较高层次的价值追求、较高的审美能力、人与人之间的平等意识和宽容精神等,都会影响人的行为方式。就科学的本质而言,它的创造动机主要源于人对未知世界的好奇心和探索心,具有超功利的特点。因而,在科学事业上具有重大贡献的科学家总是淡泊名利,以奉献社会为人生目标的。

　　第三,人文因素决定人们敢于批判传统,勇于做出创造的行为选择。如果一定社会环境中充斥着对权威的盲目崇拜和对教条的迷信,那么这种非理性因素同科学发展的要求是背道而驰的。只有主体有强烈的创造动机和探究精神,才能冲击传统的思维定势和世俗的保守压力,敢于提出创造性的发现和发明。

　　第四,人文因素决定人的素质和个性,从而对科学发展产生重要影响。从科技人才的个体来看,人文素质和个性如人的意志、品质、对人生和生活的态度、健康的情感等对科学事业的成功都是长远起作用的因素。人的全面素质不是天生的,而是通过教育和社会环境影响而形成的。因而,一定社会的文化氛围、家庭教育的层次和方式、学校教育的指导思想和内容方法,都在很大程度上影响科技人才群体和人的素质。

　　第五,人文精神决定社会人文文化氛围和文学艺术发展水平,从而对科学技术发展产生一定影响。科学技术发达国家和地区往往有能力左右人文文化创造的新潮流。文学、音乐、影视、造型艺术方面的创新形成一种标新立异的文化现象,这不仅是科学发展的伴生现象,也是在科技创新上持续保持优势的需要。创新常常是在失败中获得成功的,这使从事创造性劳动的人不得不既看重创造过程实践,又看重创造目标的获得,强调"重在行动"或"重在参与",否则社会性的创造活动或创造教育便无法进行,创造性的文化氛围也就无法形成。

3. 弘扬科学精神,构建有利于科学发展的社会环境

科学精神与人文精神既有和谐、互补、互动的一面,也有相互矛盾、相互否定的一面。在西方国家现代化的进程中,一方面科学技术发展与应用,社会物质财富迅速增长;另一方面也出现了"现代化综合症",除了人口、资源、环境问题之外,还有信仰危机和幸福感下降,个人主义、拜金主义、消费主义、享乐主义流行,人的生存状态片面化及对现代主义的反思和批判,出现了后现代主义思潮。

一般意义上的后现代主义是指以批判、反思科学主义为中心的现代化中人的生存状态的社会思潮,主要是在文化学、建筑学、哲学、伦理学等领域中批判形而上学物质论、逻辑主义,批判工业社会各种弊病和缺陷的思潮。他们共同点是强调以后现代作为现代主义的新生态,皆在开创全新事物,与一切陈旧传统决裂,建立全新的生活方式和思维方式。其代表人物哲学上有德国的尼采·海德格尔、哈贝马斯和法国的德里达,意大利的利奥塔;社会人类学中有法国的福柯;科技哲学中有美国的格里芬等。

可以比较一下后现代主义怎样与现代主义反其道而行之。在价值观方面,现代主义主张科学革命是现代社会变革的基础;而后现代主义则主张反基础主义,认为有共同基础、宏大主题的"无叙事"是不存在的,世界是由许多"碎片"构成的。在认识论方面,现代主义主张一元论、决定论、理性主义,认识世界是有规律的;后现代主义主张多元论、非决定论和非理性主义。在人与自然的关系上,现代主义主张人类中心论;后现代主义则主张人与自然平等。在文化观方面,现代主义主张系统性、统一性、稳定性;而后现代主义主张零碎性、不可通行性、反稳定性等。

虽然,后现代主义用另一种极端的、形而上学的观点,否定西方现代化中的唯科学主义,试图以此召唤人文精神的回归是缺乏现实力量的。相反,非理性思潮的泛起却有可能从另一方面否定人类精神和人的价值。在我国走向现代化的社会转型过程中,也激发了文化精神的变革与震荡。现代化

223

建设强调认识和实践的科学性、合理性、正确性，强调打破平衡，激励冒尖，强调功绩、效率和发展，强调物质财富增长和物质利益满足；与之相对应，由此而引起的公平性、平衡性、竞争性、情感性的缺失以及人的生存价值、理想境界、精神追求等则退居于次要地位。义与利、效率与公平、物质利益与精神利益的矛盾日渐突出。科学精神和人文精神的失衡，就会出现"人文精神失落"的问题。

什么样的文化环境有利于科技发展呢？

第一，从全社会核心价值观取向看，公众把崇尚科学、鄙弃愚昧迷信看作是共同的精神信条；理解科学技术是第一生产力，是致富强国之道。学科学、用科学蔚然成风。从政府到企业和民间，学习知识、钻研技术、渴求发明创造成为一种社会性生存方式。18世纪德国哲学家康德说："在晴朗之夜仰望星空，就会获得一种愉快，这种愉快只有高尚的心灵才能体会出来。"[①]仰望星空就是尊重自然规律，热爱探求真理的事业，而不是只看脚下、眼前，急功近利、浮躁虚荣。当前我国社会发展中的许多问题，仍是由于公众科学素养不足造成的。

第二，从人们行为取向看，公众更多地关注社会生产方式和生活的变革，把人生的生存需求升华为发展需求。我国公众的基本生存需求如吃住穿等方面基本得到满足后，对教育、文化创造等方面的需求应该有进一步的发展，为满足公众教育、文化、创造的需求，社会应增大对基础教育、科技研发、公益性文化、环境优化等方面的投入，特别要加强对农村少年儿童和农村劳动力的培训；提高家庭教育的科学性。现实存在的问题是：历史传统文化遗留下来的权利本位、金钱财富追求仍有很大影响，勤奋学习、升学、攻读学位在很大程度上成为了就业的手段。

第三，从制度取向看，国家从制度、法律层面促进科技应用和自主创新，宽容科学探索和创业中的失败，宽容学术观点中的不同见解，防止用行政或法律手段裁决不同科学见解。例如，美国大学中有"终身教授"职务，就在于使有个人见解的大学教授不会因为学术争论而被解雇。

三、建设和谐文化

1. 什么是和谐文化

中国历史上很早就有和谐文化思想，其实质是"和而不同"或多样性的

---

① 康德：《宇宙发展史概论》，上海人民出版社，1972年，225页。

统一。公元前8世纪西周末年的史官史伯说：“和实生物，同则不继。以他平他谓之和，故能丰长而物生之。若以同捭同，尽乃弃矣。”（《国语·郑语》）意思是说，不同的事物相配合才能产生新生事物，相同的事物会在一起只有数量增加，不会继生新事物。用不同的（不同的事物之间彼此为“他”）事相配合达到平衡，就叫做“和”，和谐才能使事物丰富发展、国家富足。若只有相同的事物相互竞争、贬损，事物的发展就停止了。这种思想，在孔子的儒家学说中发展成为“君子和而不同”（《论语·子路》）、“和为贵”的和谐思想。

在中国历史的各个时期，特别是文化大繁荣、大发展的时代，都有不同思想流派、不同民族文化相互竞争又相互补充、相互吸引、相互融合。这种海纳百川、兼容并包的文化观念，正是促成中华文化博大精深而又生生不息的重要原因。秦王朝统一中国之前，以河洛文化为代表的中原文化和周边的齐鲁文化、湘楚文化、燕赵文化、巴蜀文化、吴越文化等曾进行了长期的融合。此后，黄河、长江流域的农耕文化同北方的游牧文化、南方的岭南文化，西域的阿拉伯文化、印度文化通过多种途径相互交流、借鉴、吸收，有力地促进了中华文化思想的丰富发展。汉代以后，通过陆上“丝绸之路”和海上贸易，中国同西方文化、日本文化、东南亚文化进行了影响深远的相互交流学习。

当代世界文化可以根据民族地区特点大致区分为若干文化类型，但最具代表性和影响力是东方文化和西方文化。从差异性方面看，中西文化有以下不同。

其一，从历史起源看，中华文化发源于大陆农耕文化；西方文化发源于海洋文化。

其二，从宇宙观方面看，中华文化主张天人合一、物质精神统一的有机整体论；西方文化主张天人分立、物质精神对立的二元论。

其三，从自然价值观方面看，中华文化主张和谐；西方文化看重对立、竞争。从社会价值观方面看，中华文化强调集体主义，国家至上的社会价值，西方文化强调个人奋斗的自我价值。

其四，从文化的内涵看，中华文化重视善恶认识的社会伦理文化，西方文化重视真理探求的科学文化。

至于其他方面，东西方社会的差异如宗教信仰、生活习惯、民族性格、思维方法等，也是特色分明的。在近代历史上，两种文化曾经发生过激烈冲突，但冲突中又有相互借鉴与融合。建设和谐文化，也包括在开放与经济全球化、市场一体化背景下的文化交流、文化开放、文化融合和文化安全问题。

与当代科学技术及社会发展关系最密切、影响最深远的文化和谐问题，是公认的两种文化——科学文化与人文文化的和谐问题，即建设一种科学与人文和谐互动、充满生机与创造活力，真正体现当代"以人为本"的价值追求问题。

2. 科学文化与人文文化

关于"两种文化"的提法，在 20 世纪 60 年代就由英国学者查尔斯·斯诺提出来了。他认为以科学家为代表的科学文化和以人文学者为代表的人文文化，两者之间存在着互不理解甚至是敌意的鸿沟。人文学者习惯于用克制的语气讲话，他们尊重前辈，自愧弗如；而科学家则喜欢革命、创新、超越前人，喜欢否定前人，宣称自己有了新发现。人文学者对此看不惯，认为科学家没有教养，粗鲁傲慢。科学家又觉得人文学者无病呻吟、软弱迂腐，不关心贫困阶层的生活状况；认为他们经常陷入一种道德陷阱不能自拔，满足于自我欣赏，悲叹人生的命运无常。斯诺认为，科学家为改变人类不幸处境实实在在地进行顽强、有效、持久斗争的进取精神是值得赞扬的，但也不能因此而认为其他社会文化毫无价值。

科学文化是指以自然科学为代表的，以认识自然客体为对象的探求世界普遍本质和规律的知识体系，以观察实验、实证、逻辑思维方法为代表的精确认识方法，以追求真理、创新和效率为代表的价值观念和精神品质等。人文文化则是指文学艺术为代表的成果体系，它以认识和揭示人的精神世界为主要对象，以感性形象、想像、灵感等非逻辑思维为代表的认识方法和表现手法，以展示善恶、美丑为代表的价值观念等。两种文化的萌芽都来自远古人类的生活实践，最初它们是混沌一体的。在实践中表现为技艺，如打磨石器，制造弓箭、标枪等，都是技术和艺术的结合。考古学家在法国南部和西班牙东部的山洞中都发现了一两万年前克罗马农人绘制的壁画，主题是原始时代的狩猎场面，使用的是松烟、木炭、矿石粉混合兽油做成的颜料，用手、木棍和空心兽骨涂抹、吹喷在洞壁上。人类学家认为，克罗马农人的艺术才能是他们后来居上战胜了其他古老人种，成为欧洲现代人祖先的重要原因。

艺术和人文知识起源于人类的生存需要，包括对物质生活资料的需求和精神生活的需要。史前人类创作的场面宏大的壁画，是当时为了准备狩猎或庆祝收获而举行的祭祀仪式用的，人们从艺术创作和欣赏中不仅看到了自身的力量，而且可以愉悦身心，从而为战胜困难提供了精神动力。在原始的精神生活中，古老的文学艺术是人们传承知识和技艺、培养生存意识、展示自身魅力、激发斗志的重要手段，是寄托灵魂、化解冲突、探求未知世界必不可少的精神活动方式。到了奴隶制社会，文字产生了，这些歌谣、神话、传说、舞蹈等被记述加工成为史诗而得到广为传颂，关于文学艺术的哲学理论——美学也产生了。

我们对客观世界的认识，要运用两种互补、和谐的思维方式，即科学思维和艺术思维。人类在长期的进化过程中，为适应认识活动的规律，形成大脑左右两半球的不对称结构。一般地说，人的左脑负责计算、逻辑推理、理解概念等科学思维，人的右脑负责想像、直觉、运动等艺术式思维。两部分之间通过胼胝体联系在一起，彼此配合，协调工作。如果由于某种病变的原因，仅有半个健全的大脑或大脑两半球失去了协调配合功能，相应的互补功能就会在思维活动的推动下得到一定程度的补偿。20世纪50年代末，美国脑科学家斯佩里等人用实验证明，在大脑两半球分裂的情况下，孤立的右半球也可以理解语言词汇并进行阅读，这表明它既能识别文字的形象又能理解概念。大脑两半球的功能互补和损失代偿表明，以理解符合和逻辑推理为主要功能的科学思维和以识别形象、领会情感为特征的艺术思想，是人类思维活动不可分割的两个方面。一切形象的、情感的认识必然作用于它的对立面——抽象的、理智的思维；反之，抽象的理解又必然延伸到具体的想像。这种相互作用是感性认识飞跃到理性认识，理性认识再回到实践运动的内在动力机制。

科学创造思维过程不是一次完成的，它们往往经过若干个相互依赖又相互推动阶段。第一阶段是提出问题，这是理智的，有意识的。为了解决问题，科学家要调动自己所掌握的知识，这对他已有的知识起了一种激活作用。在创造性思维的第二阶段，思维方式是自由的、开放式的，科学家可以运用想像甚至无意识的联想，寻求解决问题的创造性答案。可能的方案虽然不止一种，但只有符合真善美统一的方案会在创造者的心理上产生最大的和谐感。这时，思维过程便出现了"顿悟"的状态。但是，这个方案如何形成逻辑上严密的理论，还要在思维的第三阶段进行严格论证、推理、修正、加工。上述科学思维的三个环节就是科学思维和艺术思维交替进行而又相互渗透的过程。

科学认识的目的是为了追求真理，但对真理的探索也需要主体的情感动力。如果一个人不热爱科学，不崇尚科学真理，很难想像他会在科学研究中奋斗终生，不懈追求，也不可能做出重大发现。人的认识系统包含三个相互联系、相互依存的子系统，即反映子系统、操作子系统、驱动子系统。其中,反映子系统主要从事接受、加工、储存来自客体的信息;操作子系统负责信息的加工和对认识过程的调节、控制;驱动子系统负责调节认识主体自身的状态,决定认识过程的欲求倾向、情感体验、激活思维的潜力。这三种机能的分工,在认识的感性层次上是比较明显的,在认识的理性层次上则趋于彼此融合;在哲学思维层次,它们遵循共同的规律。

从方法论上看,科学和艺术也有很多共同的东西。首先,科学和艺术都需要运用观察、实验方法获取感性材料。艺术家通常把获取艺术创作原料、欣赏艺术作品的信息获取过程称为审美观照活动。科学家则把科学活动中类似的过程称为科学观察。两者的区别在于艺术家的审美观照总是把自身的情感投射到对象上,而科学观察是在理论指导下反映客观实在的理智行为,尽量避免掺杂个人情感。但是,科学实验活动又是主体控制下对自然界的一种认识过程,这时,离开认识主体的"孤立客体"是没有的。因而,科学家和艺术家的观察要遵守相同原则,如典型性、目的性、系统性、敏锐性等。其次,科学和艺术思维都需要运用想像、猜测、灵感和直觉等活泼、自由的思维方法,也都需要运用逻辑推理、概括、抽象的思维和表现手法。不同的是,科学成果是以抽象的概念、公式、定律和理论体系表现出来的;而艺术的抽象概括则是表现于选择典型形象和表达主题的深刻内涵上,艺术用形象手法表达,但反映的却是事物的本质。

由于科学和艺术广泛而深刻的联系,从事科学技术工作的人就必须具备良好的社会、人文科学素养。当代科学在更广泛的领域中相互交叉、汇流,反映出自然和社会统一,反映出以人为中心的自然界既是科学技术的认识对象和实践,也是人类精神活动广泛介入的领域,甚至是精神世界关注的焦点。

人文社会科学教育具有以下几方面重要作用。

第一,培养学生科学的世界观、人生观、价值观,学会辩证唯物地理解世界的本质,理解人与自然的关系;理解社会历史发展的客观规律,个人和社会的关系;确立正确的人生目标和价值选择。不为迷信、谬误、伪科学和种种不良社会思潮所蒙蔽,始终如一地为真理而斗争,掌握真善美相统一的价值评价体系,并用以指导自己的行为,开拓自己的思维。

第二,培养学生积极、健康的情感和良好心理素质,首要的是爱国主义情感。有了对祖国和人民的深厚情感,才能有健康、向上的生活态度和精神力量,才能形成自尊、自信、负责、敬业的主人翁精神情感,把人生和社会主义事业统一起来,才能有强烈的献身精神和进取心理。在历史上,有重大成就的科学家、发明家都有很强烈的事业心。他们的情感世界固然要受到时代和社会条件的制约,但他们都始终表现出对科学的真挚热爱,用辛勤工作和科学成果为人类的进步作贡献。他们都有热爱大自然,探索自然之谜的深厚情感,并把这种探索看成是一种人生幸福和内心世界的和谐。这种深厚的情感可以成为终身的动力,影响他们对生活、事业和社会、人生的态度。

第三,培养学生良好的道德品质。人文社会科学教育不仅揭示真理与谬误的本质和界限,而且通过道德教育和审美教育使学生理解善与恶、美与丑的本质和界限,自觉地用社会主义道德体系规范自己的行为,以英雄模范人物和优秀科学家为楷模,养成刻苦勤奋、勇敢顽强、坚韧不拔、谦虚好学、平等宽容、认真负责等优良品质;鄙弃浮华虚荣、弄虚作假、懒惰散漫、平庸保守、骄傲自大等不良品质。好的品质的养成和稳定对人的一生起着基本的作用,应当把品质教育贯穿于教育过程的始终。在优秀科学家的一生中,良好品质始终是他们发挥潜能、战胜困难,取得成就的重要保证。

第四,培养学生良好的人文素质。教育学中的人文素质是指人关于社会、人生的知识素养和处理社会关系、人生问题的技巧和能力。如人的表达能力、社会交往能力、组织协调能力、艺术审美能力和个人形象魅力等。这些素质不仅在通常的社会生活中是必不可少的,在科学技术工作中也是很重要的。这首先因为科学技术工作者也是社会的人,科学技术工作是社会大系统的有机组成部分,它通过社会主体的活动而发挥作用。如果忽视了这一点,忽视了人文素质的养成,培养出来的仍然是不健全的人。在科学发展的早期,科学家可以以个体劳动的方式从事科学研究,但这并不能否认科学活动的社会性本质。科学家要通过社会交往获取科学知识、交流学术观点,参加学术聚会;发明家更要想方设法把自己的成果向社会推广,在这些活动中,科技工作者的人文素质以不同形式发挥着重要作用,完全离群索居的科学家是没有的。在现代科学技术活动中,不仅科学技术工作要来自社会、面向社会,而且科学劳动本身也高度社会化了,与社会问题无关的"纯自然"研究也几乎不存在了。人文素质不仅影响科学家群体的作用发挥,也影响科学工作者的战略眼光、创新能力和社会影响力。因而,加强社会人文素质培养,不仅对从事社会工作的人十分重要,对从事科技工作的劳动者也是同样重要的。

3. 构建和谐文化

(1) 科学文化与人文文化的和谐

要解决 21 世纪的人类"生存困境",人们自然会从实践中探索、总结、思考。其实,在 20 世纪 60 年代,美国哈佛大学所进行的以"零点项目"为代表的教育改革,正是这种探索的先声。1957 年 11 月,前苏联成功发射了第一颗人造地球卫星,而美国到 1958 年 2 月才发射了自己的人造地球卫星,时间上晚了 83 天。1945 年美国曾领先前苏联 4 年研制成原子弹。美国人认为自己之所以在航天科技方面落后于俄国人,原因在教育。美国的科学教育是领先的,但艺术教育滞后。俄罗斯文化有丰厚的艺术土壤和人文文化积淀。从 19 世纪中叶到 20 世纪初,俄罗斯文学艺术达到高峰,像列夫·托尔斯泰、妥思陀也夫斯基、车尔尼雪夫斯基、别林斯基等代表了当时世界的最高水平。此外,还有一批世界著名的音乐家、画家、诗人。这些文化艺术背景对于学校艺术教育和人才素质起了决定性作用。美国人决心从零起步,重视艺术教育,开发人才的创造力。据统计,美国为"零点项目"投入近千亿美元,投入研究的学者上百名,到 20 世纪 90 年代知识经济兴起时则大见成效。

1994 年,美国克林顿政府以教育立法形式把艺术与数学、历史、语言、自然科学等并列为基础教育的核心学科。在教育科学和心理学中也提出了一系列重新认识智能和人的创造潜力开发的新理论,破除了过去单纯以数理能力和逻辑思维能力作为判定智力高低的传统观念。

近代以来的工业化文化潮流创造了两种文化的对立,科学和艺术从整体到分化,使许多现代的文化成就呈现片面性、断裂性、不和谐性。高新科技兴起,以创新为灵魂的知识经济兴起,让社会进入了休闲时代、文化时代。在以人为本的和谐取向时代,社会呼唤着艺术与科学的携手、联姻和一体化。人们无论学习艺术、学习科学还是从事艺术、科学创造活动,都既不是为了功利目的,也不完全是一种责任,在很大程度上,这就是人的生命过程的一部分,是人的生命价值的展示与展开。我们常听艺术家们说"音乐就是我的生命","艺术是我的生命",这种人生信念使他们在拼搏与辛苦中品尝到人生的幸福与享受。19 世纪法国大数学家彭加勒说过:"科学家研究自然,并非因为它有用处;他研究它,是因为他喜欢它,他之所以喜欢它,是因为它是美的。如果自然不美,它就不值得了解,如果自然不值得了解,生活也就毫无意义。"[①]科学家所说的自然美指的是什么?不是指天高云淡、春花秋月或飞瀑流泉、惊涛拍岸之类的自然景色美。这种美是客观的、值得欣赏的,但不是科学研究的目的。令科学家所倾倒的自然美是宇宙的和谐,这种

---

① 彭加勒:《科学的价值》,光明日报出版社,1988 年,第 357 页。

和谐深不可测，却又处处触动科学家和哲人的感官与灵魂。在这种和谐中，我们不仅发现了关于大自然的真理，而且领悟到大自然的本质和生命的根本意义。它将给予我们灵魂以终极的释怀。

因为我们热爱自己的生命，所以我们热爱艺术与科学。假如为艺术和科学贡献出人生，也就赋予了人生与世界的意义。

（2）物质文化和精神文化的和谐

我们提出建设"小康社会"目标，过去基本上是从社会经济发展水平的角度界定的。邓小平同志提出人均 GDP 达到 1000 美元，生活比较宽裕。在中国传统文化中，"小康"是一个社会发展阶段的概念，它与"大同"相对，体现了中国传统文化中崇尚先贤、圣王的"向后看"的特点。在儒家经典《礼记》中，小康指"天下为家"的社会，具体指原始部落时代的"五帝"（黄帝、颛顼、帝喾、尧、舜）之后奴隶制国家兴起时代的贤明君主禹、成汤、周文王、周武王、周公时期的"治世"。这些历史时期，天下太平，社会各阶层安居本业、家族和谐相处，维持社会稳定的等级关系和礼教得到遵守。清代康有为进一步发挥，认为小康是继社会动乱后，经过升平、太平之后的进一步发展阶段，但还达不到"大同"阶段，而大同则是最高的理想目标。

可见，在中国传统文化中，小康目标含有社会人际和谐，社会法律和道德规范得到自觉遵守，社会文化氛围较为宽松，经济稳定较快发展的阶段。这是一种比较现实的和谐目标，而"大同"则是理想的和谐社会目标。

从物质文化或经济发展的角度看，小康社会是人民在实现温饱有余的"小富"之后"富而思进"的稳步发展时期。要保持经济的持续、快速发展，就要确立社会政治稳定、高效，社会公平、民主与法制协调，人际和谐相处、人与自然和谐的全面社会和谐机制。这些和谐机制的建立都依赖"以人为本"的和谐理念，特别是尊重人的需求满足和人的价值实现。

在实现温饱有余之后，人的发展需求超过了生存需求，精神文化需求与物质需求并重，甚至成为起主导作用的需求。如果忽视了精神文化的建设，或缺乏正确的导向，就有可能引起"物欲横流"的文化裂变现象。这就要求我们高度重视当代科学精神和人文精神的塑造。

（3）人与自然的和谐

中国传统文化中自古就有"天人合一"的人与自然和谐的思想。这也是中西文化个性的一大区别。西方近代文化强调人要征服自然、改造自然，才能求得生存和发展。但是，对人与自然怎样实现和谐？中国古代各个文化派别认识不一致。儒家认为人与自然都是元气的形态，当然是和谐统一的。

人效法自然,社会秩序和自然秩序是彼此对应的。如天尊地卑、男女有别、长幼有序,不可移义;人民要按照封建礼教约束自己,不可违反。道家认为,人要顺应自然,不要改造自然,才能实现和谐。所以道家批评科学技术发明,认为这是奇技淫巧,把自然界搞乱了。显然,古人的和谐之道,在今天是行不通的。

我们今天理解的人与自然和谐是人与自然的辩证统一与协调发展。一方面,人要按照客观自然规律利用自然,调整人与自然的关系,实现可持续发展。另一方面,人又要自觉保护自然,通过调整自身发展的方向和道路,保持自然界的和谐平衡。实现人与自然和谐的手段,应当是科学与人文两手协调运用。科学技术特别是高新技术将为我们提供最大限度节省资源、实现最佳配置与合理、循环利用的手段,用知识、信息替代自然资源,成为经济增长的主要动力。同时,又要努力提升人的人文素质,用爱心体悟大自然,明白大自然是我们的家园、人类的母亲。在生活富裕起来之后,却有很多人偷猎或违禁嗜食野生动物,从蛇、穿山甲到熊掌。还有不少人习惯于随手乱扔垃圾,使生活区、街道、风景名胜脏乱不堪。还有人为了非法牟利,把有害的废水、废气、建筑垃圾不经处理偷偷排放到环境中去……解决这些问题并不需要依靠科学,而应依靠人的道德观念、法律意识和行为习惯的升华。

人是社会的细胞。人类素质的和谐发展在很大程度上折射和影响社会的和谐。科学与人文和谐是人的和谐发展的两翼,也是通往幸福人生、成功人生的钥匙。

参考文献

[1] 林德宏:《科学哲学十五讲》,北京大学出版社,2004 年。

[2] 林德宏:《科学思想史》第二版,江苏科学技术出版社,2004 年。

[3] 鲁品越:《西方科学历程及其理论透视》,中国人民大学出版社,1992 年。

[4] 余谋昌:《生态文化论》,河北教育出版社,2001 年。

[5] 总政治部宣传部组织编写:《自然辨证法概论》,国防工业出版社,2004 年。

[6] 张相轮:《艺术、科学与人生》,东南大学出版社,2006 年。

[7] 雷运发主编:《多媒体技术与应用》(第二版),中国水利水电出版社,2004 年。

[8] 王均铭主编:《数字通信技术》,电子工业出版社,2002 年。

[9] 李蔷薇主编:《移动通信技术》,北京邮电大学出版社,2005 年。

推荐阅读

[1] 吴国盛：《科学的历程》，北京大学出版社，2002 年。

[2] 倪光炯、王炎森：《物理与文化》第二版，高等教育出版社，2009 年。

[3] 林德宏、朱沛臣主编：《综合理科》，江苏科学技术出版社，2001 年。

[4] 林德宏主编：《现代科学技术概论》，苏州大学出版社，2001 年。

[5] 中共北京市委组织部：《叩响高新技术之门》，北京出版社，2000 年。

[6] 林学俊主编：《信息科学与社会》，国防工业出版社，2004。

[7] 曾国屏，胡显章主编，李正风主持修订：《科学技术概论》，高等教育出版社 2006 年(第二版)

[8] 中国科学院：《科学发展报告》、《高技术发展报告》、《中国可持续发展战略报告》

[9] 中国科学院：《2006 年高技术发展报告》，科学出版社，2006 年。(主题：材料与能源技术)

[10] 中国科学院：《2007 年高技术发展报告》，科学出版社，2007 年。(主题：航空航天与海洋技术)

[11] 中国科学院：《2008 年高技术发展报告》，科学出版社，2008 年。(主题：信息技术)

[12] 中国科学院：《2009 年高技术发展报告》，科学出版社，2009 年。(主题：生物技术)

图书在版编目(CIP)数据

现代科学技术概论 / 林德宏主编. —2 版. —南京:南京
大学出版社,2009.8(2022.11 重印)
高等学校小学教育专业教材
ISBN 978-7-305-03747-4

Ⅰ.现⋯ Ⅱ.林⋯ Ⅲ.科学技术−概况−师范大学−教
材 Ⅳ.N12

中国版本图书馆 CIP 数据核字(2009)第 154349 号

出 版 者　南京大学出版社
社　　　址　南京市汉口路 22 号　　　　　邮　编 210093
网　　　址　http://www.NjupCo.com
出 版 人　金鑫荣
丛 书 名　高等学校小学教育专业教材
书　　名　现代科学技术概论(第二版)
主　　编　林德宏
责任编辑　王日俊　　　　　编辑热线　025-83596027
照　　排　南京紫藤制版印务中心
印　　刷　南京京新印刷有限公司
开　　本　787×960　1/16　印张 15.25　字数 255 千
版　　次　2009 年 8 月第 2 版　2022 年 11 月第 9 次印刷
ISBN 978-7-305-03747-4
定　　价　35.00 元

发行热线　025-83594756
电子邮件　Press@NjupCo.com
　　　　　Sales@NjupCo.com(市场部)